工程力学实验

李皓玉　齐月芹　徐步青　　编
冯文杰　主审

科学出版社
北　京

内 容 简 介

本书是根据工程力学实验课程的基本要求，结合编者多年的力学理论和实验教学的实践编写而成的，旨在为工程力学实验教学提供指导。

本书的主要内容包括：误差分析和数据处理，金属材料的力学性能测试及常用的材料试验机，电测技术的原理、方法及测试设备，光测技术的原理、方法及相似理论，工程力学基本实验、综合设计型实验和提高型实验。本书在编写和内容选取上力求切合高等院校工科专业的实际教学要求，并注意反映近年来工程力学实验领域的新技术、新设备和发展趋势。

本书可作为高等院校工科专业工程力学的实验教材（适用于独立设课和非独立设课），还可作为从事工程设计、施工和检测工作的工程技术人员的参考用书。

图书在版编目 (CIP) 数据

工程力学实验 /李皓玉，齐月芹，徐步青编. —北京：科学出版社，2015
ISBN 978-7-03-045333-4

Ⅰ. ①工… Ⅱ. ①李… ②齐… ③徐… Ⅲ. ①工程力学—实验
Ⅳ. ①TB12-33

中国版本图书馆 CIP 数据核字(2015)第 186574 号

责任编辑：胡云志 / 责任校对：胡小洁
责任印制：张 伟 / 封面设计：华路天然工作室

科学出版社出版
北京东黄城根北街 16 号
邮政编码：100717
http://www.sciencep.com
北京凌奇印刷有限责任公司印刷
科学出版社发行 各地新华书店经销

*

2015 年 8 月第 一 版 开本：720×1 000 1/16
2024 年 8 月第八次印刷 印张：13 3/4
字数：280 000

定价：49.00 元

（如有印装质量问题，我社负责调换）

前　言

工程力学课程是高等院校很多工科专业的重要基础课，工程力学实验则是该课程的重要组成部分，且与工程实践联系紧密，实用性强，在工程中有着理论分析与数值计算无法代替的作用。通过工程力学实验教学，使学生学习、掌握工程力学实验的基本知识、基本技能和基本方法，培养系统的科学习惯和顽强追求科学真理的意志品质，对于培养学习者的创新能力、实践动手能力和科学素质具有重要的意义。

石家庄铁道大学自1992年开始试点改革工程力学实验教学，将工程力学的实验从理论课中分离出来，开设工程力学实验课程，自编了《工程力学实验技术》讲义。在改革过程中形成了独特的实验教学体系，开发了一批实验项目。本书在自编讲义的基础上编写而成，并收录了石家庄铁道大学工程力学实验课程的改革和建设成果，内容极其丰富。本书强调学生对各类实验内在的力学概念、原理及意义的理解和掌握，注重让学生明确现有的各种力学实验方法的特点和与工程实际的联系。

本书共11章。第1章为绪论，介绍课程的内容和任务，阐述工程力学实验在人才培养中的重要地位；第2章为介绍数值修约规则、误差分析和数据处理；第3章和第4章为金属材料的力学性能测试，介绍金属材料力学性能试验的国家标准、材料试验机的结构原理和操作步骤；第5～7章为应变电测技术，介绍电阻应变计的工作原理和基本特性、测量电桥原理及应用、电阻应变仪及电阻应变计式传感器；第8～10章为光测技术，介绍光弹性法和云纹法的原理及应用、模型相似理论。第11章为工程力学实验项目，包括基本实验、综合设计型实验和提高型实验。每个实验项目都给出了实验目的、实验原理和实验步骤，实验后的思考题可促进学生对实验现象和结果深入思考和进一步探索，培养其创新能力。本书的适用面宽，既可作为高等院校工科专业工程力学的实验教材(适用于独立设课和非独立设课)，又可作为从事工程设计、施工和检测工作的工程技术人员的参考用书。

本书由李皓玉、齐月芹和徐步青共同编写，其中李皓玉编写第1、2、5、6章；齐月芹编写第3、4章；徐步青编写第8～10章；第7章由李皓玉和徐步青共同编写；第11章由李皓玉、齐月芹和徐步青共同编写。

石家庄铁道大学的冯文杰教授审阅了此书，并提出了许多宝贵的意见和建议，使本书得以完善和增色，在此表示衷心的感谢。

限于编者的学识水平，书中难免有不足之处，希望广大读者和同行不吝赐教。

编　者

2015年7月

前言

编者

2015年7月

目　录

第 1 章　绪　　论

1.1　工程力学实验的基本任务

工程力学实验是力学的一个重要分支，它以实验手段来研究力学问题，为工程技术服务，并在服务中发展自身的理论和应用研究。实验测试、理论分析和数值计算相互补充，各司其职，形成了解决力学问题的完整体系。随着自然科学的不断发展、新兴学科的不断出现，力学实验在吸收、应用相关学科最新成果的过程中蓬勃发展。新的实验技术、仪器设备不断出现，各种类型的传感器及测量、记录和分析仪器日新月异，工程力学实验的基本原理与基本方法几乎应用于包括土木工程、机械工程、航空航天、交通运输、水利水电、石油化工、地质勘探等工程领域。

工程力学实验课程侧重于工程中最基本和最常用的实验技术和实验方法。在教学过程中，让学生通过实际操作，观察判断实验现象，分析总结实验结果，验证工程力学课程中阐述的相关知识，掌握测定材料力学性能、构件应变和应力的基本原理和常见设备的操作方法。力求通过学习和训练，培养学生综合利用力学知识分析问题的能力，锻炼学生实践动手能力、观察分析解决问题的能力，训练学生的创新思维和主动获取知识的能力。本课程的基本任务包括以下三个方面。

1. 测定材料的力学性能

构件在拉压、扭转、剪切、弯曲、冲击、疲劳等各种负荷条件下，会由于过量变形、尺寸改变、表面损伤或断裂而失效。为避免各种失效现象的发生，必须通过试验测定材料在不同负荷条件下的力学性能，并规定具体的力学性能指标，以便为构件的选材和预防失效提供可靠的依据。材料的主要力学性能指标有屈服强度、抗拉强度、抗压强度、弹性模量、泊松比、断后伸长率、断面收缩率、冲击吸收能量、疲劳强度等。

2. 孕育和验证理论

很多理论公式都是以实验观察为引线，再以科学假设为基础推导出来的，但是这些假设和结论是否正确，理论公式能否应用于实际之中，必须通过实验来验证。著名的梁弯曲理论的建立就是一个典型例子。

3. 实测构件的力学行为

工程实际中，经常会遇到一些构件的形状和载荷十分复杂的情况，其理论模型难以建立，无法求解诸如应变、应力、位移、振动模态等参数，这时用工程力学实验技术实际测定常常是一种行之有效的解决途径。

对于已经投入运行的工程结构，如核反应堆、高层建筑、大型桥梁等，为了确保安全，需要对这些结构的动力学响应、动态的应变和位移进行实时监测，这些实时测试技术都是以工程力学实验为基础的。

1.2　实验的基本步骤和要求

实验教学的显著特点是实践性强，要接触较多的测试仪器和设备，实验过程一般需要数人相互配合，共同完成。为使实验能够顺利进行，同时保证实验设备及实验人员的人身安全，现将实验的基本步骤和要求明确如下。

1. 实验准备

(1) 认真做好实验前的预习工作，阅读实验指导书，复习有关的理论知识，明确实验的目的、原理和实验步骤等。

(2) 对实验中使用的仪器、设备和实验装置等，要初步了解其工作原理、使用方法和操作注意事项。

(3) 对于需要小组完成的实验，课前应编好实验小组，小组成员需分工明确，相互配合，协调操作。实验小组人数不宜过多，以保证每个人均有事做、有所收获。

(4) 了解实验所需记录的数据项目及数据处理的原理和方法，设计好数据记录表格。

2. 实验操作

(1) 认真学习实验室的规章制度，服从实验指导教师安排。进入实验室后，要注意保持室内的整洁、安静，未经允许，不得随意动用室内的仪器和设备。

(2) 操作仪器、设备之前，应注意检查仪器、设备的运行是否正常；必要的工具、量具、材料、器件是否齐全，摆放位置是否恰当。

(3) 实验过程中，严格按仪器、设备的操作规程进行操作，认真观察实验现象，记录实验数据，要随时分析判断实验过程是否正常，发现不正常情况及时请教指导教师或中止实验。

(4) 实验结束前，应将全部数据交指导教师审阅，经教师同意后结束实验；实验结束后，应将仪器、设备复原，关闭电源，清理实验现场。

3. 实验报告

实验报告是反映实验工作及实验结果的书面综合资料，通过实验报告的书写，能培养学生准确有效地用文字来表达实验结果的能力。书写实验报告需做到字迹工整，图表清晰，结论简明。一份完整的实验报告，应由以下内容组成。

(1) 实验名称，实验日期，环境条件(温度、湿度等)，实验小组成员名单。

(2) 实验目的和要求，实验原理和装置，通常要画出装置简图。

(3) 实验仪器和设备的名称、规格、型号及精度。

(4) 实验数据及其处理，要求列出计算公式和分析过程。

(5) 实验结果和结论。通常可用表格或曲线表示实验结果，实验结论应简单、明确，符合科学习惯，要与实验的目的、要求相呼应。

(6) 分析与讨论。对实验所得结果进行分析，指明实验结果能说明什么问题，有何优缺点，分析实验中出现的问题，并对结果进行误差分析，回答指定的问题。同时对实验中有关技术问题进行讨论，也可以写下心得体会或提出对实验的改进建议。

1.3　实验的技术标准

材料的力学性能、构件的力学行为等参数的测定受到实验对象、实验设备、实验条件、实验技术和方法等诸多因素的影响。为了使实验结果具有可比性及技术交流和贸易，需要制定统一的实验标准，并在实验时遵照执行。

实验标准通常由标准化组织制定，根据标准组织的级别和标准的执行范围，可把标准分为不同层次。我国的标准分为行业标准(如交通行业标准，代号 JT)和国家标准(代号 GB)。在国际上，分国家标准和国际标准(代号 ISO)，ISO 标准层次最高，接受的国家最多。近年来，我国在制定和修订标准时，尽可能向国际标准靠拢。需要指出的是，一些发达国家的实验标准通常种类齐全，方法先进，在某些方面具有权威性，如美国的 ASTM 标准。图 1-1 列出了国际上有重要影响的几个标准，并示出了各标准之间的层次关系。

《工程力学实验》参考的部分国家标准如下：

《金属粘贴式电阻应变计》(GB/T 13992—2010)；

《金属材料拉伸试验第 1 部分：室温试验方法》(GB/T 228.1—2010)；

《金属材料室温压缩试验方法》(GB/T 7314—2005)；

《金属材料室温扭转试验方法》(GB/T 10128—2007)；

《金属材料弹性模量和泊松比试验方法》(GB/T 22315—2008)；

《数值修约规则与极限数值的表示和判定》(GB/T 8170—2008)；

《金属材料夏比摆锤冲击试验方法》(GB/T 229—2007)；

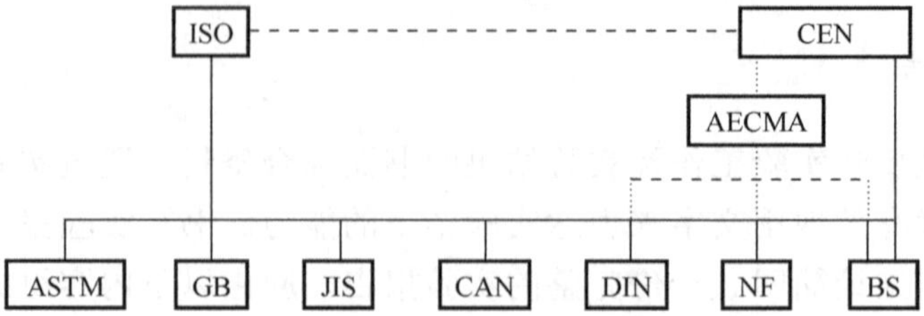

图 1-1　标准及其层次关系

ISO–国际标准化组织标准；CEN–欧洲标准化委员会标准；
AECMA–航天设备制造商协会标准；ASTM–美国材料与试验协会标准；
GB–中国国家标准；JIS–日本工业标准；CAN–加拿大国家标准；
DIN–德国国家标准；NF–法国国家标准；BS–英国国家标准

《金属材料轴向等幅低循环疲劳试验方法》(GB/T 15248—2008)；
《金属材料疲劳试验轴向力控制方法》(GB/T 3075—2008)；
《金属材料疲劳试验轴向应变控制方法》(GB/T 26077—2010)；
《金属材料疲劳试验旋转弯曲方法》(GB/T 4337—2008)。

第 2 章　误差分析和数据处理

2.1　基 本 概 念

2.1.1　真值

被测物理量的实际值称为真值。真值是根据统一制定的标准定义的，这种标准是以长期不变的基准事物和标准器具的数值定义的，如规定光在真空中 1/299792458s 的时间内所通过的距离为 1m。有时真值可以用被测物理量的理论值和定义值表达，如三角形的内角和是 180°。

真值是无法测得的。在实验中，当测量的次数很多(可以认为趋于无限)时，根据“无限多次测量中正负误差出现概率相等”这一原则，认为多次测量时正负误差自动抵消，再经过严格地消除系统误差，将测量值加以平均，即可获得近似真值。

为了使测量值有统一的比较基准，由国家对各种物理量设立长期稳定不变的基准实物和标准器具，规定以其数值作为参考标准。测量工作是广泛、大量的，因此不可能让所有的测量仪器或量具直接与国家标准进行比较，实际上是通过国家建立的多级计量检定网按照逐级计量传递关系对比。通常某一级仪器以比它高一级的标准仪器为比较基准，并且将基准量值当成真值，称为相对真值。

2.1.2　误差及其分类

1. *误差*

测量得到的数值与真值之间总是存在差异的，这种差异称为误差。误差的大小，可用绝对误差和相对误差来描述。

测量值 x 与真值 x_0 之差称为绝对误差 $\varDelta$，即

$$\varDelta = x - x_0 \tag{2-1}$$

绝对误差反映的是测量值对真值的偏差大小，不能反映测量的可信程度。工程上常采用相对误差 δ，即绝对误差与真值之比，并以百分数表示为

$$\delta = \frac{\varDelta}{x_0} \times 100\% = \frac{x - x_0}{x_0} \times 100\% \tag{2-2}$$

2. 误差的分类

测量误差按其性质和来源可分为三类：系统误差、随机误差和过失误差。

1) 系统误差

系统误差是指测量过程中一些确定性因素引起的误差，主要包括以下几方面。

(1) 方法误差：由于测量方法的设计不能完全符合所依据的理论、原理或由于理论本身不够完善所导致的误差。

(2) 仪器误差：由于测量仪器、测试设备的调试和校准等没做好产生的误差。

(3) 安装误差：由于测量系统布置(布局)不合理、安装不正确及调整不当等造成的误差。

(4) 环境误差：由于温度、湿度、振动、电磁场等因素干扰引起的误差。

(5) 人身误差：由于测量人员的生理特点、心理状态及个人习惯等引起的误差。

系统误差通常有一定的偏向和规律性，即在同一条件下进行多次测量时，误差的绝对值和符号均保持不变，或条件改变时，按某一规律变化，找到产生误差的原因就有可能采取措施加以消除或降低。例如，在拉伸试件对称的两侧安装引伸计或粘贴应变计，取平均值作为变形值就可以消除偏心加载引起的误差；再如，增量法可以消除初始读数或调零不准造成的误差；此外，为保证仪器和设备的测量精度，应按规定定期请计量部门对仪器和设备进行校准。

2) 随机误差

随机误差也称偶然误差，是指测量过程中由随机因素所造成的误差。在相同条件下多次测量同一物理量，即使将系统误差控制到极其微小的程度以至于可以忽略不计，所测得的数据仍然不完全一致，误差的绝对值和符号变化没有确定的规律，这就是随机误差。通常所说的实验误差，或者说合理的误差主要是指这种误差。

随机误差是由不明原因(尚未认识的原因)引起的，难以控制和不可避免。但实践表明，通过改进测量仪器、完善测量方法及提高测量技能等措施可以在一定程度上降低和减少随机误差。

实际上，随机误差并非完全没有规律性，只不过其规律是统计性的。如果用同一测量系统在相同条件下对同一物理量进行大量次数测量，可以发现测量结果的随机误差呈正态分布。随着测量次数的增加，随机误差的算术平均值会逐渐趋近于零。因此，假如没有系统误差的存在，随着测量次数的增加，所得测量数据的算术平均值将趋近于真值。

3) 过失误差

过失误差是由于操作人员的粗心大意，不按操作规程办事等技术性事故造成的误差，如读错仪表刻度、记录和计算错误等。过失误差一般数值较大，并且常与事实明显不符。出现这种误差，要认真查找原因，采取相应措施，剔除有关数据或重做实验。

2.1.3　测量数据的精度

工程力学实验中所测得的数据都是近似数，因为无论测量力值大小的砝码和试验机，还是测量尺寸、位移和应变的量具和应变计等，都不是绝对精确的，其本身的精度是有限的。所谓精度，实际指的是不精确度和不准确度，具体包括以下三方面的含义。

(1)精密度：精密度是对测量数据集中程度的度量，指多次测量所得数据的重复程度。影响精密度的主要因素是随机误差，随机误差越小，测量的精密度越高，也就是测试数据比较集中，分散性小，重复性好。

(2)准确度：准确度是对测试结果正确性的度量，指多次测量数据的平均值与真值接近的程度。影响准确度的主要因素是系统误差，系统误差越小，测量的准确度越高，也就是测试数据的平均值接近真值的程度越高。

(3)精确度：精确度是对测量数据集中程度和测量结果与真值接近程度的度量。精确度高说明测量数据比较集中，并且集中在真值周围，即精密度和准确度都较高，此种情况说明测试结果的随机误差和系统误差都较小。

精密度、准确度和精确度之间的关系可用打靶图来解释。图 2-1(a)表示精密度高，准确度低，即随机误差小，系统误差大；图 2-1(b)表示准确度高，精密度低，即系统误差小，随机误差大；图 2-1(c)表示精确度高，即精密度和准确度都高。

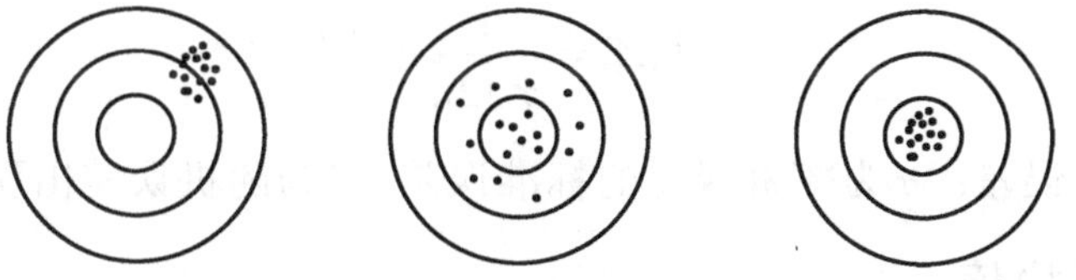

(a)精密度高　(b)准确度高　(c)精确度高

图 2-1　精度示意图

仪器和设备的精密度一般在检定书或说明书上注明，也可以取最小刻度的一半作为一次测量可能的最大误差，故常把每一最小刻度值作为其精密度。这里所指的实际上是其分辨能力，即灵敏度。

在设计实验时，应根据实验要求，选择有足够精度的仪器、设备或仪表，并选择合适的量程(最好使用满量程范围的 50%～80%)，以最好地利用其精度。在实验中，正确地使用和操作实验仪器、设备或仪表以及正确地读数，才能得到尽可能高的精确度。

2.2 随机误差的统计分析方法

2.2.1 随机误差的分布规律

随机误差的出现虽然没有确定的规律，但统计研究表明，它通常呈正态分布(图 2-2)，并具有以下规律。

(1) 对称性：绝对值相等的正、负误差出现的概率相同。

(2) 单峰性：绝对值小的误差出现的概率大，而绝对值大的误差出现的概率小。

(3) 有界性：绝对值很大的误差出现的概率趋近于零，也就是误差值不会超过某一界限。

(4) 抵偿性：当测量次数无限多时，误差的算术平均值趋于零。

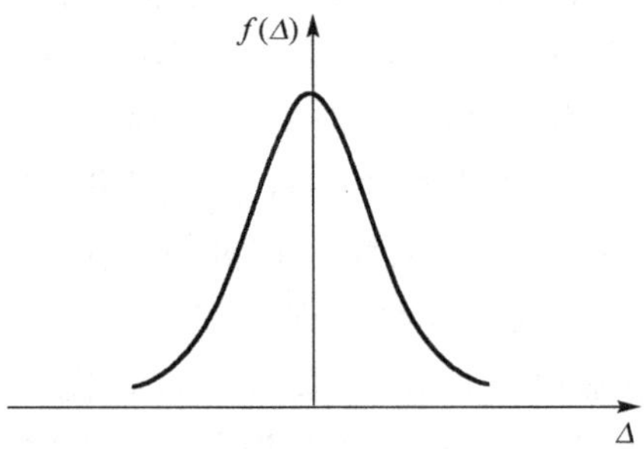

图 2-2 随机误差的概率分布

描述随机误差正态分布的数学表达式由高斯给出，即

$$f(\Delta)=\frac{1}{\sigma\sqrt{2\pi}}\mathrm{e}^{-\Delta^2/2\sigma^2} \tag{2-3}$$

式中，Δ 为随机误差；σ 为随机误差的标准误差；f 为随机误差出现的概率密度。

2.2.2 算术平均值

平均值的计算有算术平均值、几何平均值、加权平均值等多种。采用的计算方法不同，所得的误差值不同，误差出现的概率亦不同。能使计算误差最小、出现概率最大的平均值称为最佳值。可以证明，对于一组精度相同的测量值，其算术平均值

$$\overline{x}=\frac{1}{n}\sum_{i=1}^{n}x_i \tag{2-4}$$

为最佳值。这是因为，若设每次测量的随机误差为

$$\Delta_i = x_i - x_0 \quad (i=1, 2, 3,\cdots, n) \tag{2-5}$$

则其算术平均值为

$$\frac{1}{n}\sum_{i=1}^{n}\varDelta_i = \frac{\sum_{i=1}^{n}(x_i - x_0)}{n} = \frac{\sum_{i=1}^{n}x_i}{n} - x_0 = \overline{x} - x_0 \tag{2-6}$$

根据随机误差的抵偿性，当 $n \to \infty$ 时，$\frac{1}{n}\sum_{i=1}^{n}\varDelta_i \to 0$，故 $\overline{x} \to x_0$，即算术平均值趋于真值。运用最小二乘原理还可以证明，各测量值与算术平均值之差最小。因此，算术平均值为最佳值。

2.2.3　标准误差

测量值的分散程度，即测量值偏离算术平均值的大小分布用标准误差表示。有限次测量时，标准误差的计算公式为

$$\sigma = \sqrt{\frac{\sum_{i=1}^{n}(x_i - \overline{x})^2}{n-1}} \tag{2-7}$$

标准误差不是具体的误差值，它反映了在一定条件下等精度测量的每个测量值对其算术平均值的分散和偏离程度。σ 值越小，说明测量值对其算术平均值的分散度就越小，测量的精度高，反之则精度低。

可以证明，当误差为正态分布时，误差落在 $\pm\sigma$、$\pm 2\sigma$ 和 $\pm 3\sigma$ 上的概率分别为 68.26%、95.44%和 99.73%。也就是说，在多次重复测量中，误差超过 $\pm 3\sigma$ 的概率不会大于 0.3%。因此，若个别数据的误差绝对值超过 3σ，则应舍去。

2.2.4　误差传递与间接误差估计

在工程力学实验中，有些物理量能够直接测量，如时间、载荷、长度等，有些是不能直接测量的，如应力、材料常数等。对于这些不能直接测量的物理量，需要根据直接测量结果通过理论公式和函数计算而间接获得。由于各直接测量值都含有误差，所以由计算得到的间接量中也必然含有误差。这就需要我们了解误差传递规律，掌握间接误差的计算方法。

设间接测量物理量 y 是 n 个独立的直接测量物理量 x_1，x_2,…，x_n 的函数，即

$$y = f(x_1, x_2, \cdots, x_n) \tag{2-8}$$

令 $\Delta x_1, \Delta x_2, \cdots, \Delta x_n$ 为直接测量物理量 x_1，x_2,…，x_n 的误差，则由泰勒展开，并忽略高阶小量，可得 y 的绝对误差为

$$\Delta y = \frac{\partial f}{\partial x_1}\Delta x_1 + \frac{\partial f}{\partial x_2}\Delta x_2 + \cdots + \frac{\partial f}{\partial x_n}\Delta x_n \tag{2-9}$$

其相对误差为

$$\delta_y=\frac{\Delta y}{y}=\frac{1}{y}\left(x_1\frac{\partial f}{\partial x_1}\frac{\Delta x_1}{x_1}+x_2\frac{\partial f}{\partial x_2}\frac{\Delta x_2}{x_2}+\cdots+x_n\frac{\partial f}{\partial x_n}\frac{\Delta x_n}{x_n}\right)$$
$$=\frac{1}{y}\left(x_1\frac{\partial f}{\partial x_1}\delta_{x_1}+x_2\frac{\partial f}{\partial x_2}\delta_{x_2}+\cdots+x_n\frac{\partial f}{\partial x_n}\delta_{x_n}\right) \tag{2-10}$$

式中，$\delta_{x_1}=\frac{\Delta x_1}{x_1}$，$\delta_{x_2}=\frac{\Delta x_2}{x_2}$，…，$\delta_{x_n}=\frac{\Delta x_n}{x_n}$ 分别为直接测量物理量 x_1，x_2，…，x_n 的相对误差；$\frac{\partial f}{\partial x_i}$ 为误差传递系数。

例如，已知某间接测量物理量 N 与直接测量物理量 a、b、c、d、e 的函数关系为 $N=\frac{a^m b^n c^p}{d^q e^r}$，根据式(2-10)得

$$\delta_N=\frac{\Delta N}{N}=m\frac{\Delta a}{a}+n\frac{\Delta b}{b}+p\frac{\Delta c}{c}-q\frac{\Delta d}{d}-r\frac{\Delta e}{e}$$

由于Δa、Δb、Δc、Δd、Δe 可正可负，在求最大相对误差时，取各误差的绝对值，即

$$\delta_N=m\left|\frac{\Delta a}{a}\right|+n\left|\frac{\Delta b}{b}\right|+p\left|\frac{\Delta c}{c}\right|+q\left|\frac{\Delta d}{d}\right|+r\left|\frac{\Delta e}{e}\right|$$

常用函数的误差传递公式如表 2-1 所示。

表 2-1　常用函数的误差传递公式

函数关系	最大绝对误差	最大相对误差
$y=x_1+x_2+\cdots+x_n$	$\Delta y=\pm(\lvert\Delta x_1\rvert+\lvert\Delta x_2\rvert+\cdots+\lvert\Delta x_n\rvert)$	$\delta_y=\frac{\Delta y}{y}$
$y=x_1x_2$	$\Delta y=\pm(x_1\lvert\Delta x_2\rvert+x_2\lvert\Delta x_1\rvert)$	$\delta_y=\pm\left\lvert\frac{\Delta x_1}{x_1}+\frac{\Delta x_2}{x_2}\right\rvert$
$y=x_1x_2x_3$	$\Delta y=\pm(x_1x_2\lvert\Delta x_3\rvert+x_1x_3\lvert\Delta x_2\rvert+x_2x_3\lvert\Delta x_1\rvert)$	$\delta_y=\pm\left\lvert\frac{\Delta x_1}{x_1}+\frac{\Delta x_2}{x_2}+\frac{\Delta x_3}{x_3}\right\rvert$
$y=x^n$	$\Delta y=\pm(nx^{n-1}\Delta x)$	$\delta_y=\pm\left(n\left\lvert\frac{\Delta x}{x}\right\rvert\right)$
$y=\sqrt[n]{x}$	$\Delta y=\pm\left(\frac{1}{n}x^{\frac{1}{n}-1}\Delta x\right)$	$\delta_y=\pm\left(\frac{1}{n}\left\lvert\frac{\Delta x}{x}\right\rvert\right)$
$y=x_1/x_2$	$\Delta y=\pm\left(\frac{x_1\Delta x_2+x_2\Delta x_1}{x_2^2}\right)$	$\delta_y=\pm\left\lvert\frac{\Delta x_1}{x_1}+\frac{\Delta x_2}{x_2}\right\rvert$
$y=cx$	$\Delta y=\pm\lvert c\Delta x\rvert$	$\delta_y=\pm\left\lvert\frac{\Delta x}{x}\right\rvert$
$y=\lg x$	$\Delta y=\pm\left\lvert\frac{0.4343\Delta x}{x}\right\rvert$	$\delta_y=\frac{\Delta y}{y}$
$y=\ln x$	$\Delta y=\pm\left\lvert\frac{\Delta x}{x}\right\rvert$	$\delta_y=\frac{\Delta y}{y}$

2.3　数值修约及有效数字运算法则

2.3.1　有效数字

在实验测量时，为保证精度，测量数据通常由几位可靠数字和一个末位的估计数字组成，称为有效数字，其总位数称有效位数。例如，百分表的最小刻度为 0.01mm，则应估读到千分位，如 2.563mm，这是一个 4 位的有效数字。

判断有效数字时，对于“0”是否为有效数字，需按其所处的位置判定。

(1) 当“0”处于有效数字之间时为有效数字，如 11.07 为 4 位有效数字。

(2) 当“0”处于第一个非“0”有效数字之前时为非有效数字，如 0.024 的有效数字为 2 位。

(3) 当“0”处于最末位，只要前面有小数点，就认为是有效数字，如 0.4300、4.300、43.00，后面的两个零均为有效数字。

(4) 当“0”处于最末位，而前面无小数点，视情况而定。如 12000 无法确定是几位有效数字。若写成 1.2×10^4，表示有效数字为 2 位；若写成 1.20×10^4，表示有效数字为 3 位。此例表明当没有小数点时，为避免混淆，可采用指数形式表示。

2.3.2　数值修约规则

在数据处理中要对大量的数字进行运算，这就涉及数值的取位和舍入等问题，即数值修约。通过省略原数值的最后若干位数字，调整所保留的末位数字，使最后所得到的值最接近原数值的过程称为数值修约，经数值修约后的数值称为原数值的修约值。数值修约采用国家标准《数值修约规则与极限数值的表示和判定》(GB/T 8170—2008)。

1. 修约间隔

修约间隔是指修约值的最小数值单位。通常指定修约间隔为 10^{-n}、1、10^n，即指明将数值修约到 n 位小数、“个”数位、10^n 数位(或“十”、“百”、“千”、……数位)。

修约间隔的数值一经确定，修约值即为该数值的整数倍。例如，指定修约间隔为 0.1，修约值应在 0.1 的整数倍中选取，相当于数值修约到一位小数；指定修约间隔为 100，修约值应在 100 的整数倍中选取，相当于数值修约到“百”数位。

2. 进舍规则

(1) 拟舍弃数字的最左一位数字小于 5，则舍去，保留其余各位数字不变。

(2) 拟舍弃数字的最左一位数字大于 5，则进一，即保留数字的末位数字加 1。

(3) 拟舍弃数字的最左一位数字是 5 ，且其后有非 0 数字时则进一，即保留数字的末位数字加 1。

(4) 拟舍弃数字的最左一位数字为 5，且其后无数字或皆为 0 时，若所保留的末位数字为奇数则进一，即保留数字的末位数字加 1；若所保留的末位数字为偶数，则舍去。

上述四条进舍规则可概括为：**四舍六入五考虑，五后非零则进一，五后皆零看奇偶，五前为奇则进一，五前为偶应舍去**。举例说明如下：

12.1438 修约到两位小数时为 12.14；

1268 修约到百数位时为 13×10^2(或 1300)；

10.5002 修约到个数位时为 11；

1.050 修约到一位小数时为 1.0；

3500 修约到千数位时为 4×10^3(或 4000)。

3. 注意事项

(1) 负数修约时，取绝对值按上述进舍规则的规定进行修约，再加上负号。

(2) 拟修约数字应在确定修约间隔或指定修约数位后一次修约获得结果，不得连续修约。例如，对 15.4546 作修约间隔为 1 的修约，正确的做法是 15.4546→15；不正确的做法是 15.4546→ 15.455→15.46→15.5→16。

(3) 在具体实施中，有时测试与计算部门先将获得数值按指定的修约数位多一位或几位报出，而后由其他部门判定。为避免产生连续修约的错误，应按下述步骤进行。

报出数值最右的非零数字为 5 时，应在数值右上角加“+”或加“−”或不加符号，分别表明已进行过舍、进或未舍未进。例如，16.50^+表示实际值大于 16.50，经修约舍弃为 16.50；16.50^-表示实际值小于 16.50，经修约进一为 16.50。

如对报出值需进行修约，当拟舍弃数字的最左一位数字为 5，且其后无数字或皆为零时，数值右上角有“+”者进一，有“−”者舍去，其他仍按进舍规则进行。

例如，将下列数字修约到个数位(报出值多留一位至一位小数)。

实测值	报出值	修约值
15.4546	15.5^-	15
16.5202	16.5^+	17
17.5000	17.5	18

4. 0.5 与 0.2 单位修约

(1) 0.5 单位修约(半个单位修约)：修约到指定数位的 0.5 单位。将拟修约数值乘 2，按指定修约间隔依进舍规则修约，所得数值再除以 2。

(2)0.2 单位修约：修约到指定数位的 0.2 单位。将拟修约数值乘 5，按指定修约间隔依进舍规则修约，所得数值再除以 5。

例如，将 60.38 修约到“个”数位的 0.5 单位；842 修约到“百”数位的 0.2 单位。

$60.38 \xrightarrow{\times 2} 120.76 \xrightarrow{\text{修约到个数位}} 121 \xrightarrow{\div 2} 60.5$；

$842 \xrightarrow{\times 5} 4210 \xrightarrow{\text{修约到百数位}} 4200 \xrightarrow{\div 5} 840$。

2.3.3　有效数字的运算法则

1. 加减法运算

进行加减法运算时，各数(包括计算结果)保留的小数点后的位数，应与它们中小数点后位数最少者相同；或以小数点后位数最少者为准，再在其余各数小数点后多取一位，但最后结果应与小数点后位数最少者相同。例如，103.63、51.2、10.078 相加，应写成 103.6+51.2+10.1=164.9 或 103.63+51.2+10.08=164.9。

2. 乘除法运算

进行乘除法运算时，各数(包括计算结果)保留的位数，应以有效数字最少者为准。例如，103.63、51.2、10.078 相乘，应写成 $104\times51.2\times10.1=5.38\times10^4$。

2.4　实验数据的表示方法

常用的实验数据表示方法有表格法、图像法和公式法三种。

2.4.1　表格法

表格法又称列表表示法，分为关系表格和汇总表格两类。

关系表格表达的是相互有关联的数据，即表中行与行、列与列之间的数据有联系。关系表格既起着记录和保存原始数据的作用，也是图像法和公式法的基础。就其功能而言，可分为原始记录表和整理数据表。前者是为方便记录原始实验数据设计的表格，包括一些反映测量方法的栏目，如应变仪的通道号与应变计编号的对应等；后者则是为了反映输入输出关系，经过对原始记录数据整理之后设计的表格，通常会去掉不合理的数据和反映测量方法的栏目，增加中间计算结果栏目等。如果表格设计合理，分析方便，也可将两个表格合二为一。

汇总表格主要用于表达实验结果的汇总数据，起着摘要和结论的作用，表中行与行、列与列之间的数据不一定有联系。

表格的设计没有固定的格式，通常根据测量数据的多少和分析需要独立进行设计，但要注意以下几点。

(1) 每个表格要有名称，不同的表格要有编号。表名和编号通常放在表的顶部。

(2) 各栏表头要有简洁确切的名称，并注明单位。

(3) 栏目的设计应充分反映数据间的联系和计算顺序，力求简明、齐全、有条理。

(4) 数值的写法要整齐统一，有效位数的取舍应符合相关标准及所用设备精度的要求，小数点要对齐等。

2.4.2 图像法

用一定的坐标和图形表示测量数据的方法称为图像法，按照其功能可分为形态图、统计分析图和曲线图三种。

1. 形态图

形态图主要用于反映试件或结构的变形破坏形态。如拉伸破坏的颈缩与断口、混凝土或岩石试件压缩破坏的裂纹扩展等，很难用数据反映，直接用图像表达则更为直观。形态图的获得可以采用现场照相或手工画图。照相法迅速，获取的信息全面，但常常受到背景干扰、光线不足以及对比度不强等多种因素的影响，拍出的图片很难令人满意。手工画图可以对真实情况进行概括和抽象，突出重点，更好地反映本质情况。

2. 统计分析图

统计分析图主要用于进行统计分析或反映数据分布，通常有直方图、圆饼图等。

直方图的作用之一是进行数理统计分析，通过绘制某个变量的直方图来判断其随机分布规律，即反映不同区间内观测数据出现的频率大小，如随机误差的频率变化等。如果观测数据足够多，直方图能较好地反映数据分布规律。直方图的另一个作用是数值比较，把大小不同的数据用不同长度的矩形代表，可以得到一个直观的印象。

圆饼图是用大小不同的扇形面积来代表不同区间观测数据的频率大小，在观测区分组较少时，这种方法更加直观。

3. 曲线图

曲线图或散点图主要用于反映两个或两个以上变量之间的关系，或显示若干个变量数据沿某一区域的分布，显示变量的变化过程和分布范围中的转折点、最高点、最低点及周期变化的规律。无论定性分析还是定量研究，曲线图都是非常重要的研究分析方法。根据需要不同，数据之间的关系可以用光滑曲线或折线连接，也可以直接绘成散点图。就应用最多的平面图形而言，绘制中应注意以下几点。

(1) 每个曲线图要有图名，不同的曲线图要有编号，图名和编号通常放在图的底部。

(2) 通常将横坐标取为自变量，纵坐标取为因变量。自变量通常只有一个，因变量可以有若干个。

(3) 数据点可以用光滑曲线连接，也可依次直线连接成折线，如果数据点的变化关系清晰，也可不连线，直接采用散点图。

(4) 图中有若干条曲线时，可以用不同线型(实线、虚线、点画线和点线等)或用不同的标记(△、○、+、×等)加以区别，也可用文字说明来区别。

(5) 如果需要对曲线图中的内容加以说明，可以在图中空白处或图名下方加以注释。

2.4.3　公式法

公式法就是用一个或一组函数关系式反映输入输出数据之间的依赖关系。函数关系式由于变化规律清晰，表达简洁直观，便于运算，使用方便，在探索未知规律的实验中，常常是人们的终极追求目标。由于这种函数关系由实验结果分析得到，而非理论分析而来，一般称为经验公式。

根据离散的实验测量数据确定变量之间的经验公式是一个数学建模过程，在数理统计学上称为回归分析。其中回归方程的选取是关键，在很大程度上取决于测量人员的数学功底、经验和分析判断能力。

回归方程一般选用初等函数及其组合。对同一组实验数据，回归方程可能不唯一，即不同的分析得到的经验公式可能不同。公式越简单，参数越少，误差越小越好。

回归方程中的待定常数常采用最小二乘法确定。现以线性方程为例介绍最小二乘法求待定常数的方法。

假定有实验取得了 n 对数据 (x_i, y_i)，$i=1$，2，3，…，n，称为样本数据。为了正确反映变量 x、y 之间的关系，在获取样本数据时应当控制除 x、y 之外的其他变量不变，然后依据样本数据在 x-y 直角坐标系中描点，作出数据散点图，如图 2-3 所示。图 2-3 中的数据点形成一线性分布带，故可以假定 x、y 间有线性相关性，且回归方程为

$$y = a + bx \tag{2-11}$$

式中，a 和 b 为待定常数，可用最小二乘法确定。

令测量数据 y_i 与拟合直线上理想值 $\hat{y}_i$ 之间的残差为

$$v_i = y_i - \hat{y}_i \tag{2-12}$$

则残差平方和为

$$v = \sum_{i=1}^{n} v_i^2 = \sum_{i=1}^{n} [y_i - (a + bx_i)]^2 \tag{2-13}$$

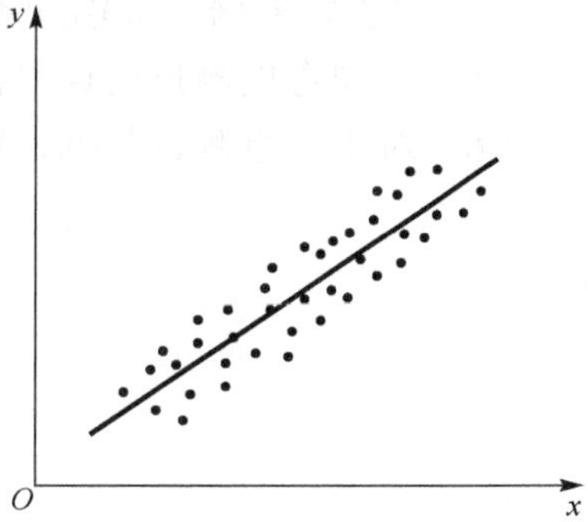

图 2-3　数据散点图

按照最小二乘法原理，v 取最小值的条件是

$\dfrac{\partial v}{\partial a}=0$ 和 $\dfrac{\partial v}{\partial b}=0$ 。由此可得

$$\sum_{i=1}^{n} y_i - na - b\sum_{i=1}^{n} x_i = 0 \tag{2-14a}$$

$$\sum_{i=1}^{n} x_i y_i - a\sum_{i=1}^{n} x_i - b\sum_{i=1}^{n} x_i^2 = 0 \tag{2-14b}$$

可解得

$$a = \frac{\sum_{i=1}^{n} y_i \sum_{i=1}^{n} x_i^2 - \sum_{i=1}^{n} x_i \sum_{i=1}^{n} x_i y_i}{n\sum_{i=1}^{n} x_i^2 - \left(\sum_{i=1}^{n} x_i\right)^2} \tag{2-15a}$$

$$b = \frac{n\sum_{i=1}^{n} x_i y_i - \sum_{i=1}^{n} x_i \sum_{i=1}^{n} y_i}{n\sum_{i=1}^{n} x_i^2 - \left(\sum_{i=1}^{n} x_i\right)^2} \tag{2-15b}$$

习　题

2-1　有效数字进行加减法运算时，为什么约定各数所保留的小数点后的位数应与各数中小数点后位数最少者相同？

2-2　有效数字进行乘除法运算时，为什么约定各数所保留的位数应以各数中有效数字最少者为准？

2-3　系统误差主要由哪些因素引起？它和随机误差的主要区别是什么？

2-4　在相同条件下，重复测量同一物理量时，为什么大多采用算术平均值作为真值的近似值？依据什么剔除不合理数据？

2-5　已知直接测量的误差，根据什么原理和方法计算间接误差？

2-6　对于一组测量数据，如何获得最优经验公式？

第 3 章　金属材料的力学性能试验

材料的力学性能或性质也称机械性能，是指材料在外力作用下表现出来的变形、破坏等方面的特性。根据所受外力和工况要求的不同，材料力学性能分为拉伸、压缩、扭转、冲击、疲劳等多种，它是反映材料变形破坏特性的重要指标，是进行工程结构设计和力学分析的基础参数。材料的力学性能要通过试验测定。

材料的力学性能是材料固有的属性，但其表现形式往往与试件的形状、尺寸、表面的加工质量、测试方法、加载的速度和方式、温度、压力等因素有关。只有在相同的试验条件下，材料的力学性能才有可比性，因此制定了国际性、国家或行业性的试验标准。材料的力学性能就是根据标准采用标准试件，在符合规定的条件下测定的。

本章重点介绍在常温、常压条件下，金属材料的拉伸、压缩、扭转、冲击、疲劳等力学性能的试验测试。

3.1　金属材料拉伸试验

金属材料的拉伸试验是测定金属材料力学性能的基本试验，应用十分广泛。由此测出的材料的强度指标和塑性指标等是材料选择、工程设计、分析计算的基本依据。本节重点介绍上屈服强度 R_{eH}、下屈服强度 R_{eL}、抗拉强度 R_m、规定塑性延伸强度 R_P、断面收缩率 Z 和断后伸长率 A 的测定。

3.1.1　试验要求

1. 试验温度

金属材料拉伸试验为室温静载试验。按照 GB/T 228.1—2010 金属材料拉伸试验方法，试验一般在室温 10～35℃范围内进行，对温度要求严格的试验，试验温度应为 (23±5) ℃。

2. 试验设备

加载采用 I 级或优于 I 级的试验机，其测力系统应按照 GB/T 16825.1—2008 进行校准。

引伸计的精度应符合 GB/T 12160—2002 的要求。测定屈服强度、屈服点延伸率、规定塑性延伸强度、规定残余延伸强度和规定总延伸强度，应使用不劣于 I 级精度的引伸计。测定其他具有较大延伸率的性能，如抗拉强度、断裂总伸长率和断后伸长率等，应使用不劣于 II 级精度的引伸计。

3. 试件夹持

应使用楔形夹头、螺纹夹头、平推夹头、套环夹具等合适的夹具夹持试件。应确保夹持的试件受轴向拉力作用，尽量减小弯曲变形。

4. 原始标距的标记

应用小标记、细划线或细墨线标记原始标距，但不得用引起过早断裂的缺口作标记。

5. 试件尺寸的测量

对于原始直径 $d_0 \geqslant 4\text{mm}$ 的圆形横截面试件和四面机加工的原始厚度 $a_0 \geqslant 4\text{mm}$ 的矩形横截面试件，如果试件的尺寸公差和形状公差满足国标规定(例如，原始直径 $d_0=4\text{mm}$ 的圆形横截面试件的尺寸公差为±0.03mm，形状公差为0.04mm)，直接用名义尺寸计算原始横截面面积，即

圆形横截面试件：

$$S_0 = \frac{1}{4}\pi d_0^2 \tag{3-1}$$

矩形横截面试件：

$$S_0 = a_0 b_0 \tag{3-2}$$

式中，S_0 为试件原始横截面面积；b_0 为矩形横截面试件平行长度段的原始宽度。

如果试件的公差不满足国标规定，就需对试件的尺寸进行实际测量，测量方法为：对于圆形横截面试件，在标距段的两端及中间截面处沿两相互垂直方向测量直径各一次，并对每个截面求直径的算术平均值计算横截面面积，选用三处横截面面积的算术平均值为原始横截面面积 S_0；对于矩形横截面试件，在标距段的两端及中间截面测量截面的宽度和厚度，选用三处横截面面积的算术平均值为原始横截面面积 S_0。

6. 试验加载速率

试验加载速率有两种控制方法：一是应变速率控制的试验方法(包括横梁位移速率)；二是应力速率控制的试验方法。

1) 应变速率控制的试验方法

应变速率控制的试验方法旨在减小测量应变速率敏感参数时的试验速率变化和试验结果的测量不确定度。主要有两种应变速率控制模式：第一种是基于引伸计的反馈而得到的应变速率 $\dot{e}_{Le}$；第二种是平行长度估计的应变速率 $\dot{e}_{Lc}$，即通过控制试件平行长度 L_c 与需要的应变速率 $\dot{e}_{Lc}$ 相乘得到的试验机横梁位移速率 v_c 来实现，公式如下：

$$v_c = L_c \times \dot{e}_{Lc} \tag{3-3}$$

应变速率的选择范围有四个：

范围 1：$\dot{e}_{Le}$=0.00007s^{-1}，范围 2：$\dot{e}_{Le}$（或 $\dot{e}_{Lc}$）=0.00025s^{-1}，范围 3：$\dot{e}_{Lc}$=0.002s^{-1}，范围 4：$\dot{e}_{Lc}$=0.0067s^{-1}。4 个应变范围的相对误差均在±20%以内。

(1) 测定上屈服强度 R_{eH} 和规定塑性延伸强度 R_P 时，选择应变速率 $\dot{e}_{Le}$ 控制加载速度。可选择应变速率范围 1 和范围 2，推荐选用范围 2。

(2) 上屈服强度测定之后，在测定下屈服强度 R_{eL} 时，选择平行长度估计的应变速率 $\dot{e}_{Lc}$ 控制加载速度，直至不连续屈服结束。可选择应变速率范围 2 和范围 3，推荐选用范围 2。

(3) 屈服强度和规定塑性延伸强度测定之后，在测定抗拉强度 R_m、断面收缩率 Z 和断后伸长率 A 时，选择平行长度估计的应变速率 $\dot{e}_{Lc}$ 控制加载速度。可选择应变速率范围 2、范围 3 和范围 4，推荐选用范围 4。

(4) 如果拉伸试验仅为了测定抗拉强度，根据范围 3 和范围 4 得到的平行长度估计的应变速率 $\dot{e}_{Lc}$ 适用于整个试验过程。

2) 应力速率控制的试验方法

应力速率控制的试验方法仅指在材料的弹性阶段直至上屈服强度时，按应力速率控制试验加载，在测定材料的其他力学性能时，仍按应变速率控制试验加载，具体规定如下。

(1) 在弹性阶段和测定上屈服强度时，应力速率应符合表 3-1 的规定。任何情况下，弹性范围内的应力速率不得超过表 3-1 规定的最大值。

表 3-1　应力速率

材料的弹性模量 E/MPa	应力速率/(MPa/s)	
	最小	最大
<150000	2	20
⩾150000	6	60

(2) 测定下屈服强度时，在试件屈服期间应变速率应在 0.00025～0.0025s^{-1}，并尽可能保持恒定。如果不能控制应变速率，应根据屈服即将开始前的应力速率控制加载，且整个屈服过程保持应力速率不变。

(3) 测定塑性延伸强度时，在塑性范围内应变速率不应超过 $0.0025s^{-1}$。

(4) 屈服强度和塑性延伸强度测定后，在测定抗拉强度、断后伸长率、断面收缩率时，试验速率可以增加到不大于 $0.008s^{-1}$ 的应变速率。若仅测定抗拉强度，则整个过程可用不大于 $0.008s^{-1}$ 的单一应变速率。

3.1.2　拉伸试件

试件的形状与尺寸取决于要被试验的金属产品的形状与尺寸，通常从产品、压制坯或铸件上切取样坯经机加工制成。但具有恒定截面的产品(型材、棒材、线材等)和铸造试件(铸铁和铸造非铁合金)可以不经机加工进行试验。

试件横截面分为圆形、矩形、多边形、环形，特殊情况下可以为某些其他形状。

试件分为比例试件和非比例试件。比例试件的原始标距 L_0 和原始横截面面积 S_0 之间满足 $L_0 = k\sqrt{S_0}$ 。其中，k=5.65 的试件为短比例试件，k=11.3 的试件为长比例试件，国家标准推荐用短比例试件。对于原始直径 $d_0 \geqslant 4$mm 的圆形横截面试件(图 3-1(a))，短比例试件取 $L_0=5d_0$，长比例试件取 $L_0=10d_0$。试件的原始标距应不小于 15mm，当横截面面积太小，按 k=5.65 确定的原始标距不能满足最小标距要求时，可采用长比例试件或非比例试件。非比例试件通常只规定原始标距 L_0 的长度，而与原始横截面面积 S_0 无定比例关系。

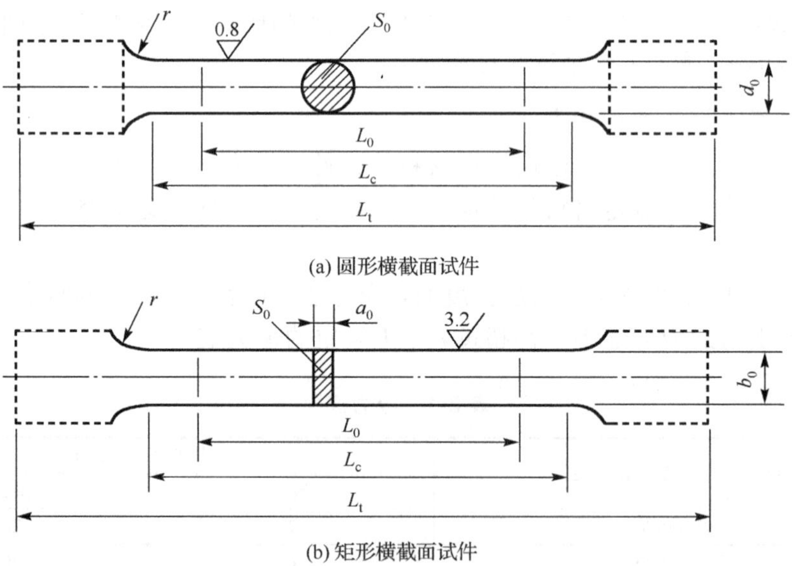

(a) 圆形横截面试件

(b) 矩形横截面试件

图 3-1　金属材料拉伸试件

对于机加工试件，试件夹持端的形状与尺寸可根据试验机的夹头型式确定。如果试件夹持端与试件平行长度段的尺寸不同，它们之间应以圆弧过渡，过渡圆弧的

半径 r 在国家标准中有规定。对于原始直径 $d_0 \geqslant 4\text{mm}$ 的圆形横截面试件，过渡圆弧的半径 $r \geqslant 0.75d_0$；对于原始厚度 $a_0 \geqslant 3\text{mm}$ 的矩形横截面试件，过渡圆弧的半径 $r \geqslant 12\text{mm}$。

试件的平行长度 L_c 应大于原始标距长度 L_0。对于原始直径 $d_0 \geqslant 4\text{mm}$ 的圆形横截面机加工试件，其平行长度 $L_c \geqslant L_0 + d_0/2$，仲裁试验时 $L_c \geqslant L_0 + 2d_0$。对于原始厚度 $a_0 \geqslant 3\text{mm}$ 的矩形横截面试件(图 3-1(b))，其平行长度 $L_c \geqslant L_0 + 1.5\sqrt{S_0}$，仲裁试验时 $L_c \geqslant L_0 + 2\sqrt{S_0}$。

试件应按照相关产品标准或 GB/T 2975—2008 的要求切取样坯和制备。

3.1.3　强度指标的测定

强度指标的测定可以采用指针法、图解法和自动测试法。

指针法：试验时根据测力度盘指针的转动情况和位置确定欲求力值。

图解法：试验时记录力-延伸曲线或力-位移曲线，从曲线图上读出欲求力值。

自动测试法：使用自动装置和自动测试系统直接测得所求的强度指标。

1. 上、下屈服强度的测定

对于有明显屈服阶段的材料，应测定其上屈服强度 R_{eH} 和下屈服强度 R_{eL}。上屈服强度是指试件发生屈服而力首次下降前的最大应力；下屈服强度是指试件屈服期间，不计初始瞬时效应的最小应力。从记录的力-延伸曲线图或力-位移曲线图(或从测力度盘上)读取上屈服力 F_{eH}(力首次下降前的最大力)和下屈服力 F_{eL}(屈服阶段中不计初始瞬时效应的最小力或屈服平台的恒定力)，上、下屈服强度的计算公式如下：

$$R_{eH} = \frac{F_{eH}}{S_0} \tag{3-4}$$

$$R_{eL} = \frac{F_{eL}}{S_0} \tag{3-5}$$

针对不同的应力 R-延伸率 e 曲线(对应于材料力学上的应力 σ-应变 ε 曲线)，上、下屈服强度的判定原则如下。

(1) 屈服前的第一个峰值应力(第一个极大值应力)判为上屈服强度，不考虑其后的峰值应力比它大还是小，如图 3-2(a)和(b)所示。

(2) 屈服阶段中如果出现两个或两个以上的谷值应力，则第一个谷值应力称为初始瞬时效应，舍去不计，取其余谷值应力中的最小者判为下屈服强度。若屈服阶段中仅有一个下降谷，此谷值应力判为下屈服强度，如图 3-2(a)～(c)所示。

(3) 屈服阶段中出现屈服平台，平台应力判为下屈服强度，如图 3-2(d)所示。如果出现多个而且后者高于前者的屈服平台，第一个平台应力判为下屈服强度。

(4)下屈服强度一定要低于或等于上屈服强度。

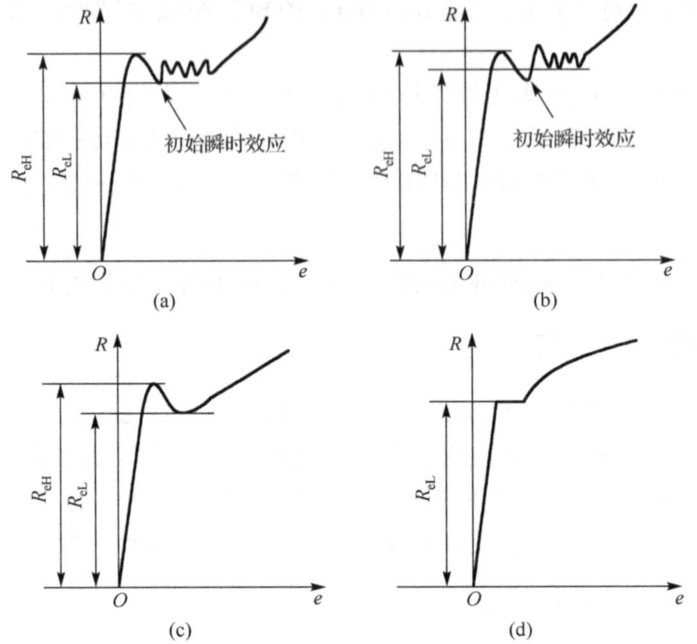

图 3-2　上、下屈服强度的确定

2. 规定塑性延伸强度的测定

对于无明显屈服阶段的材料，应测定其规定塑性延伸强度 R_p、规定总延伸强度 R_t 或规定残余延伸强度 R_r 作为条件屈服强度。下面仅介绍规定塑性延伸强度的测定。规定塑性延伸强度表示塑性延伸率等于规定的塑性延伸率时对应的应力。使用时，符号应附下脚标说明所规定的塑性延伸率，例如，$R_{p0.2}$ 表示规定塑性延伸率为 0.2%时对应的应力。

测定规定塑性延伸强度常采用平行线方法和滞后环方法。

1) 平行线方法

用于弹性直线阶段比较明显的材料。如图 3-3(a)所示，在力-延伸曲线图上，作一条与曲线的弹性直线段平行，且在延伸轴上与此直线段的距离等效于规定塑性延伸率 e_p(如 $e_p = 0.2\%$)的直线 AB。此直线 AB 与曲线的交点给出相应于所求规定塑性延伸强度的力，此力除以试件原始横截面面积 S_0 得到规定塑性延伸强度 R_p。

2) 滞后环方法

用于无明显弹性直线段的材料。如图 3-3(b)所示，在力-延伸曲线图上，加力至超过预期的规定塑性延伸强度后，将力卸载至约为已加力的 10%，然后再加力直至超过原加力，在出现的滞后环两端点画一直线 AB。然后经过延伸轴上与原点的距离等效于所规定的塑性延伸率的点，作直线 AB 的平行线 CD，平行线 CD 与曲线的交点给出相应于规定塑性延伸强度的力，此力除以试件原始横截面面积 S_0 得到规定塑性延伸强度 R_p。

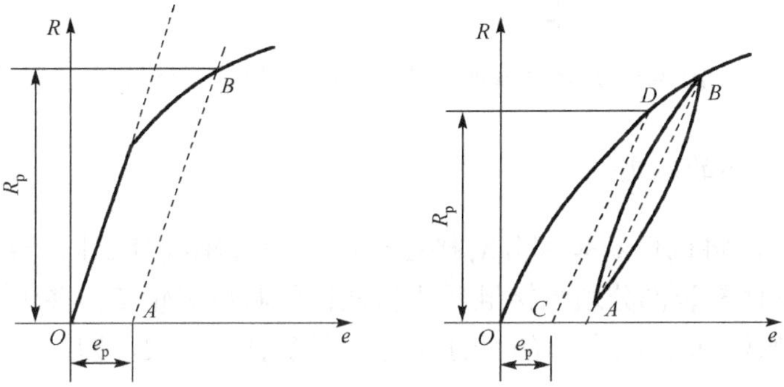

(a) 平行线方法　　(b) 滞后环方法

图 3-3　规定塑性延伸强度的测定

3. 抗拉强度的测定

对于有明显屈服阶段的金属材料，从记录的力-延伸曲线图或力-位移曲线图(或从测力度盘上)读取过了屈服阶段之后的最大力 F_m；对于无明显屈服阶段的金属材料，从记录的力-延伸曲线图或力-位移曲线图(或从测力度盘上)读取试验过程中的最大力 F_m。最大力 F_m 除以原始横截面面积 S_0 得到抗拉强度 R_m，即

$$R_m = \frac{F_m}{S_0} \tag{3-6}$$

3.1.4　塑性指标的测定

1. 断面收缩率的测定

试件拉断后，将试件断裂部分对接在一起，使其轴线处于同一直线上。对于圆形横截面试件，用量具在缩颈最小处测量两个相互垂直方向的直径，取其平均值计算断后最小横截面面积 S_u；对于矩形横截面试件，测量缩颈处的最大宽度 b_u 和最小厚度 a_u，两者乘积即为断后最小横截面面积 S_u，如图 3-4 所示。断后最小横截面面积的测量应准确到±2%。原始横截面面积 S_0 与断后最小横截面面积 S_u 之差与原始横截面面积 S_0 之比的百分比得到断面收缩率 Z，即

$$Z = \frac{S_0 - S_u}{S_0} \times 100\% \tag{3-7}$$

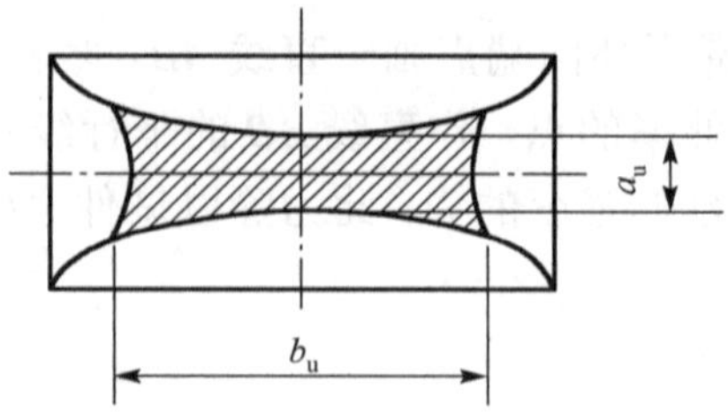

图 3-4　矩形横截面试件断后最小横截面面积测量

2. 断后伸长率的测定

试件拉断后，将试件断裂部分对接在一起，使其轴线处于同一直线上，并采取特别措施确保试件断裂部分适当接触后测量试件的断后标距 L_u。断后标距 L_u 与原始标距 L_0 之差与原始标距 L_0 之比的百分比得到断后伸长率 A，即

$$A = \frac{L_u - L_0}{L_0} \times 100\% \tag{3-8}$$

式(3-8)定义的断后伸长率 A 不仅反映了材料本身的塑性性质，同时也包含了试件长度的影响。因此，对于原始标距不为 $5.65\sqrt{S_0}$ 的长比例试件和非比例试件，应在符号 A 后附下脚标说明，例如，$A_{11.3}$ 表示原始标距为 $11.3\sqrt{S_0}$ 的长比例试件的断后伸长率，A_{80mm} 表示原始标距为 80mm 的非比例试件的断后伸长率。

断后标距 L_u 的测量方法如下。

1) 直接法

若断口到最近标距端点的距离不小于原始标距的三分之一，则直接测量两标距端点间的长度即为断后标距 L_u。

2) 移位法

若断口到最近标距端点的距离小于原始标距的三分之一，为了避免报废试件，采用移位法测量断后标距 L_u，如图 3-5 所示。

(1) 试验前将试件原始标距细分为 5(推荐)～10mm 的 N 等份。

(2) 试验后，在长段上，自断口 O 取基本等于短段 OA 的格数得 B 点，若长段上所余格数为偶数，则自 B 点取所余格数的一半得到 C 点，则移位后的断后标距 L_u 为

$$L_u = L_{AB} + 2L_{BC} \tag{3-9}$$

若长段上所余格数为奇数，则自 B 点取所余格数减 1 的一半得到 C 点，再自 B 点取所余格数加 1 的一半得到 C'点，则移位后的断后标距 L_u 为

$$L_u = L_{AB} + L_{BC} + L_{BC'} \tag{3-10}$$

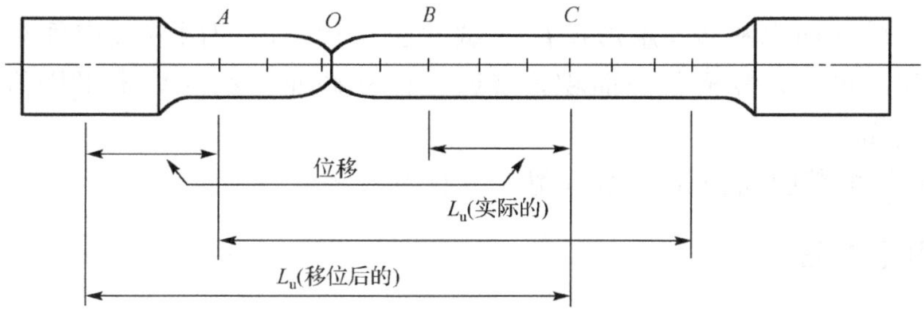

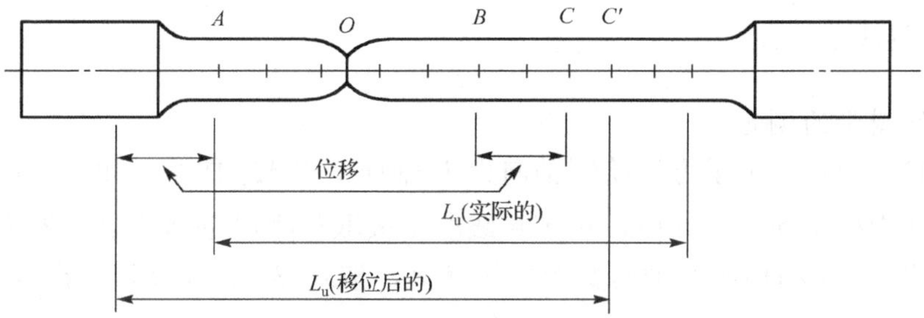

图 3-5　测量断后标距的移位法

试件断在标距外或断在机械刻划的标记上，而且断后伸长率小于规定值的最小值或试验期间设备发生故障，影响了试验结果，试验结果无效。

3.1.5　试验结果数值的修约

试验测定的性能结果数值应按照相关产品标准的要求进行修约。如果未规定具体要求，应按照如下要求进行修约。

(1) 强度性能值修约至 1MPa。

(2) 屈服点延伸率修约至 0.1%，其他延伸率和断后伸长率修约至 0.5%。

(3) 断面收缩率修约至 1%。

3.2　弹性模量和泊松比的测定

弹性模量 E 是材料在线弹性范围内应力与应变的比值，泊松比 μ 则是材料在线弹性范围内横向应变与相应轴向应变的比值。可见，在线弹性范围内对试件施加轴向力，并测出相应的轴向应变和横向应变，即可求得弹性模量和泊松比。

3.2.1　试件尺寸测量

圆形横截面试件应在标距段的两端及中间截面处沿两相互垂直方向测量直径各一次，各取其算术平均值计算横截面面积，将这三处横截面面积的算术平均值作为原始横截面面积 S_0。矩形横截面试件应在标距段的两端及中间截面测量截面的宽度和厚度，计算横截面面积，将这三处横截面面积的算术平均值作为原始横截面面积 S_0。

试件原始横截面面积 S_0 至少保留 4 位有效数字。

3.2.2　测定方法

弹性模量和泊松比的测定可以采用图解法和拟合法。

1. 图解法

1) 弹性模量的测定

试验时，用自动记录方法绘制轴向力 F-轴向变形 ΔL_{el} 曲线，如图 3-6 所示。在记录的曲线上确定弹性直线段，在该直线段上读取相距尽量远的 A、B 两点之间的轴向力变化量 ΔF 和相应的轴向变形变化量 $\varDelta_l$，按式(3-11)计算弹性模量:

$$E=\left(\frac{\Delta F}{S_0}\right)\bigg/\left(\frac{\varDelta_l}{L_{el}}\right) \tag{3-11}$$

式中，L_{el} 为试件轴向引伸计标距。

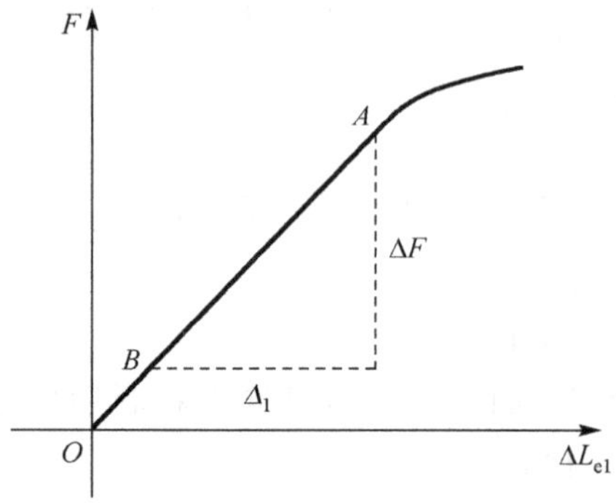

图 3-6　图解法测定弹性模量

2) 泊松比的测定

(1) 图解法一。

试验时，用自动记录方法绘制横向变形 ΔL_{et}-轴向变形 ΔL_{el} 曲线，如图 3-7(a) 所示。在记录的曲线上确定弹性直线段，在该直线段上读取相距尽量远的 C、D 两点之间的横向变形变化量 $\varDelta_t$ 和相应的轴向变形变化量 $\varDelta_l$，按式(3-12)计算泊松比:

$$\mu=\left(\frac{\varDelta_t}{L_{et}}\right)\bigg/\left(\frac{\varDelta_l}{L_{el}}\right) \tag{3-12}$$

式中，L_{et} 为试件横向引伸计标距。

当弹性模量和泊松比在同一试验中一起进行测定时，推荐同时绘制轴向力F-轴向变形ΔL_{el}曲线和横向变形ΔL_{et}-轴向变形ΔL_{el}曲线，如图 3-7(b)所示。

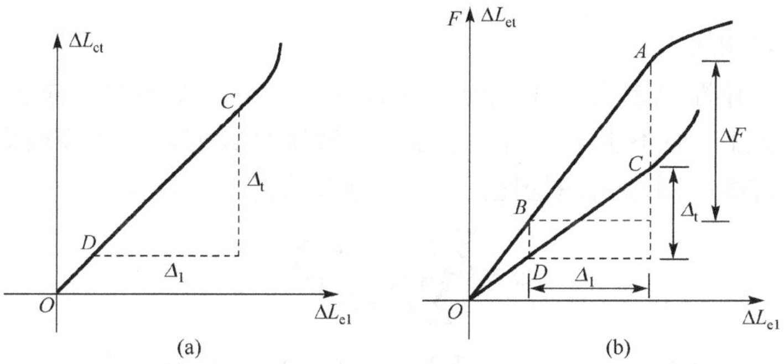

图 3-7　图解法一测定泊松比

(2)图解法二。

试验时，用自动记录方法同时绘制横向变形ΔL_{et}-轴向力F曲线和轴向变形ΔL_{el}-轴向力F曲线，如图 3-8 所示。在记录的曲线弹性直线段上，分别读取相距尽量远而且相同轴向力变化量的C、D两点之间的横向变形变化量$\varDelta_t$和A、B两点之间的轴向变形变化量$\varDelta_l$，按式(3-12)计算泊松比。

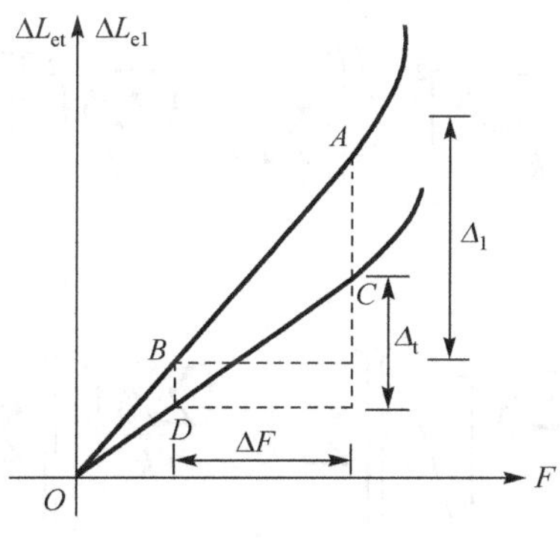

图 3-8　图解法二测定泊松比

2. 拟合法

1)弹性模量的测定

试验时，在弹性范围内记录轴向力和与其相应的轴向变形的多组数据对，数据对的数目一般不少于 8 对。用最小二乘法将数据对拟合为轴向应力-轴向应变直线，拟合直线的斜率为弹性模量E，其计算公式为

$$E=\frac{\sum(e_1S)-k\overline{e}_1\overline{S}}{\sum e_1^2-k\overline{e}_1^2} \tag{3-13}$$

式中，$e_l = \Delta L_{el}/L_{el}$ 为轴向应变；$\overline{e_l}=\sum e_l/k$ 为平均轴向应变；$S=F/S_0$ 为轴向应力；$\overline{S}=\sum S/k$ 为平均轴向应力；k 为数据对数目。

2）泊松比的测定

试验时，在弹性范围内，在同一轴向力下记录横向变形和轴向变形的多组数据对，数据对的数目一般不少于 8 对。用最小二乘法将数据对拟合为横向应变-轴向应变直线，拟合直线的斜率为泊松比μ，其计算公式为

$$\mu=\frac{\sum(e_l e_t)-k\overline{e_l}\,\overline{e_t}}{\sum e_l^2-k\overline{e_l}^2} \tag{3-14}$$

式中，$e_t = \Delta L_{et}/L_{et}$ 为横向应变；$\overline{e_t}=\sum e_t/k$ 为平均横向应变。

当拟合直线的斜率变异系数υ<2%时，所得弹性模量 E 和泊松比μ才有效。斜率变异系数按式(3-15)计算：

$$\upsilon=\left[\left(\frac{1}{\gamma^2}-1\right)\Big/(k-2)\right]^{\frac{1}{2}}\times 100\% \tag{3-15}$$

式中

$$\gamma^2=\left[\sum(e_l S)-\frac{\sum e_l\sum S}{k}\right]^2\Bigg/\left\{\left[\sum e_l^2-\frac{\left(\sum e_l\right)^2}{k}\right]\left[\sum S^2-\frac{\left(\sum S\right)^2}{k}\right]\right\}$$

或

$$\gamma^2=\left[\sum(e_l e_t)-\frac{\sum e_l\sum e_t}{k}\right]^2\Bigg/\left\{\left[\sum e_l^2-\frac{\left(\sum e_l\right)^2}{k}\right]\left[\sum e_t^2-\frac{\left(\sum e_t\right)^2}{k}\right]\right\} \tag{3-16}$$

推荐每个试件至少测 3 次，并计算其平均值。弹性模量一般保留 3 位有效数字，泊松比保留 2 位有效数字。

3.3 金属材料压缩试验

一般塑性材料的主要力学性能通常可以由材料的拉伸试验得到，所以不一定要进行压缩试验。但有些材料在拉伸和压缩时的力学性能并不相同，尤其是脆性材料，由于其抗压性能优于抗拉性能，在工程中常被用作受压构件，测定这些材料在压缩时的力学性能显得尤为重要。

3.3.1　试验要求

1．试验条件

金属材料压缩试验为室温静载试验。试验一般在室温 10～35℃内进行，对温度要求严格的试验，试验温度应为(23±5)℃。

为保证试件为均匀轴向压缩，试件安装时应使其轴线与试验机压头轴线重合。

在弹性(或接近弹性)范围，采用控制应力速率的方法加载，其应力速率控制为 1～10MPa/s。在明显的塑性变形范围，采用控制应变速率的方法加载，其应变速率控制在 $0.00005～0.0001s^{-1}$。对于无应变调速装置的试验机，应保持恒定的夹头速度，以便得到从加力开始到试验结束所要求的平均应变速率。

进行脆性材料试验时，用有机玻璃或铁纱做成防护罩，将试件罩在里面，防止试件碎片飞出伤人或损坏仪器。

2．试件尺寸的测量

对于圆柱体试件，需在原始标距中点处两个相互垂直的方向上测量直径，取其平均值计算原始横截面面积 S_0。对于正方形柱体试件，需在原始标距中点处测量试件宽度计算原始横截面面积 S_0。

试件原始横截面面积 S_0 的计算至少保留 4 位有效数字。

3.3.2　压缩试件

压缩试件形状与尺寸的设计应保证：在试验过程中标距内为均匀单向压缩；引伸计所测变形应与试件轴线上标距段的变形相等；端部不应在试验结束之前损坏。

金属材料的压缩试件分为无侧向约束试件和需要侧向约束的板状试件。无侧向约束试件又分为圆柱体和正方形柱体试件，其几何尺寸和加工要求如图 3-9 所示。其中 $L=(1～2)d$ 和 $L=(1～2)b$ 的试件仅适用于测定抗压强度 R_{mc}，$L=(2.5～3.5)d$ 和 $L=(2.5～3.5)b$ 的试件适用于测定规定非比例压缩强度 R_{pc}、上、下压缩屈服强度 R_{eHc}、R_{eLc} 和抗压强度 R_{mc}，$L=(5～8)d$ 和 $L=(5～8)b$ 的试件适用于测定规定非比例压缩强度 $R_{pc0.01}$ 及压缩弹性模量 E_c。

试件原始标距两端分别距试件端面的距离不应小于试件直径(或宽度)的二分之一(测压缩弹性模量 E_c 时应不小于直径)。

试件样坯切取的数量、部位应按有关标准或双方协议规定。在试件样坯切取和机加工过程中，应防止因冷加工或热影响而改变材料的性能。

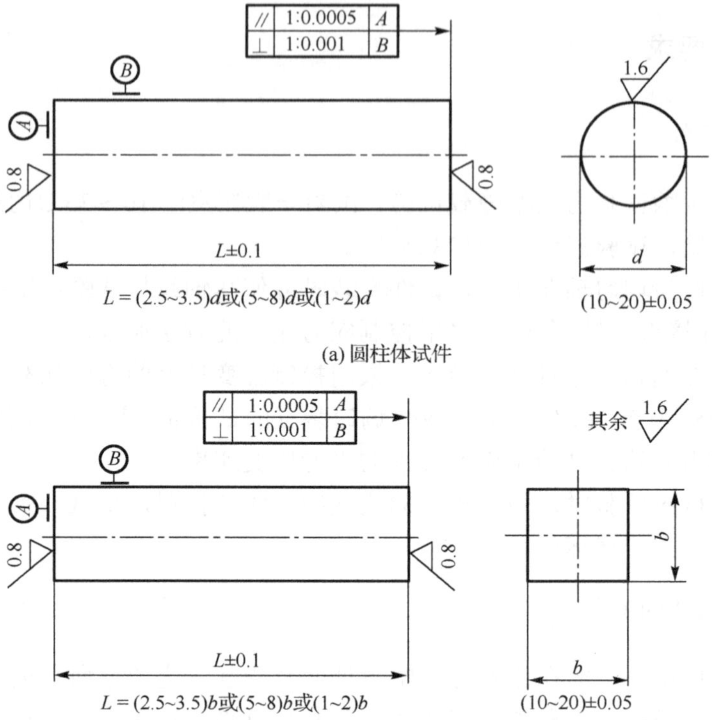

(a) 圆柱体试件

(b) 正方形柱体试件

图 3-9　金属材料压缩试件

3.3.3　压缩屈服强度的测定

对于有明显屈服阶段的材料，应测定其上压缩屈服强度 R_{eHc} 和下压缩屈服强度 R_{eLc}。上压缩屈服强度是指试件发生屈服而力首次下降前的最高压缩应力；下压缩屈服强度是指试件屈服期间，不计初始瞬时效应的最低压缩应力。从记录的力-变形曲线图上(或从测力度盘上)读取最高实际压缩力 F_{eHc}(力首次下降前的最大力)和最低实际压缩力 F_{eHc}(屈服阶段中不计初始瞬时效应的最小力或屈服平台的恒定力)，上、下压缩屈服强度的具体计算公式如下:

$$R_{eHc}=\frac{F_{eHc}}{S_0} \tag{3-17}$$

$$R_{eLc}=\frac{F_{eLc}}{S_0} \tag{3-18}$$

上、下压缩屈服强度的判定原则与拉伸屈服强度的判定原则完全相同。

(1)屈服前的第一个峰值应力(第一个极大值应力)判为上压缩屈服强度，不考虑其后的峰值应力比它大还是小，如图 3-10(a)和(b)所示。

(2) 屈服阶段中如果出现两个或两个以上的谷值应力，则第一个谷值应力称为初始瞬时效应，舍去不计，取其余谷值力中的最小者判为下压缩屈服强度。若屈服阶段中仅有一个下降谷，此谷值应力判为下压缩屈服强度，如图 3-10 (a) ～ (c) 所示。

(3) 屈服阶段中出现屈服平台，平台应力判为下压缩屈服强度，如图 3-10 (d) 所示。如果出现多个而且后者高于前者的屈服平台，第一个平台应力判为下压缩屈服强度。

(4) 下压缩屈服强度一定要低于或等于上压缩屈服强度。

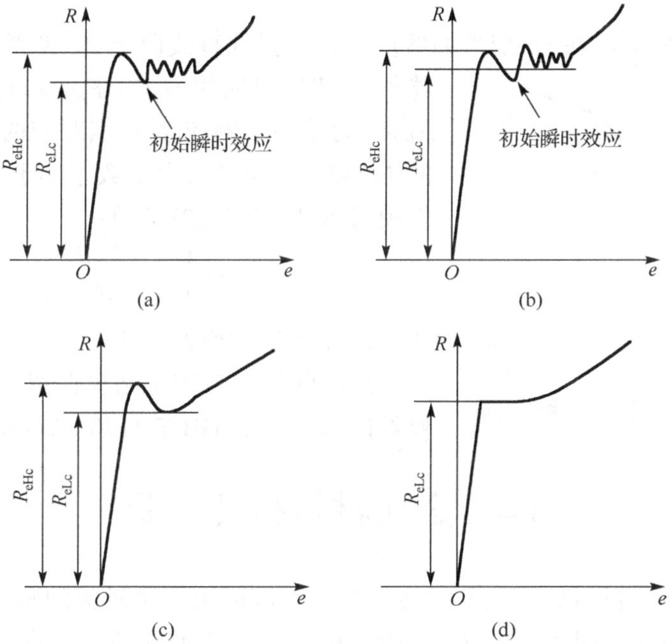

图 3-10　上、下压缩屈服强度的确定

3.3.4　抗压强度的测定

试件压至破坏，在绘制的力-变形曲线图上确定（或从测力度盘读取）最大压缩力 F_{mc}，按式(3-19)计算抗压强度 R_{mc}:

$$R_{mc} = \frac{F_{mc}}{S_0} \tag{3-19}$$

对于塑性材料，随着压缩力的增加，其横截面面积也随之增大，故真实应力在最后阶段很难增加上去，试件始终不发生破坏。此时，应根据应力-应变曲线在规定的应变下测定其抗压强度，在报告中应指明所测应力处的应变值。

试验测定的性能结果数值应按照相关产品标准的要求进行修约。如果未规定具体要求，测得的压缩屈服强度 R_{eHc} 和 R_{eLc}、抗压强度 R_{mc} 按表 3-2 的要求进行修约。

表 3-2 压缩强度性能结果数值的修约间隔

性能	范围/MPa	修约间隔/MPa
R_{eHc}、R_{eLc}、R_{mc}	≤200	1
	200～1000	5
	>1000	10

3.3.5 压缩弹性模量的测定

如图 3-11 所示，在力-变形曲线图上，取弹性直线段上 J、K 两点(点距应尽可能长)，读出对应的力 F_J、F_K，和对应的变形 ΔL_J、ΔL_K。力轴的比例应使 K 点对应的力 F_K 位于力轴的 1/2 以上，变形放大倍数不小于 500 倍。压缩弹性模量 E_c 按式(3-20)计算：

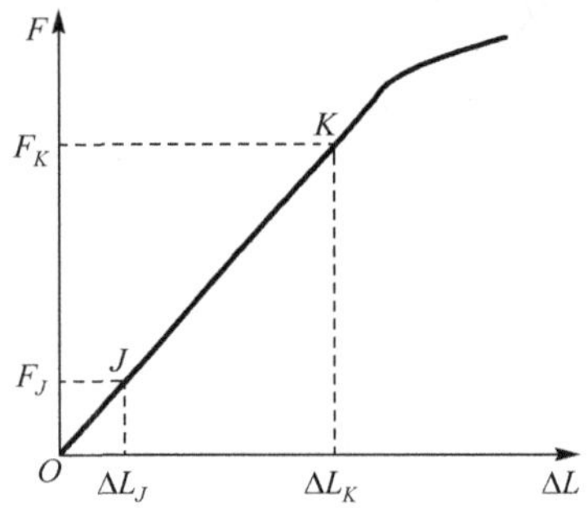

图 3-11 图解法测定压缩弹性模量

$$E_c = \frac{(F_K - F_J)L_0}{(\Delta L_K - \Delta L_J)S_0} \tag{3-20}$$

式中，L_0 为试件原始标距。

压缩弹性模量测定结果保留 3 位有效数字，修约的方法按照 GB/T 8170—2008 执行。

3.4 金属材料扭转试验

圆轴受扭时，材料处于纯剪切应力状态，因而可产生较大的塑性变形。而扭转时的塑性变形与拉伸时不同，扭转时的塑性变形沿长度方向是均匀的，试件自始至终保持为均匀的圆柱形，不会像拉伸那样出现颈缩现象。因此，对于塑性较好的材料，扭转试验可以更真实地反映材料的应力-应变关系。

3.4.1 试验要求

1. 试验条件

试验一般在室温 10～35℃范围内进行，对温度要求严格的试验，试验温度应为(23±5)℃。

扭转试验速度，在屈服前应在 3～30(°)/min，屈服后不大于 720(°)/min，且速度变化时应无冲击。

2. 试件尺寸的测量

试验前在圆柱形试件标距段的两端及中间截面处沿两相互垂直方向测量直径各

一次，并取其算术平均值，取三处测得直径的算术平均值计算试件横截面的极惯性矩 I_p。选用三处中平均直径的最小值计算试件横截面的扭转截面系数 W_p。

3.4.2　扭转试件

扭转试验采用圆柱形试件和管形试件。圆柱形试件如图 3-12 所示，试件两端的形状和尺寸应与试验机的夹持装置相适应。国家标准推荐使用直径 d=10mm，标距长度 L_0 分别为 50mm 和 100mm，平行长度 L_c 分别为 70mm 和 120mm 的试件。如果采用其他直径的试件，其平行长度 L_c 应为标距长度 L_0 加两倍直径 d，即 $L_c= L_0+2d$。

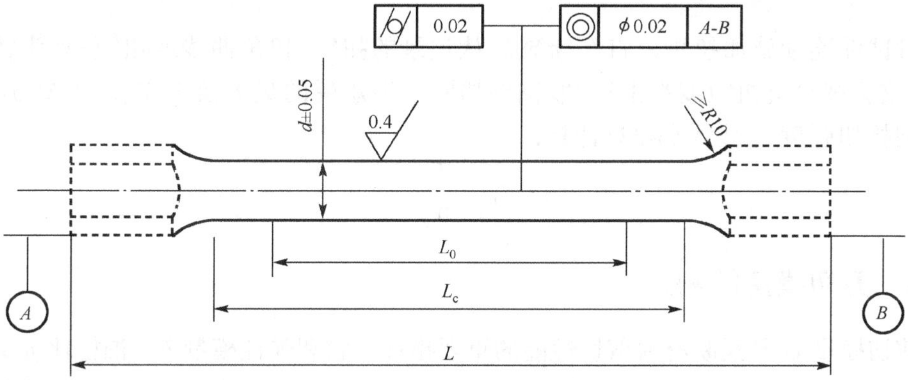

图 3-12　金属材料扭转试件

3.4.3　扭转屈服强度的测定

扭转试验中，上屈服强度 τ_{eH} 是指试件发生屈服而扭矩首次下降前的最高切应力。下屈服强度 τ_{eL} 是指试件屈服期间，不计初始瞬时效应的最低切应力。

扭转屈服强度可采用图解法或指针法进行测定，仲裁试验采用图解法。如图 3-13

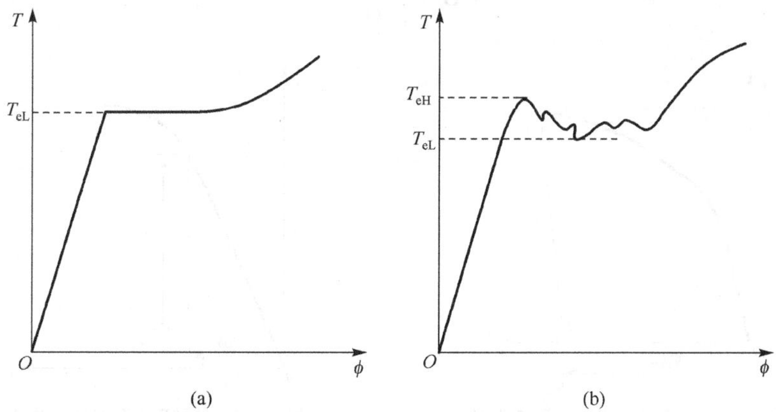

图 3-13　图解法测定上、下扭转屈服强度

所示，从记录的扭矩-扭角曲线或扭矩-夹头转角曲线上(或从试验机扭矩度盘上)读取上屈服扭矩 T_{eH}(扭矩首次下降前的最大扭矩)和下屈服扭矩 T_{eL}(屈服阶段中不计初始瞬时效应的最小扭矩)，上、下扭转屈服强度的具体计算公式如下：

$$\tau_{eH}=\frac{T_{eH}}{W_p} \tag{3-21}$$

$$\tau_{eL}=\frac{T_{eL}}{W_p} \tag{3-22}$$

3.4.4　抗扭强度的测定

对试件连续施加扭矩，直至断裂。从记录的扭矩-扭角曲线或扭矩-夹头转角曲线上(或从试验机扭矩度盘上)读取试件扭断前所承受的最大扭矩 T_m，如图 3-14 所示。则抗扭强度 τ_m 按式(3-23)计算：

$$\tau_m=\frac{T_m}{W_p} \tag{3-23}$$

3.4.5　剪切模量的测定

剪切模量 G 是反映材料剪切性能的重要指标，它和弹性模量 E、泊松比 μ 共同构成弹性力学的三个基本常数。扭转时，切应力与切应变在线性范围内之比称为剪切模量 G。剪切模量的测定可以采用图解法，也可采用逐级加载法测定。

1. 图解法

如图 3-15 所示，在记录的扭矩-扭角曲线上确定弹性直线段，在该直线段上读取扭矩增量 ΔT 和相应的扭角增量 $\Delta\phi$，按式(3-24)计算剪切模量：

$$G=\frac{\Delta TL_0}{\Delta\phi I_p} \tag{3-24}$$

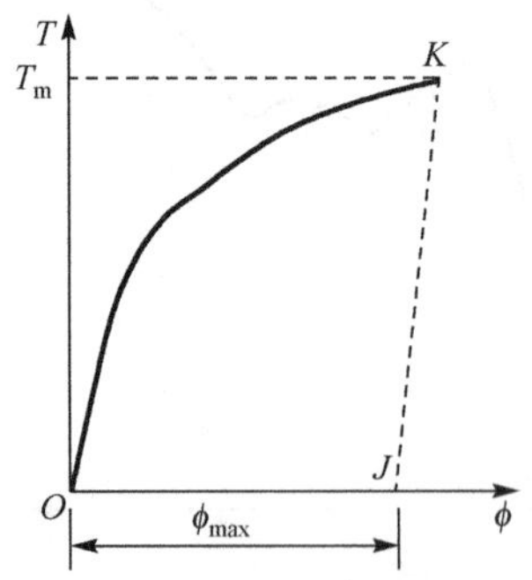

图 3-14　图解法测定抗扭强度

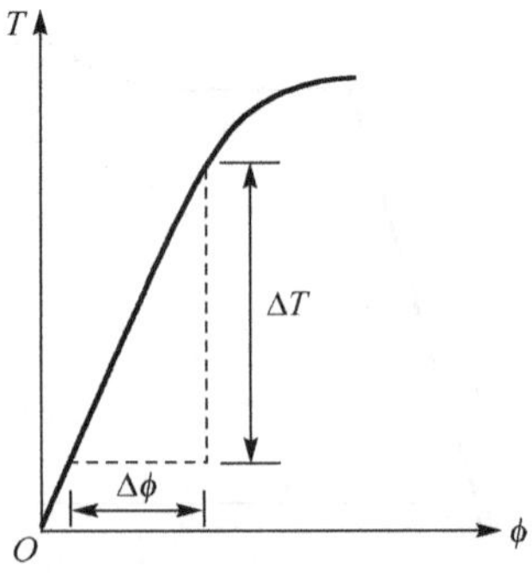

图 3-15　图解法测定剪切模量

2. 逐级加载法

对试件施加预扭矩，预扭矩一般不超过相应预期规定非比例扭转强度 $\tau_{p0.015}$（$\tau_{p0.015}$ 的意义及测定方法参见国标 GB/T 10128—2007）的 10%。装上扭转计并调整其零点。在弹性直线段范围内，用不少于 5 级等扭矩对试件加载，记录每级扭矩和相应的扭角，读取每对数据对的时间不超过 10s 为宜。计算出每级扭角增量的平均值 $\Delta\phi$，按式(3-24)计算剪切模量 G。也可用最小二乘法将数据对拟合成直线计算剪切模量 G。

3.4.6 真实抗扭强度的测定

对于塑性材料(如低碳钢)试件，材料的扭矩-扭角曲线或扭矩-夹头转角曲线由弹性阶段、屈服阶段、强化阶段构成，强化阶段不像拉伸试验的强化阶段那么明显，且过程漫长，破坏时试件的扭转角可达 8π以上。如图 3-16 所示，当材料屈服时，横截面上的切应力将重新分布，由线性分布规律变化成弹塑性、完全塑性分布规律。因此按弹性公式计算的屈服强度和抗扭强度是失真的。

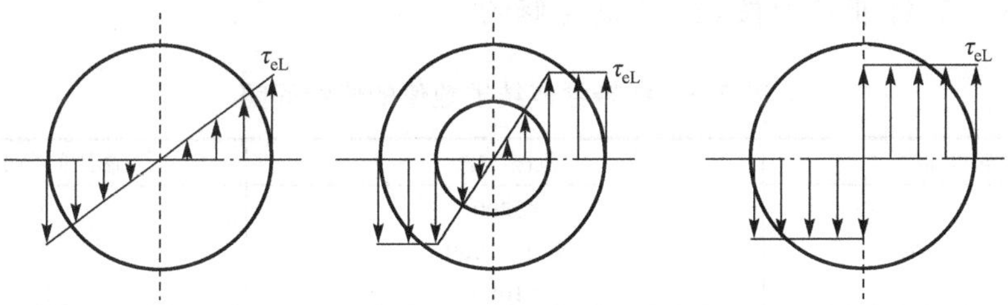

图 3-16　不同扭转阶段扭转试件横截面上的切应力分布

根据横截面上的静力学关系，可推导出真实屈服强度 τ_{ts} 和真实抗扭强度 τ_{tm} 的计算公式:

$$\tau_{ts} = \frac{3T_{eL}}{4W_p} \tag{3-25}$$

$$\tau_{tm} = \frac{3T_m}{4W_p} \tag{3-26}$$

真实抗扭强度的测定可采用图解法。用自动记录方法记录扭矩-扭角曲线，直至试件断裂。如图 3-17 所示，以曲线上断裂点 K 为切点，过 K 点作曲线的切线 KT_B 交扭矩轴于 T_B，读取 K 点的扭矩 T_K 和扭矩 T_B，按式(3-27)计算真实抗扭强度：

$$\tau_{tm} = \frac{4}{\pi d^3}[4T_K - T_B] \tag{3-27}$$

若断裂点曲线的切线接近水平，则 $T_B \approx T_K$，此时

$$\tau_{tm} = \frac{4}{\pi d^3}[4T_K - T_B] = \frac{3T_K}{4W_p} = \frac{3T_m}{4W_p} \tag{3-28}$$

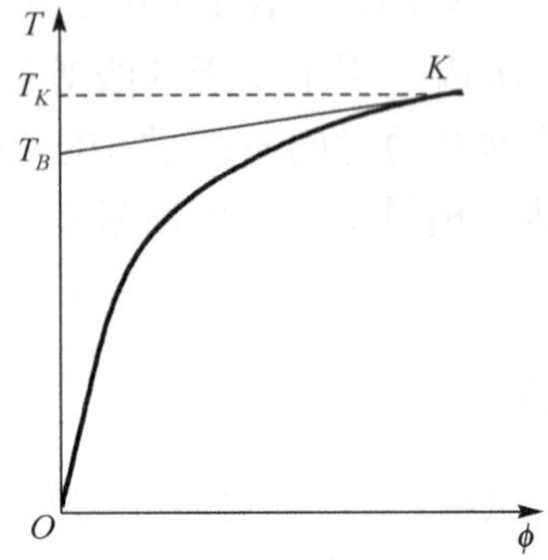

图 3-17　图解法测定真实抗扭强度

3.4.7　试验结果数值的修约

测得的扭转性能数值按表 3-3 规定修约。

表 3-3　扭转性能结果数值的修约间隔

扭转性能	范围/MPa	修约间隔/MPa
τ_{eH}，τ_{eL}，τ_m	≤200	1
	200～1000	5
	>1000	10
G		100
τ_{tm}		1

3.5　金属材料冲击试验

金属材料的冲击吸收能量是金属材料常规力学性能的重要指标之一，它是对缺口试件进行一次性冲击所表现出的力学性能。冲击吸收能量通常不直接应用于工程计算，但它可作为评定材料脆性倾向的一个指标。同时，对于控制和检验材料的冶金质量和热加工工艺有着重要意义，因为金属材料的冲击吸收能量对材料的组织成分、晶粒大小及宏观缺陷都十分敏感。

常规测定金属材料冲击吸收能量的试验方法有两种，即金属夏比缺口冲击试验方法和金属艾氏冲击试验方法。前者试验时试件处于三点弯曲的简支梁状态，后者试验时试件处于悬臂梁弯曲状态。由于夏比缺口冲击试验方法比较简单，在实际中更为应用。本节仅介绍夏比缺口冲击试验。

3.5.1　冲击试件

标准尺寸冲击试件长度为 55mm，横截面为 10mm×10mm 方形截面，在试件长度中间有 V 型缺口和 U 型缺口。V 型缺口应有 45° 夹角，其深度为 2mm，底部曲率半径为 0.25mm。U 型缺口深度为 2mm 或 5mm，底部曲率半径为 1mm。如果试件不够制备标准尺寸试件，可使用宽度 7.5mm、5mm 或 2.5mm 小试件尺寸。试件及缺口的尺寸与偏差在图 3-18 和表 3-4 中示出。

试件样坯的切取应按相关产品标准或 GB/T 2975—1998 的规定执行，试件制备过程应使由于过热或冷加工硬化而改变材料冲击性能的影响减至最小。

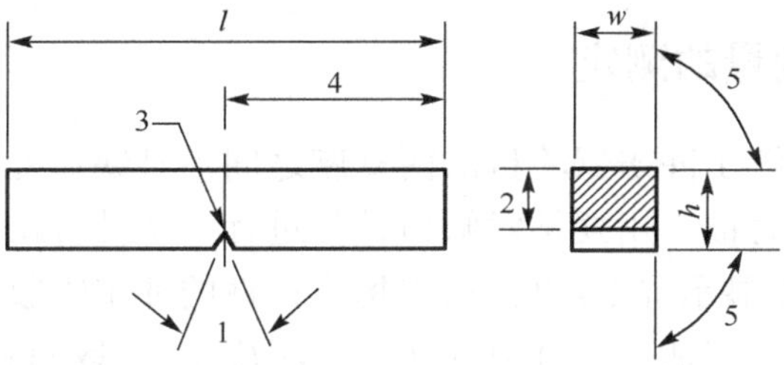

(a) V型缺口

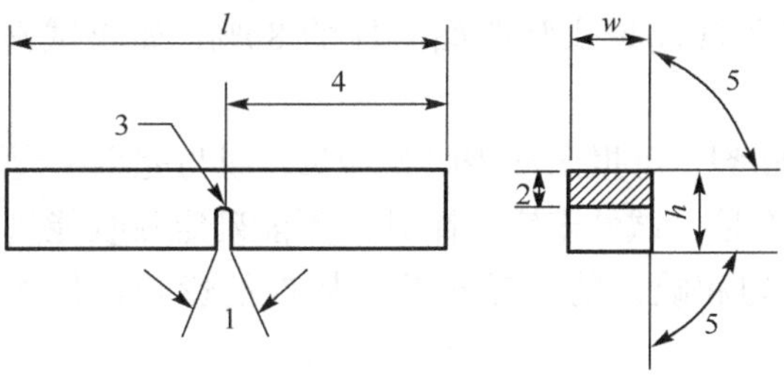

(b) U型缺口

图 3-18　夏比冲击试件

注：符号 l、h、w 和数字 1～5 的尺寸见表 3-4

表 3-4　夏比冲击试件的尺寸与公差

名称		符号及序号	V 型缺口尺寸		U 型缺口尺寸	
			公称尺寸	机加工偏差	公称尺寸	机加工偏差
长度		l	55mm	±0.60mm	55mm	±0.60mm
高度[a]		h	10mm	±0.075mm	10mm	±0.11mm
宽度[a]	标准试件	w	10mm	±0.11mm	10mm	±0.11mm
	小试件		7.5mm	±0.11mm	7.5mm	±0.11mm
	小试件		5mm	±0.06mm	5mm	±0.06mm
	小试件		2.5mm	±0.04mm	—	—
缺口角度		1	45°	±2°	—	—

续表

名称	符号及序号	V 型缺口尺寸		U 型缺口尺寸	
		公称尺寸	机加工偏差	公称尺寸	机加工偏差
缺口底部高度	2	8mm	±0.075mm	8mm[b] 5mm[b]	±0.09mm ±0.09mm
缺口根部半径	3	0.25mm	±0.025mm	1mm	±0.07mm
缺口对称面-端部距离[c]	4	27.5mm	±0.42mm[c]	27.5mm	±0.42mm
缺口对称面-试件纵轴角度	—	90°	±2°	90°	±2°
试件纵向面夹角	5	90°	±2°	90°	±2°

注：a 除端部外，试件表面粗糙度应优于 Ra 5μm；

b 如果规定其他高度，应规定相应偏差；

c 对自动定位试件的试验机，建议偏差用±0.165mm 代替±0.42mm。

3.5.2　冲击吸收能量的测定

试验时，把试件置于冲击试验机的两支座之间，且缺口处在弯曲受拉边，冲击载荷的作用点在缺口背面，用摆锤对缺口试件进行一次性打击，以冲断试件，从试验机刻度盘上(或液晶显示屏上)直接读出每个试件的冲击吸收能量 K。

冲击吸收能量至少应估读到 0.5J 或 0.5 个标度单位(取两者之间较小值)。试验结果至少应保留两位有效数字。

试件吸收能量 K 不应超过实际初始势能的 80%，如果试件吸收能超过此值，应在报告中注明。

试件若没有完全断裂，可报出冲击吸收能量，或与完全断裂试件结果平均后报出。若因试验机打击能量不足，试件未完全断开，不能确定吸收能量，试验报告应注明。

为避免材料不均匀和缺口的误差对冲击韧性的影响，每次试验必须连续冲断一组试件。

3.6　金属材料疲劳试验

金属材料在交变应力作用下发生的破坏称为疲劳破坏。据统计在机械构件的失效中有 80%属于疲劳破坏。金属的疲劳破坏通常有三个不同于静载破坏的显著特性：① 构件内的最大工作应力远小于静载下材料的强度极限和屈服极限；② 即使塑性较好的材料，破坏前也没有明显的塑性变形，破坏具有突发性；③ 疲劳断口呈现两个截然不同的区域：光滑区和粗糙区。疲劳破坏危害性极大，对处于交变应力下的构件，进行疲劳极限设计是十分必要的，而疲劳试验则是疲劳计算的基本依据。

3.6.1　基本概念

试件疲劳破坏时所经历的应力循环次数称为疲劳寿命 N。疲劳寿命与交变应力中的最大应力有关，最大应力越大，疲劳寿命越小。试件经历无限次循环而不发生破坏的最大应力称为材料的疲劳强度，用 σ_R 表示，其中 R 为疲劳试验的循环特征(或称应力比)，它等于一个应力循环中的最小应力和最大应力之比，当 $R=-1$ 时为对称循环。

测定疲劳强度的基本方法是通过疲劳试验绘制 S-N 曲线(图 3-19)，即建立最大应力或应力幅(S 代表最大应力或应力幅)与破坏时应力循环次数 N 之间的关系曲线。对于一般的低、中强度钢，如低碳钢，当循环次数达到 10^7 次后，在其 S-N 曲线上会出现水平转折线。也就是说，如果材料能经受 10^7 次应力循环，即可认为材料永不断裂，相应的最大应力即为疲劳强度。而对于高强度钢、有色金属及合金，即使应力循环次数超过 10^7 次后，在其 S-N 曲线上也不会出现水平转折线，这就是说，不存在永不断裂的应力。因此，对这样的材料，国家标准规定循环次数达到 10^8 次对应的最大应力为条件疲劳强度，用 $\sigma_{R(N)}$ 表示。

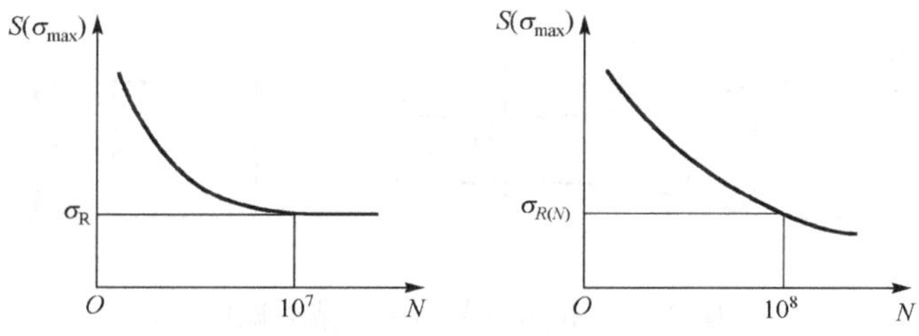

(a) 有水平转折线的S-N曲线　　(b) 无水平转折线的S-N曲线

图 3-19　金属材料疲劳试验 S-N 曲线

3.6.2　疲劳试件

1. 旋转弯曲疲劳试件

试件试验部分的形状应根据所用试验机的加力方式设计，可分为圆柱形、漏斗形和圆锥形。对于圆柱形和漏斗形试件，可以采用简支梁四点加力或采用悬臂梁单点或两点加力。国家标准推荐圆柱形试件的直径 d 为 6mm、7.5mm 和 9.5mm，其形状和尺寸如图 3-20 所示。

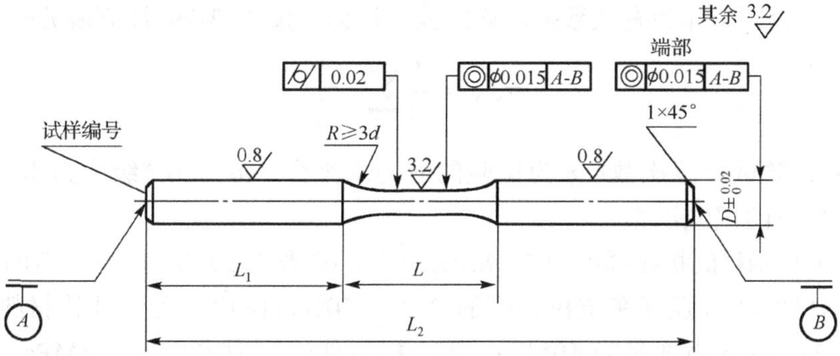

图 3-20　旋转弯曲疲劳圆柱形试件

2. 拉压疲劳试件

拉压疲劳试件有圆形横截面试件和矩形横截面试件。圆形横截面试件的形状和尺寸如图 3-21 所示，推荐试件测量部分直径 $d \geqslant 3\text{mm}$，夹持端直径 $D \geqslant 2d$，平行长度 $L_c \leqslant 8d$。

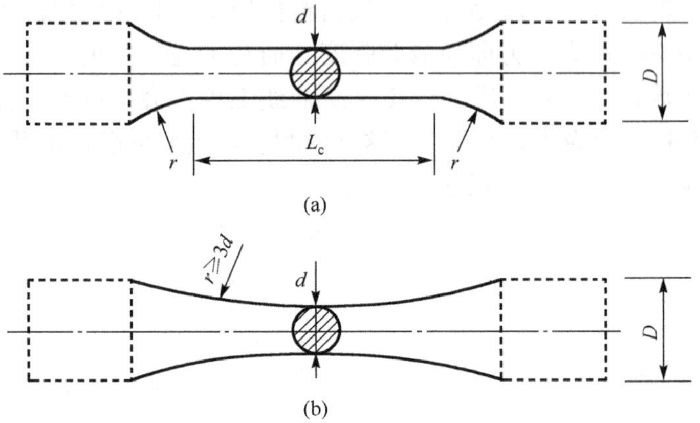

图 3-21　拉压疲劳圆形横截面试件

3.6.3　升降法测定疲劳强度

测定疲劳强度采用升降法，所用试件应为同一批次加工而成，有效试件不得少于 13 根。试验在 3～5 级应力水平下进行，每级应力增量一般在预计疲劳强度的 5%以内。第一根试件的应力水平取略高于预计的疲劳强度，然后根据上一根试件的试验结果，确定下一根试件的应力水平。若上一根试件在达到规定的循环次数前发生破坏，则下一根试件的应力水平应降低；若上一根试件在达到规定的循环次数后不发生破坏(称为通过)，则下一根试件的应力水平应提高，以此类推，直至试件全部做完。第一次出现两根试件的试验结果相反以前的试验数据，若在以后试验数据的波动范围之外，则予以舍弃；否则，作为有效数据，连同其他数据，按式(3-29)计算疲劳强度：

$$\sigma_{R(N)} = \frac{1}{m}\sum_{i=1}^{n} k_i \sigma_i \tag{3-29}$$

式中，m 为有效试验总次数；n 为试验的应力水平数；σ_i 为第 i 级应力水平；k_i 为第 i 级应力水平下的试验次数。

例如，某种钢材的抗拉强度为 710MPa，求循环次数为 10^7 次时，该材料的疲劳强度。

多数钢材的疲劳强度在抗拉强度的 35%～50%范围内。若预计该材料的疲劳强度为 350MPa，取应力增量为 10MPa，第一根试件的应力水平为 375MPa，全部试验数据的波动如表 3-5 所示。从表 3-5 可以看出，第一次试验结果相反出现在第四根试件处，在其之前，只有第一根试件的试验数据在以后试验数据的波动范围之外，应予以舍弃，其他试件的试验数据均有效。因此，该材料的疲劳强度为

$$\sigma_R = \frac{1}{13}(3\times365 + 4\times355 + 4\times345 + 2\times335) = 351(\text{MPa})$$

表 3-5　升降法测定疲劳强度试验过程

应力水平 σ_i/MPa	试验结果（×—破坏　√—通过）	各级应力水平下的试验次数 k_i	有效试验总次数 m
375	1×		13
365	2×　6×　14×	3	
355	3×　5√　7×　13√	4	
345	4√　8×　10×　12√	4	
335	9√　11√	2	

3.6.4　成组法测定 *S-N* 曲线

测定 *S-N* 曲线采用成组法。一般取 5 级应力水平，每级应力水平上测取一组试件数据。每组试件的数量取决于该组试验数据的离散度和所要求的置信度，一般各级应力水平上的试件在 5 根左右，且随着应力水平的降低，试件的数量逐渐增加。第一级应力水平可取为抗拉强度的 0.6～0.7 倍，第二级应力水平比第一级应力水平减少 20～40MPa，以后各级应力水平依次减小。以升降法测得的疲劳强度作为 *S-N* 曲线的最低应力水平点。以最大应力或应力幅为纵坐标，以疲劳寿命的对数为横坐标，并用最佳拟合法绘制曲线，该曲线即为 *S-N* 曲线。图 3-22 为用成组法得到的旋转弯曲疲劳试验的 *S-N* 曲线。

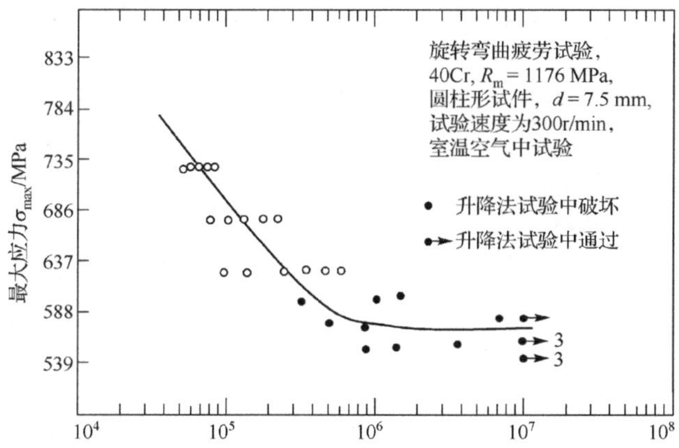

图 3-22　*S-N* 曲线

习　题

3-1　低碳钢在拉伸过程中可分为几个阶段？各阶段有何特征？

3-2　低碳钢和铸铁在拉伸和压缩试验中的性能和特点有什么不同？比较低碳钢与铸铁试件拉伸图与压缩图的差异。

3-3　比较低碳钢与铸铁试件在拉伸与压缩时的力学性能。比较低碳钢与铸铁试件在拉伸与压缩破坏时的形状。

3-4　比较铸铁试件在拉伸与压缩时的强度。

3-5　比较低碳钢与铸铁试件在冲击载荷作用下所表现的力学性能及破坏特性。

3-6　试解释冲击试件缺口附近产生脆性破坏的原因。

3-7　什么是金属的疲劳破坏？疲劳破坏的机理是什么？

3-8　疲劳断口有什么特点？

3-9　在疲劳试验中，材料 *S-N* 曲线是如何测绘的？

第 4 章　材料试验机原理及结构

材料试验机是检测材料拉伸、压缩、剪切、弯曲、扭转、冲击、疲劳等力学性能的主要加载和测试设备，不仅广泛用于材料力学性能测试和质量检测，也成为力学实验教学常用的主要设备。通过力学实验，了解常用材料试验机的结构和原理，掌握材料试验机的操作规程和注意事项是本课程的主要任务之一。

材料试验机种类繁多，按照检测的力学性能不同有万能试验机、扭转试验机、冲击试验机、疲劳试验机等。目前我国生产的万能试验机，按照施力传动装置或测力装置的不同，可以分为液压式、机械式和电子式三种类型。

4.1　液压式万能材料试验机

液压式万能材料试验机是以液体压力为加载方式的试验机，这种试验机因为通过摆锤的偏转测定载荷大小，所以又称摆锤式万能试验机。它主要是做拉伸和压缩试验，通过配置一定的附件装置可以兼做弯曲和剪切等试验。

4.1.1　结构及工作原理

液压式万能试验机的代表是 WE 系列产品，其外观和工作原理分别如图 4-1 和图 4-2 所示。它主要由主体、控制载荷系统、测力系统和自动绘图装置四部分组成。

1. 主体部分

主体部分包括固定机架、活动机架、油缸活塞和夹持装置。固定机架由基座 13、两根固定立柱 2 和大横梁 9 组成。固定机架的大横梁 9 通过工作油缸 11、工作活塞 22 与活动机架的小横梁 12 相连。活动机架由小横梁 12、两根活动立柱 10 和工作台 6 组成。工作台下表面装有上夹头 5，它与下夹头 3 之间形成拉伸试验空间。下夹头座装在升降丝杠 14 的上端，下夹头电动机 1 通过皮带轮、蜗轮副带动与升降丝杠配合的螺母转动，使下夹头升降，以调整拉伸试验空间。下夹头电动机受按钮 4 控制，当按下按钮 4 的升钮时，下夹头上升，拉伸试验空间变小，若按降钮，下夹头下降，拉伸试验空间变大，所以，按钮 4 又称试验空间调整按钮。大横梁下表面装有上压头 8，工作台上表面装有下压头 7 和弯曲支座 21，它们之间形成压缩和弯曲试验空间。

试验机型号不同，调整试验空间的方法略有不同。有些试验机在小横梁上装有电动机和蜗轮副，与两活动立柱上部的螺纹啮合，当按下试验空间调整按钮的升或降钮时，电动机带动工作台和上夹头升降，下夹头静止不动。另外，有些试验机的的下夹头是通过摇动手轮使其升降的。

试验机配有多种拉伸试验夹头，有平板式、V 形钳口式、台肩式等，使用中应根据试件的形状尺寸进行选择。

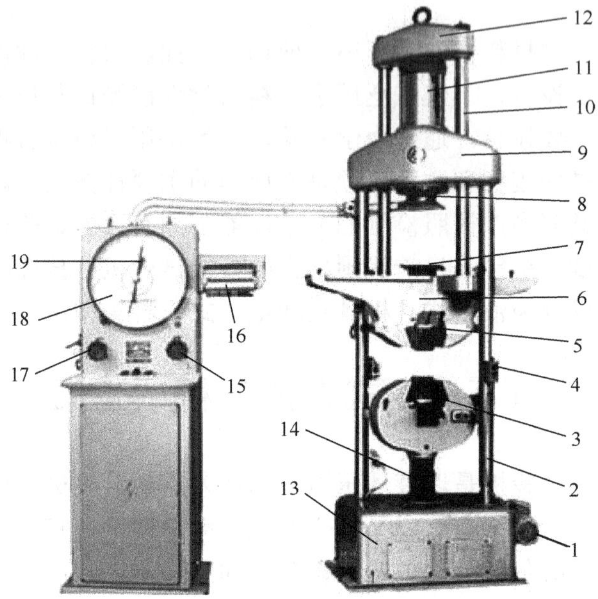

图 4-1　液压式万能材料试验机外观图

1-下夹头电动机；2-固定立柱；3-下夹头；4-下夹头升降按钮；5-上夹头；6-工作台；7-下压头；8-上压头；9-大横梁；10-活动立柱；11-工作油缸；12-小横梁；13-基座；14-升降丝杠；15-送油阀手柄；16-绘图滚筒；17-回油阀手柄；18-测力度盘；19-指针

2. 控制载荷系统

控制载荷的操作有加载、保载和卸载三种方式。加载时，开动油泵电机 27，关闭回油阀 29，打开送油阀 24，高压油液经送油管 25 进入工作油缸 11，把工作活塞 22 和工作台 6 一同顶起。保载时，送油阀 24 微开，回油阀 29 关闭，工作台 6 和测力度盘 18 的指针 19 均保持不动。卸载时，送油阀 24 关闭，回油阀 29 打开，工作台 6 下降，回到原始位置。

3. 测力系统

1) 测力系统工作流程

工作油缸 11 和测力油缸 31 通过油管连通。加载时，开动油泵电机 27，打开送油阀 24，油液进入工作油缸 11 的同时也进入测力油缸 31(二者油压相同)。测力油缸油压增高，压迫测力活塞 30 带动拉杆 32 下移，拉杆 32 带动摆锤 34、摆杆 35、平衡铊 37 和推杆 38 绕支点 36 转动，同时推杆 38 推动齿杆 39 平移，带动测力度盘 18 的指针 19 旋转，当摆锤 34 的重力与测力活塞 30 上的压力对支点 36 的力矩达到平衡时，指针 19 停止转动。

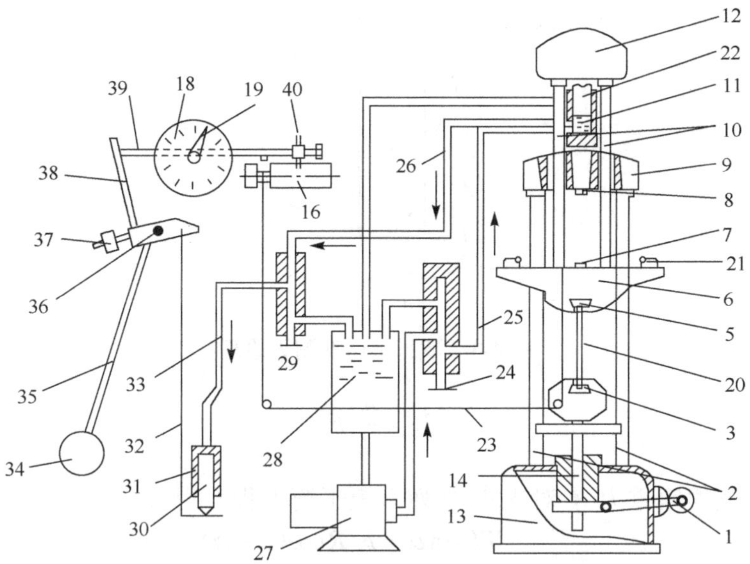

图 4-2　液压式万能材料试验机工作原理图

20-拉伸试件；21-弯曲支座；22-工作活塞；23-拉绳；24-送油阀；25-送油管；26-回油管；27-油泵电机；28-油箱；29-回油阀；30-测力活塞；31-测力油缸；32-拉杆；33-测力油管；34-摆锤；35-摆杆；36-支点；37-平衡铊；38-推杆；39-齿杆；40-绘图笔

2) 测力原理

液压式万能材料试验机一般采用液压正切摆测力机构，正切摆是指载荷的大小与摆杆转过角度的正切成正比，其原理如图 4-3 所示。

拉杆短臂 OC 与推杆 OA 垂直，二者及摆杆 OD、平衡铊臂杆 OG 刚性连接。由于当载荷变化摆杆转角不同时，短臂上的力作用点 C 将产生水平位移，为了减少这一水平位移对测力精度的影响，设计中采用了两项措施。一是使短臂 OC 有初始仰角 β，β 是空载时短臂与水平线的夹角，大小是摆杆 OD 最大转角的一半；二是使拉杆的铅垂线通过短臂 OC 仰角为 $\beta/2$ 时的 C 点，并加大拉杆长度。这样，测力精度较差的载荷范围是量程的最小和最大的两个区间。

设载荷大小为 F，工作活塞和测力活塞的有效面积分别为 A_1 和 A_2，由液压传递原理可知，拉杆上的力 F_C 为

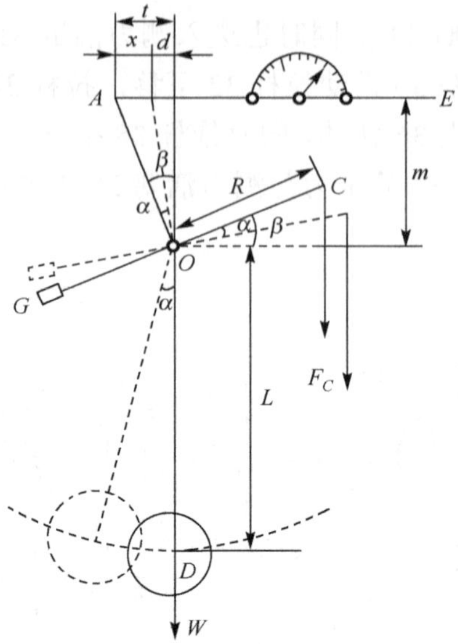

图 4-3　液压正切摆测力原理

$$F_C = \frac{A_2}{A_1}F \tag{4-1}$$

将力 F_C 及摆锤重力 W 对支点 O 列力矩平衡方程，得

$$WL\sin\alpha = F_C R\cos(\beta-\alpha) \tag{4-2}$$

式中，L 是摆杆 OD 的长度；α为摆杆 OD 转过的角度。

由式(4-1)和式(4-2)，并考虑几何关系，可得齿杆移动距离 x 为

$$x = \frac{RA_2 m}{A_1\cos\beta}\frac{F}{WL} \tag{4-3}$$

式中，R 为拉杆短臂 OC 的长度；m 为支点 O 到齿杆的垂直距离。

由式(4-3)可得出如下结论。

(1) 齿杆移动距离 x 与载荷 F 成正比。即指针转动的角度与载荷也成正比，这是载荷度盘刻度等间距划分的依据。但实际上忽略了非线性误差的影响，为了减小这一误差，一般要求试验测量的载荷应在满量程的 20%～80%。

(2) 齿杆移动距离 x 与 $1/W$ 成正比。若摆锤的重量不同，则指针旋转同样的角度，需要的载荷不同，因此可以通过更换摆锤来改变试验机的测力范围。WE 系列试验机一般配有三种不同摆锤，按重量由小到大依次为摆锤 A、摆锤 B、摆锤 C，其中摆锤 A 是固定的，摆锤 B 和摆锤 C 可拆装，表 4-1 列出了测力度盘上所示的测力范围与所挂摆锤的对应关系。

(3) 齿杆移动距离 x 与 $1/L$ 成正比。由此，可以通过改变摆杆的长度来改变试验机的测力范围。

表 4-1　WE 系列试验机测力范围与摆锤的对应关系

类型＼摆锤	测力范围/kN		
	A	A+B	A+B+C
WE100	0～20	0～50	0～100
WE300	0～60	0～150	0～300
WE600	0～120	0～300	0～600
WE1000	0～200	0～500	0～1000

式(4-3)的适用条件是：①测力机构各部件的初始方位应如图 4-3 所示，如齿杆水平、摆杆铅垂；②测力系统各零部件之间无摩擦力；③除摆锤外，其他零部件无重力。

实际上，这些条件都不能精确满足，测力结果必然存在误差。减少误差的措施是：①试验机测力部分和主体部分安装时要用水平仪找平(主体部分保持水平可减少上、下夹头不同心造成的工作油缸和活塞、工作台滚轮与固定立柱间的摩擦力)；②消除摆锤之外其他零部件重力的影响。

为了消除摆锤之外其他零部件重力的影响，采取的措施是：空载时，启动油泵，开送油阀，使工作活塞上升一段距离(相当于工作台上升 10～20mm)，然后调节平衡铊，使摆杆铅垂，再旋转调零螺丝使示力指针指在零点。

检测摆杆是否铅垂的方法有：①摆杆上端若装有水准仪，其水准气泡应居中；②摆杆上的标示牌刻线应与缓冲挡座的指示刻线对齐；③增减摆锤，指针位置不应有变化。

4. 自动绘图装置

自动绘图装置包括：(装在齿杆上的)笔架和绘图笔 40、(铺放图纸的)绘图滚筒 16 和拉绳 23。加载时，绘图笔随齿杆沿滚筒轴向移动，绘出载荷；工作台上升时，可由一端系在工作台上的拉绳绕过滑轮带动滚筒转动，绘图笔将沿滚筒周向画出工作台的位移(请注意，此位移不等于试件标距上的变形)。

自动绘图装置绘出的载荷-位移图，一般只用于定性观察。

4.1.2　操作步骤及注意事项

1. 操作步骤

(1)估计最大载荷，挂摆锤。估计试验所需的最大载荷，选用示力范围合适的度盘(一般估算的最大载荷在度盘量程的 20%～80%)，挂相应的摆锤，并把缓冲阀旋钮转到与所挂摆锤相对应的位置；若需绘图，则装上图纸和绘图笔。

(2) 调整试验机。装上试件(拉伸试件只夹上夹头)，启动油泵，开送油阀，使工作台上升一段距离(10～20mm)；保持工作台基本不动，调节平衡铊，使摆杆铅垂；转动水平齿杆，使主动指针指零，并拨动被动指针与主动指针靠拢。

(3) 调整试验空间。对拉伸试件，夹好下夹头，对压缩试件，将其摆正对中，并使之处于即将受力位置。为了快速调整试验空间，可开动下夹头升降电机，但切勿用其加载。

(4) 加载测读。缓慢打开送油阀，给试件平稳加载，读取并记录测试数据。

(5) 试验机复原。测试完毕，先关闭送油阀，停油泵。破坏性试验，先取下试件，再开回油阀，将油液泄回油箱，最后使试验机复原。

2. 注意事项

(1) 安装试件，应使试件与夹具轴线重合。

(2) 当试件完全夹好后，切勿按动调整试验空间的按钮。

(3) 试验机调整步骤不得颠倒顺序，且若更换试验机的量程，则重新调整。

(4) 开机前和停机后，送油阀一定处于关闭位置。送油和回油缓慢平稳进行。

(5) 试验完毕后，不要将工作活塞落到底，保留 20mm，以免空气进入油路。

4.2 电子万能材料试验机

电子万能材料试验机是机械技术、传感器技术、电子技术和控制与数据处理技术相结合的产物，是由机械式万能材料试验机发展而来的，是当前具有较高技术含量的测试设备，能够完成拉伸、压缩、弯曲和剪切，以及一些特殊加载的试验，具有测量精度高、加载控制简单、试验范围宽等特点。试验过程可由计算机控制，能提供较好的人机交互界面，具备对整个试验过程进行预设和监控，直接提供试验分析结果和试验报告，试验数据和试验过程再现等优点。

目前，电子万能材料试验机的型号繁多，形式多样，结构也不相同。但各类电子万能材料试验机的结构和工作原理、操作方法都基本相同。现以 WDW 系列微控电子万能材料试验机为例进行介绍。

4.2.1 结构及工作原理

WDW 系列微控电子万能材料试验机的外观和结构分别如图 4-4 和图 4-5 所示。它主要由主机、测量系统、控制及显示系统三部分组成。

1. 主机部分

主机为加载系统。由四根立柱 9、固定上横梁 1 和工作台 13 共同组成门式框架，

图 4-4　电子万能材料试验机外观图

1-上横梁；2-拉伸夹具；3-活动横梁；4-压缩夹具；5-远控盒；
6-液晶操作面板；7-打印机；8-计算机

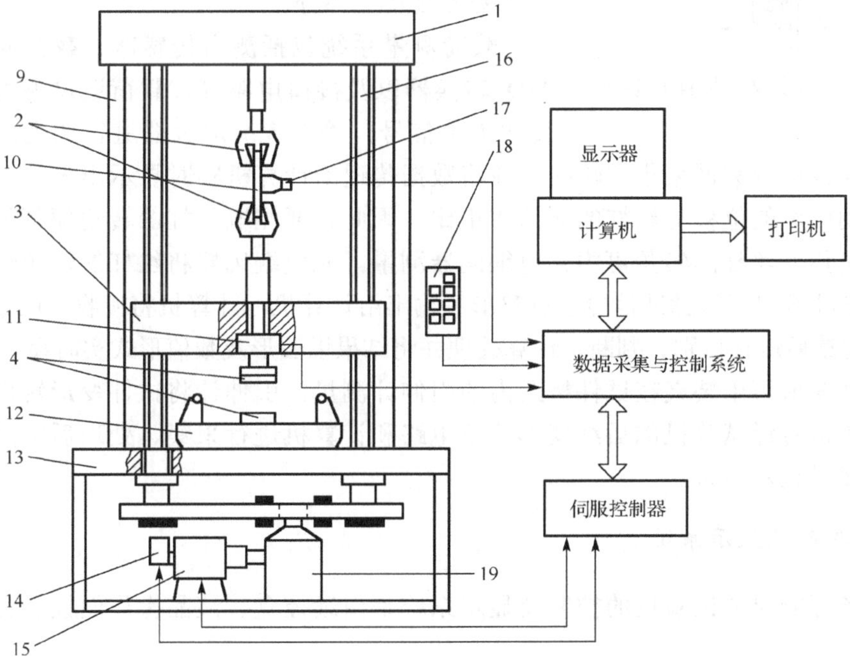

图 4-5　电子万能材料试验机结构示意图

9-立柱；10-拉伸试件；11-测力传感器；12-弯曲支座；13-工作台；
14-光电编码器；15-电机；16-滚珠丝杠；17-引伸计；18-手控键盘；19-减速机

活动横梁 3 将门式框架分为上、下两个空间，其中上空间为拉伸空间，下空间为压缩和弯曲空间。拉伸夹具 2 安装在上横梁 1 与活动横梁 3 之间，压缩夹具 4 和弯曲支座 12 安装在活动横梁 3 与工作台 13 之间。两滚珠丝杠 16 从底部穿过活动横梁并安装在上横梁与工作台之间，丝杠螺母固定在活动横梁上。电机 15 通过同步带轮减速后带动滚珠丝杠转动，使活动横梁在给定的速度下上下移动以实现各种试验功能。

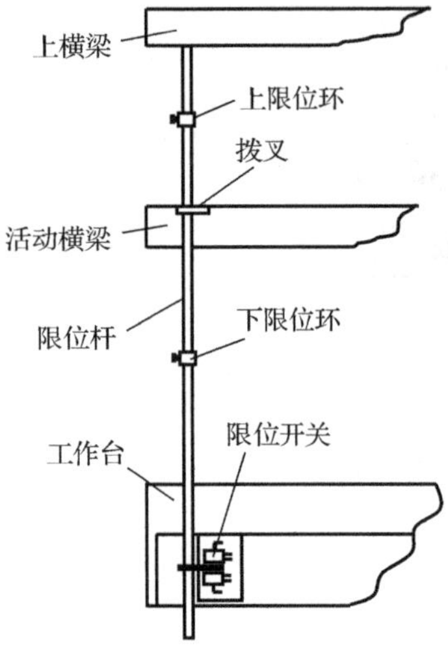

图 4-6　活动横梁限位保护装置

为防止活动横梁超过上下极限位置造成机械事故或使活动横梁能停在设定位置，试验机设有一个活动横梁限位保护装置，如图 4-6 所示。该装置由限位杆、上下限位环、拨叉、限位开关等组成。当活动横梁上的拨叉碰到限位环时，连接在限位杆上的触片碰压限位开关的触点，试验机发出蜂鸣声，从而提醒试验员立即停止试验机活动横梁的运动。

2. 测量系统

测量系统包括载荷测量、活动横梁位移测量和试件变形测量三部分。

载荷测量系统包括测力传感器、载荷放大器、A/D 转换器以及接口电路等。载荷通过测力传感器转化为电信号，输入载荷放大器进行放大后，通过 A/D 转换器进行数据采集和转换，并将数据传递给计算机实时显示出来。

活动横梁的位移与丝杠的转角成正比，因此只要测取丝杠的转角便可得到活动横梁的位移，丝杠的转角可由光电编码器测量。光电编码器将丝杠的转角转化为编码器的脉冲输出，该脉冲信号经过整形后输出给计算机，计算机将接收到的信号再次整形、滤波后进行识别、判断、计算处理并将结果以图形及数值形式实时显示出来。

试件变形可由装夹在试件标距内的引伸计测量。引伸计将试件变形转换成电信号，该电信号经试验机的后续变形测量电路和计算机进行采集、处理后以图形及数值形式实时显示出来。

3. 控制及显示系统

电子万能材料试验机的控制及显示系统是由远控盒、液晶操作面板和计算机来实现的。

远控盒外形示意图如图 4-7 所示，上面有一个手轮和上升、下降、停止三个按钮，可以通过数据联线实现对试验机的远程控制。在调整试验空间时，通过远控盒可控制活动横梁的运动，在停车状态，顺时针旋转手轮，活动横梁以当前速度向上移动，反之，活动横梁以当前速度向下移动。在上升或下降状态，顺时针旋转手轮，横梁速度升高，反之，速度降低。

液晶操作面板如图 4-8 所示，分为显示屏幕、特殊功能键、数字键、控制键四个区域，可用来控制和显示试验机的运行状态，完成试验操作。操作面板控制试验机的缺点是测试数据无法输出和保存。因此，通常采用计算机控制试验过程并处理试验数据，操作面板常在试验机调试和装夹试件时使用。

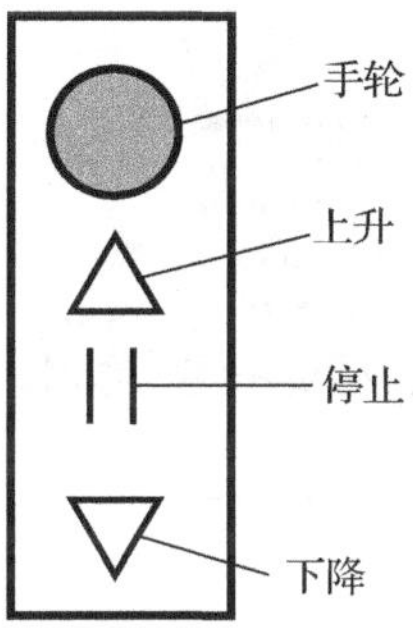

图 4-7　远控盒外观示意图

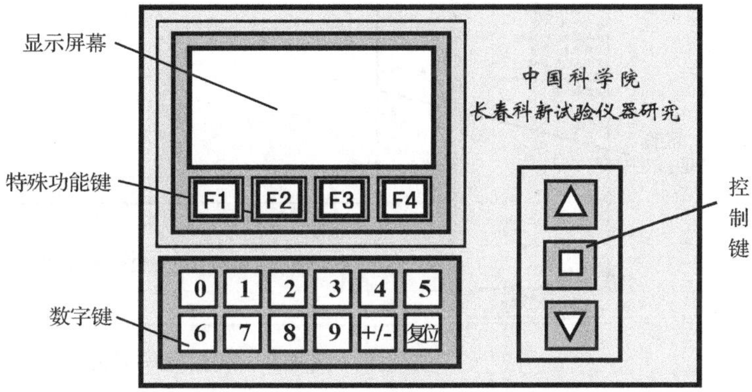

图 4-8　液晶操作面板

计算机控制主要是通过计算机上的软件 P_MAIN 实现对电子万能材料试验机的控制。可以实现活动横梁的升降、速度快慢和急停等的控制，实现对试验过程的开环和闭环控制，实现对试验数据的实时保存和输出控制，并能对试验数据进行后处理，以数值或图形显示材料的各项性能指标。

电子万能材料试验机软件 P_MAIN 的主要界面包括试验程序界面、试件录入界面、参数设置界面、数据管理界面等，下面分别就这几部分的使用和功能进行说明。

1）试验程序界面

开启计算机，双击软件“P_MAIN”图标可以直接进入试验程序界面，如图 4-9 所示。该界面包括工具栏、试验数据栏、试验信息栏、试验曲线栏、横梁控制栏和结果输出栏六个区域。工具栏上的“联机”和“脱机”按钮可以控制试验程序与试验机的连接，当单击“联机”按钮后，如果联机成功，在液晶操作面板上显示“PC-control”的字样，并且试验数据显示栏的试验力数值有变化。注意：如果未联机，试验编号和参数设置是不能被改变或进入的。

“试验开始”按钮控制试验机开始试验并采集记录试验过程中的数据；“试验结束”按钮控制试验机结束试验并将试验数据和试验曲线保存；单击“参数设置”“试件录入”“数据管理”按钮可以进入相应的界面。

试验数据栏实时显示试验过程中的数据信息，包括试验力、位移、时间、力峰值、活动横梁移动速度等。

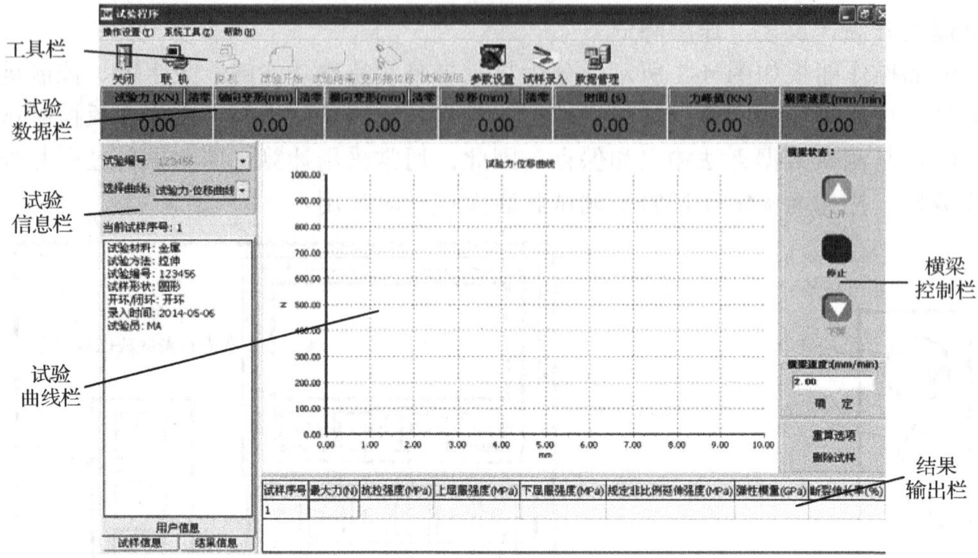

图 4-9　试验程序界面

试验信息栏显示在试件录入界面录入的内容。试件编号编辑框内保存有未做或未做完试验的试验组。

屏幕中央是试验曲线的实时显示栏，在单击“试验开始”按钮后，实时显示试验曲线，可以用试验信息栏中的 “选择曲线”来选择不同的显示曲线。

横梁控制栏是控制活动横梁运动方向和速度的按钮。联机后，在横梁速度编辑框中输入横梁速度，单击向上或向下按钮来控制活动横梁的运动。试验过程中，也可以在横梁速度编辑框中输入横梁的速度值，单击“确定”来改变活动横梁的运动速度。

2) 试件录入界面

在试验程序界面的工具栏单击“试件录入”按钮进入试件录入界面，如图 4-10 所示。通过该界面输入试验的基本信息，为试验后数据的处理和表格的生成提供信息。该界面包括上下两部分，上部为“试验信息”，依次录入“试验材料”“试验方法”“试验编号”“试件形状”等。下部为“试件参数”，依次输入“试件原始标距”“引伸计标距”“试件直径”，试件序号自动生成，不需录入。可一次录入多个组，且每个组内的试件个数不受限制。单击“保存”按钮完成试件录入工作，单击“关闭”按钮回到试验程序界面。

3) 参数设置界面

在试验程序界面的工具栏单击“参数设置”按钮进入参数设置界面，如图 4-11 和图 4-12 所示，通过该界面可对试验过程中的一些选项进行设置。

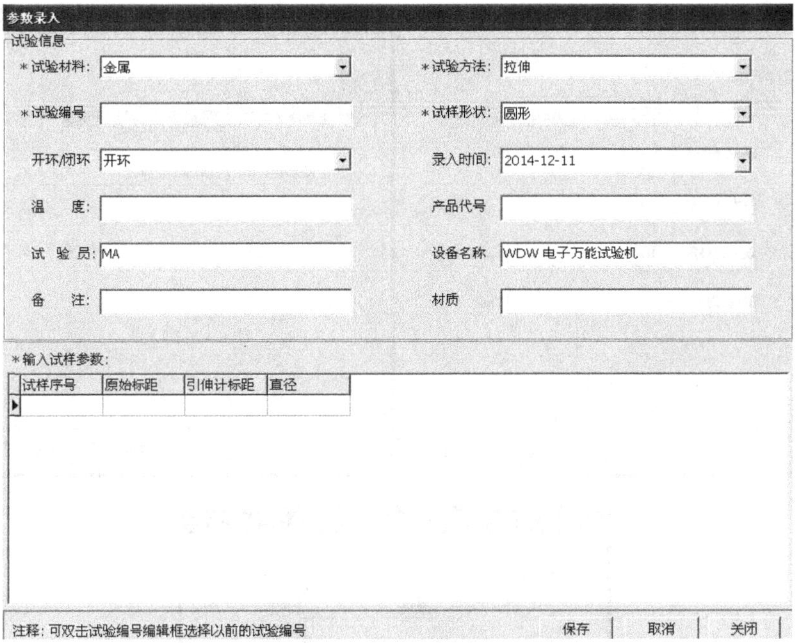

图 4-10　试件录入界面

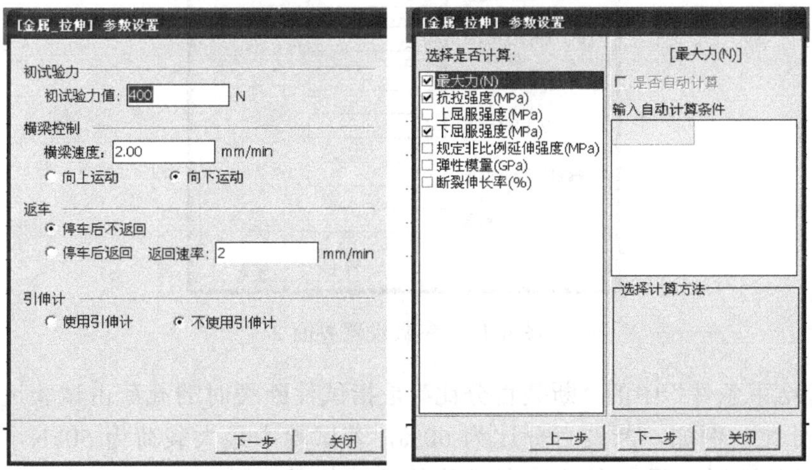

图 4-11　参数设置界面 1

“初试验力”设置初试验力值，通常不超过试验机量程的千分之四，大于此值，计算机才开始采集试验机发过来的数据。“横梁控制”设置横梁的运动速度和方向。“停车后返回”指试验结束后横梁以输入的返回速率自动返回到开始试验的位置，一般对金属材料试验选择“停车后不返回”。如果没有使用引伸计来测量变形，一定选择“不使用引伸计”，否则，影响试验结果。“选择是否计算”是指针对不同材料、不同类型的试验，程序根据采集到的数据，自动计算打对勾的参数。

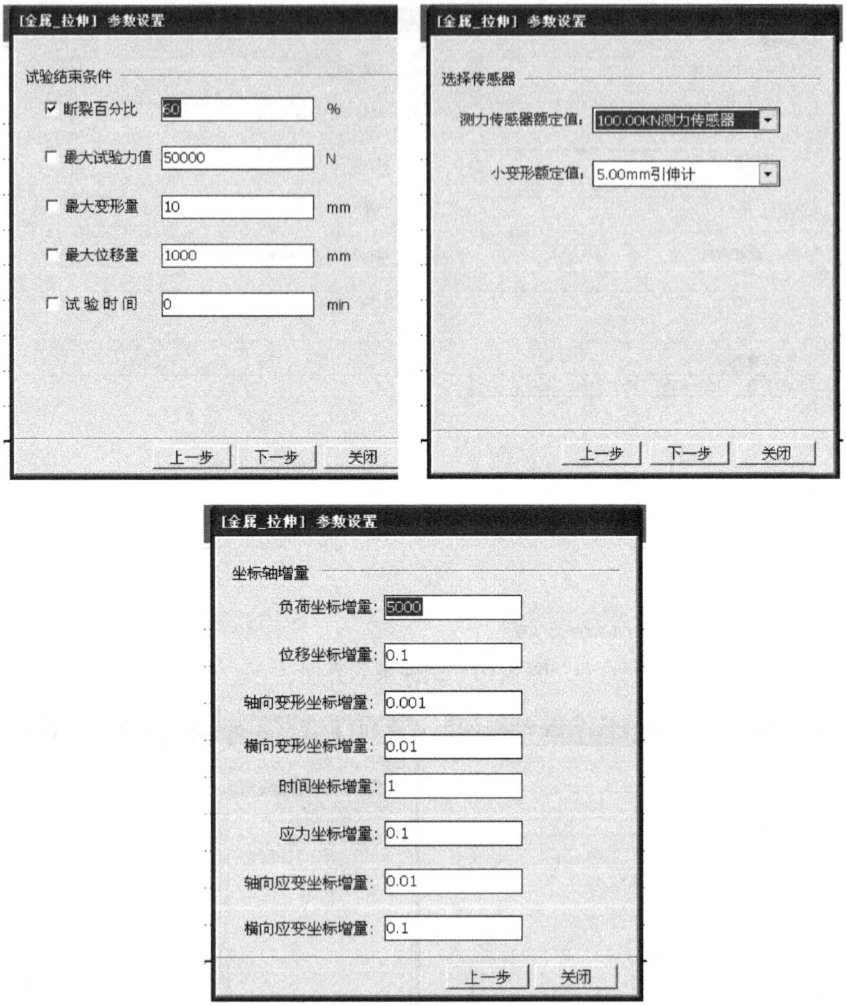

图 4-12　参数设置界面 2

“试验结束条件”中的“断裂百分比”是指试件断裂时的载荷占试验过程中最大载荷的百分比。例如，断裂百分比为 60%，若试验中最大载荷为 50kN，则当试验力下降到 30kN 时，程序自动结束试验并计算相关参数。“最大试验力值”一般设置为试验机力传感器的额定值，试验过程中，若载荷超过此值，则试验自动结束。“最大变形量”一般设置为引伸计的最大变形量，试验过程中，若变形超过此值，则试验自动结束。“最大位移量”一般设置为试验机最大行程，试验过程中，若位移超过此值，则试验自动结束。“试验时间”是指试验过程中试验时间不能超过此设定值，否则试验自动结束。如果不是必需，“最大试验力值”“最大变形量”“最大位移量”和“试验时间”最好不要设置，以免干扰信号，影响试验正常进行。

根据试验机的型号选择相应的“测力传感器额定值”和“小变形额定值”。根据输出报表的要求输入“坐标轴增量”。

输入参数后，只要单击“上一步”“下一步”或“退出”按钮都能将刚输入的参数保存下来，单击“关闭”按钮同时回到试验程序界面。

4) 数据管理界面

在试验程序界面的工具栏单击“数据管理”按钮进入数据管理界面，如图 4-13 所示，通过该界面可实现数据的查询、输出、编辑和再计算等后处理功能。

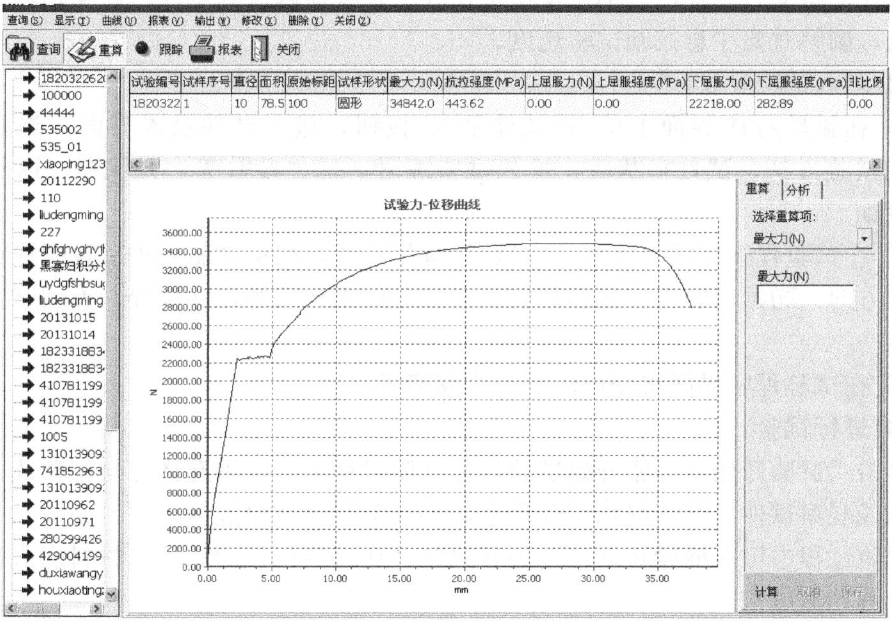

图 4-13　数据管理界面

试验结束后，程序将本次试验得到的数据形成以试验编号为名称的结果文件，可以直接查询图 4-13 最左侧树形框内的试验编号得到，也可单击图 4-13 工具栏上的“查询”按钮，输入查询条件进行查询。单击所要显示的试验编号，则在图 4-13 中可以显示结果数据及试验曲线等。

在图 4-13 的选项栏中单击“输出”按钮可得到可编辑的 Excel 形式的报表文件。

4.2.2　操作步骤及注意事项

1. 操作步骤

(1) 试验机准备。

① 估计载荷，确定载荷在试验机量程范围之内。

② 打开试验机钥匙开关；打开计算机主机及显示屏。

③ 打开控制主程序进入试验程序界面，并联机。

(2) 装夹试件。

① 对于拉伸试验，首先将试件轻夹于上、下夹头之间，使试件与夹具轴线重合，松开上夹头，拧紧下夹头，在试验程序界面中选中试验力清零，最后拧紧上夹头，将试件夹好。

② 对于压缩或弯曲试验，首先将试件安装在下压头的中央，然后将活动横梁调整到试件即将受力位置，且不可使压头在开始试验前触碰到试件，以免损坏试件或试验机，调整时要注意控制试验速度。

(3) 录入试验参数。

① 在试验程序界面上单击“试件录入”按钮，进入试件录入界面，选择试验材料、试验方法、试件形状等，输入试验编号、试件参数等，并保存，返回试验程序界面。

② 在试验程序界面上单击 “参数设置”按钮，根据试验要求，设置横梁移动速度和方向、初始试验力、断裂百分比及计算结果选项等，并保存，返回试验程序界面。

③ 在试验程序界面将变形清零，位移清零。

(4) 进行试验。

单击“试验开始”按钮开始试验。在试验过程中，可以选择力与位移或力与时间等曲线观察试件变化情况和试验现象，要注意记录试验数据。

试验过程中可对横梁移动速度进行调整，如低碳钢拉伸试验，材料屈服后可加快横梁移动速度。

(5) 结束试验。

当达到试验结束条件要求时，试验自动结束，并自动保存数据和结果。

试件断裂后，试验机活动横梁停止移动，取出试件，并复原试验机。

2. 注意事项

(1) 开机前必须先把活动横梁限位保护装置调整好，以保证活动横梁不与上横梁或工作台相碰。

(2) 拉伸夹具加持拉伸试件部分的长度不得少于夹头长度的 80%。

(3) 做拉伸试验时，若使用了引伸计，应注意观察微机显示屏，当出现文字提示或拉伸曲线出现水平线一定长度后，在试件开始进入局部变形阶段时，应迅速取下引伸计，以避免由于试件断裂引起的振动对引伸计产生损伤。

(4) 试验机运行时，操作者不可离开，若出现异常情况，应迅速按急停按钮，查找原因。

4.3　电子扭转试验机

电子扭转试验机是专门对试件施加外力偶矩的设备，主要用于测定金属和非金属材料受扭时的力学性能。与电子万能材料试验机一样，电子扭转试验机也是集电子、测控、计算机等先进技术为一体的新型设备，它具有微机控制、自动测量和显示、精度高、调速宽、运行平稳可靠等突出优点。现已成为扭转试验机的主流产品，老式扭转试验机已逐步淡出市场。

不同厂家生产的电子扭转试验机的组成、样式、操作方式有所不同，但基本组成大致相同，这里以 NDW 系列微控电子扭转试验机为主介绍其结构和工作原理。

4.3.1　结构及工作原理

NDW 系列微控电子扭转试验机的外观和结构分别如图 4-14 和图 4-15 所示。它主要由加载系统、测量系统、控制及显示系统三部分组成。

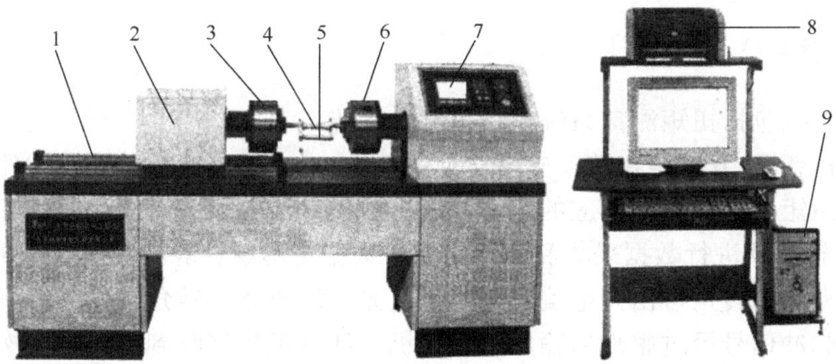

图 4-14　电子扭转试验机外观图

1-导轨；2-移动支座；3-从动夹头；4-试件；5-扭转计；6-主动夹头；7-操作面板；8-打印机；9-计算机

1. 加载系统

加载系统由伺服电机、减速机、移动支座、夹头、驱动控制单元等组成。试验时，试件 4 夹持在主动夹头 6 与从动夹头 3 之间，主动夹头安装在减速机 11 的出轴端，从动夹头安装在移动支座 2 上，可左右移动调整装夹空间。驱动控制单元发出指令后，伺服电机 14 转动，通过皮带传动和减速机减速带动主动夹头转动，对试件施加扭矩。试验机主动夹头可以顺时针或逆时针加载，加载速度可在 0～360(°)/min 之间连续可调。

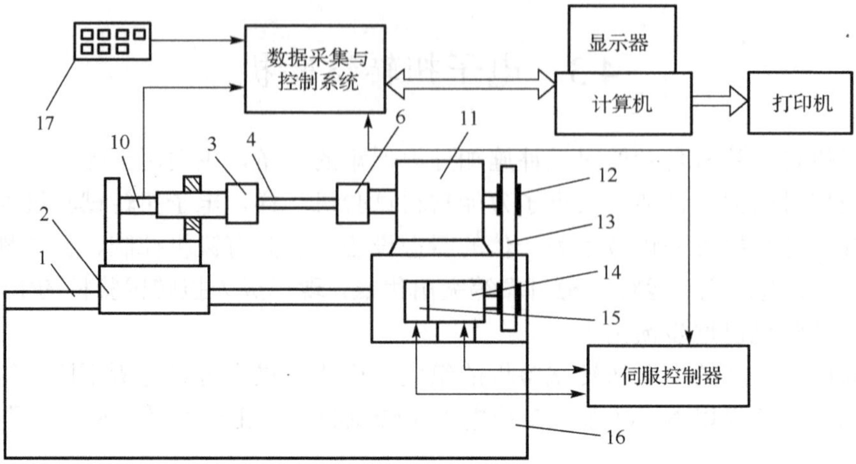

图 4-15　电子扭转试验机结构原理示意图

10-扭矩传感器；11-减速机；12-带轮；13-传动带；
14-伺服电机；15-光电编码器；16-底座；17-手控键盘

2. 测量系统

测量系统包括扭矩测量系统和扭角测量系统。

扭矩传感器 10 固定在移动支座 2 上，可沿导轨 1 直线移动。通过试件传递过来的扭矩使扭矩传感器产生相应的变形，发出电信号，输入载荷放大器进行放大后，通过 A/D 转换器进行数据采集和转换，并将数据传递给计算机实时显示出来。

主动夹头的转角可由光电编码器测量。光电编码器将转角转化为编码器的脉冲输出，该脉冲信号经过整形后输出给计算机，计算机将接收到的信号再次整形、滤波后进行识别、判断、计算处理并将结果以图形及数值形式实时显示出来。

试件的扭角可由装夹在试件标距内的扭角计测量。扭角计将试件的扭角转换成电信号，该电信号经试验机的后续变形测量电路和计算机进行采集、处理后以图形及数值形式实时显示出来。

3. 控制和显示系统

电子扭转试验机的控制及显示系统是由液晶操作面板和计算机来实现的。不同厂家、不同型号的试验机的控制和显示略有不同，例如，NDW-3000 型可以通过液晶操作面板和计算机两套系统来实现控制和显示，而 NDW-05 型仅通过计算机来实现控制和显示。

液晶操作面板如图 4-16 所示，由液晶屏、特殊功能键、数字按键、控制键、电源开关和调速旋钮六个区域组成，可用来控制和显示试验机的运行状态，完成试验操作。在试验过程中能实时显示各传感器通道的具体数据，如扭矩、转角、扭角、速度等。操作面板控制试验机的缺点是测试数据无法输出和保存。因此，通常采用计算机控制试验过程并处理试验数据，操作面板常在试验机调试时使用。

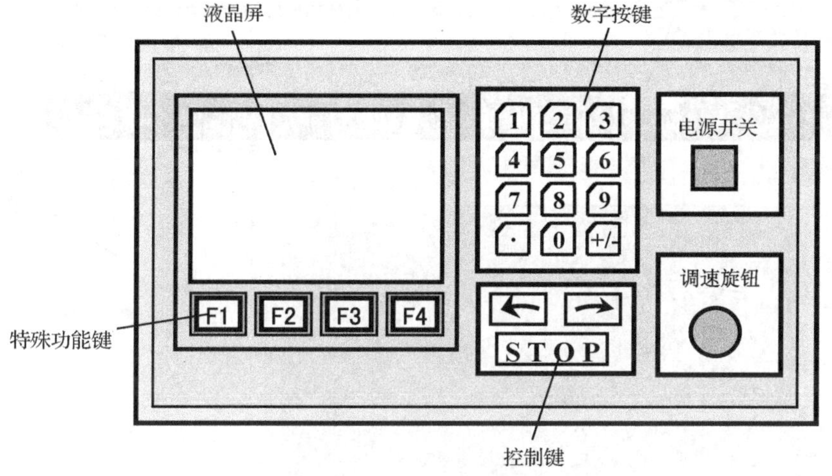

图 4-16　液晶操作面板

计算机控制主要是通过计算机上的软件程序实现对电子扭转试验机的控制。可以实现对主动夹头的顺(或逆)时针旋转，转动速度快、慢和急停等的控制，实现对试验过程的开环和闭环控制，实现对试验数据的实时保存和输出控制，并能对试验数据进行后处理，以数值或图形显示材料的各项性能指标。

这里以 NDW-05 型电子扭转试验机的软件“SmartTest”为例进行介绍，软件“SmartTest”的主要界面包括控制板界面、数据板界面和分析板界面等，各界面的功能及使用简介如下。

1) 控制板界面

开启计算机，双击软件“SmartTest”图标可以直接进入试验程序控制板界面，如图 4-17 所示。该界面包括主窗口、扭矩和扭角显示板、转角显示板、曲线显示板、控制板五个区域。

(1) 主窗口：主窗口是程序的控制中心，它负责管理各个功能窗口和系统模式的切换，并显示试件的基本信息和试验控制状态信息，这个窗口始终位于屏幕最上面。

(2) 扭距和扭角显示板：主要显示扭矩峰值、扭矩、扭角大小。该部分左上角有破型判断按钮，按下此按钮，在试验过程中，力值如果满足试件破型的条件，系统会自动停止。如果按钮弹起，那么，即使满足破型判断条件，系统也不会自动停止，用户必须手动停机。

(3) 转角显示板：显示转角大小。

(4) 曲线显示板：曲线显示窗口在试验过程中，实时显示测量曲线，在浏览历史数据时，同步显示对应的历史曲线。

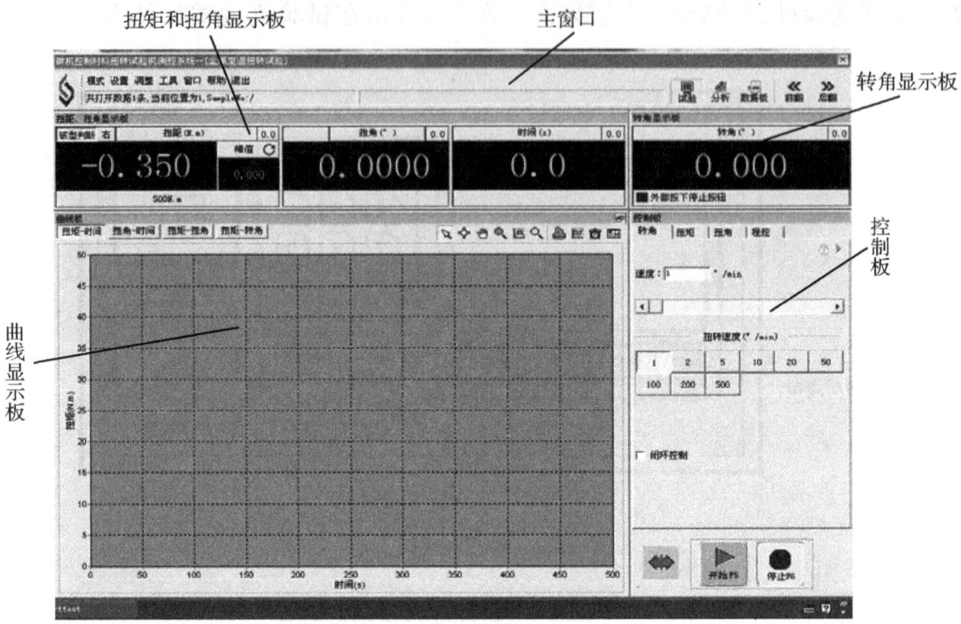

图 4-17　计算机控制板界面

(5) 控制板：用户可定义控制模式，直接选择转角、扭角、扭矩速度。

2) 数据板界面

数据是整个测量系统的核心，因为整个试验过程是围绕数据为中心进行的。从试件数据到测试数据，再到分析数据，这个过程显示都在数据板上体现。从系统菜单或控制界面的主窗口都可以调出数据板界面。

数据板界面的工具栏如图 4-18 所示，工具栏包含了数据操作的全部功能，包括新建、打开、保存、删除和打印试验数据等。从左到右依次如下。

图 4-18　数据板界面的工具栏

(1) 快速新建：快速建立单个数据记录。

(2) 新建：可以建立单个或成批数据记录。新建界面分为试件信息输入区、试件模板和试件数据缓冲区三部分，如图 4-19 所示。试件信息输入包括试件批号、试件编号、试验日期、试验人、试件尺寸等。用户可以在输入区输入试件信息，也可以直接打开右边列表中保存的试件模板文件，而不用再一一输入。

填完试件信息后，单击窗口中间的“新建”按钮，所填数据将拷贝到下面的试件信息数据缓冲区。用户可以开始下一个试件信息的输入。

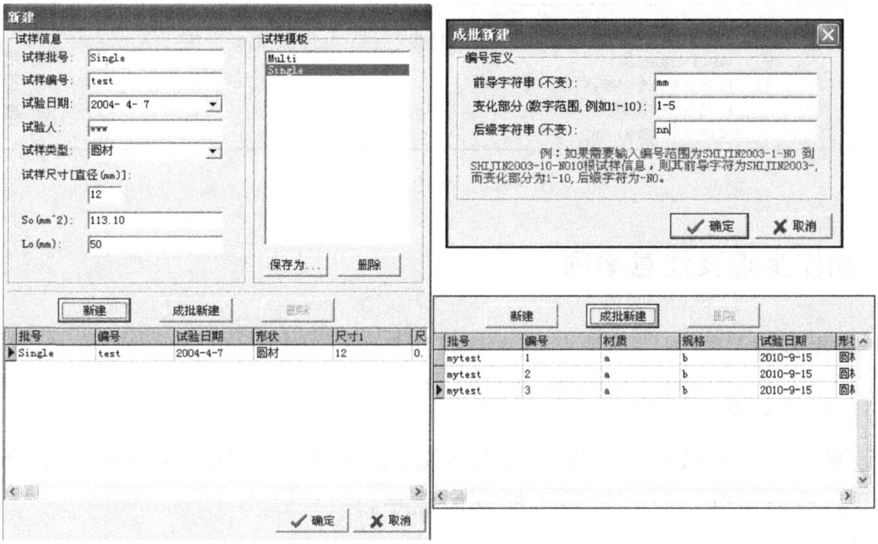

图 4-19　新建试件信息界面

单击“成批新建”按钮，系统可以一次产生同种类型(同批号)不同编号的试件信息数据，并填充到数据缓冲区。利用它可以帮助用户提高输入试件数据时的效率。

单击“确定”按钮，将数据缓冲区的数据保存到数据库，并且将它们添加到数据板，同时关闭新建窗口。

(3)打开：依照特定的查询条件，调出历史数据。

(4)保存为数据库格式：将测试曲线或者用户对数据的任何改动保存到数据库中。

(5)保存为文件格式：以文本文件格式将测试曲线或者用户对数据的任何改动存盘。

(6)删除当前记录：删除当前这条数据，删除的数据都无法恢复，请慎重操作。

(7)删除全部打开的数据：将数据板上显示的所有数据全部删除，删除的数据都无法恢复，请慎重操作。

(8)打印：将当前记录数据以设置好的报表格式打印输出。

3)分析板界面

试验完成以后，程序会自动分析测试曲线，从而得到分析结果，并在数据板中显示出来。而分析板记录了分析的过程，供用户查看。分析板提供了自动和手动两种分析模式。试验结束后，在曲线显示板上双击，分析板将自动出现。一般情况下，在试验结束时，系统将马上分析测试曲线，并将分析结果填充到数据板，而无需用户手工干预。如果自动分析不正确，那么，用户可以通过修改分析方法，然后再对曲线进行全面分析。分析板界面如图 4-20 所示。

图 4-20　分析板界面

4.3.2　操作步骤及注意事项

1. 操作步骤

(1) 试验机准备。

估计载荷，确定载荷在试验机量程范围之内；接通电源，依次打开试验机电源开关，开启控制电脑，打开试验机的软件程序。

(2) 装夹试件。

将试件装入扭转试验机夹槽内，在控制板界面调整“左旋”或“右旋”固定好试件，扭矩、扭角清零。

(3) 录入数据。

① 在计算机控制板界面上单击“数据板”按钮，进入数据板界面，单击“新建”按钮录入试件信息，单击“确定”按钮返回试验机控制板界面。

② 选择试验方式，可选“扭矩”或 “扭角”控制速度。

(4) 进行试验。

单击“开始”按钮，试验开始。在试验过程中，认真观察试验的进程，可以选择扭矩-转角或扭矩-时间等曲线观察试件变化情况和试验现象，并注意记录试验数据。在试验过程中，必要时可进行人工干预，同时密切注意界面上的提示。

试验过程中可对扭转速度进行调整，如低碳钢扭转试验，材料屈服后可加快旋转速度。

(5) 结束试验。

试件断裂后单击“结束”按钮，试验结束。计算机程序会自动分析数据，并自动保存试验曲线和分析结果。同时，将分析结果发送到数据板。

(6) 拆除断裂试件，进行下一次试验或脱机退出程序，使试验机恢复原样。

2. 注意事项

(1) 装夹试件前，为了观察扭转的变形，在试件表面用彩笔画一条纵向线。

(2)装夹试件时，为防止试件打滑，夹持部分的长度不得少于夹头长度的 80%，应使试件轴线与夹具轴线重合。

(3)初始试验速度设置应在 30(°)/min 以内，若改变速度，应逐渐变化，保证无冲击。

(4)推动移动支座时，切忌用力过大，以免损坏试件或传感器。

4.4　冲击试验机

冲击试验机有多种类型。按冲击方式分为落锤式、摆锤式和回转圆盘式冲击试验机；按试件变形分为弯曲(包括悬臂梁式弯曲和简支梁式弯曲)、拉伸和扭转冲击试验机。在各种冲击试验机中，摆锤式冲击试验机应用最为广泛，它结构简单，操作方便，试件成本低，冲击能量易于测定，有完善的试验标准。

摆锤式冲击试验机又有多种类型，按试件材料分为金属和非金属材料冲击试验机；按温度分为常温、高温和低温冲击试验机。本节以常温、金属材料、简支梁弯曲 JSB 型数显摆锤式冲击试验机为例加以介绍。

4.4.1　结构及工作原理

JSB 型摆锤式冲击试验机的外观和结构分别如图 4-21 和图 4-22 所示。该试验机主要由摆锤 1、挂摆装置 2、主机架 3、支座 4、底座 5、防护装置 6、控制显示装置 7、刻度盘 8 等组成。在主机架内安装有电动机和蜗轮、蜗杆机构(图中未标出)，用于将摆锤 1 由自然下垂位置提升到试验机上方的挂摆位置。挂摆装置可以控制摆锤由挂摆位置的释放和自由下摆。试验时，将试件 10 的切口背对摆锤刀刃 11(即切口处在弯曲受拉边)，放置在支座 4 上，用找正板找正，使切口正好位于试件跨中对正摆锤刀刃，将摆锤提升到挂摆位置，然后释放摆锤，令其自由下落冲断试件，从控制显示装置 7(或刻度盘 8 上)直接读出冲击吸收能量 K。

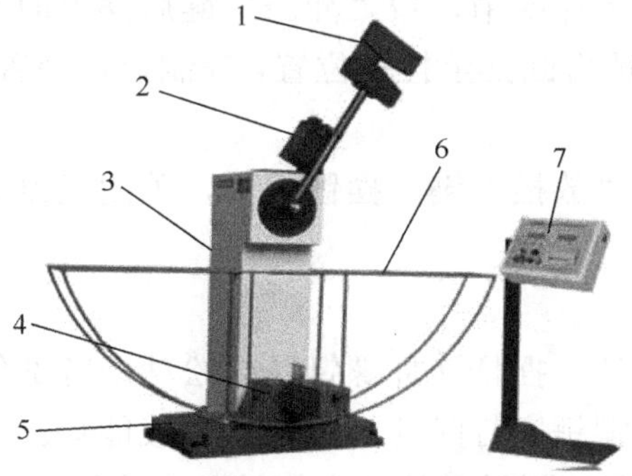

图 4-21　摆锤式冲击试验机的外观图

1-摆锤；2-挂摆装置；3-主机架；4-支座；5-底座；6-防护装置；7-控制显示装置

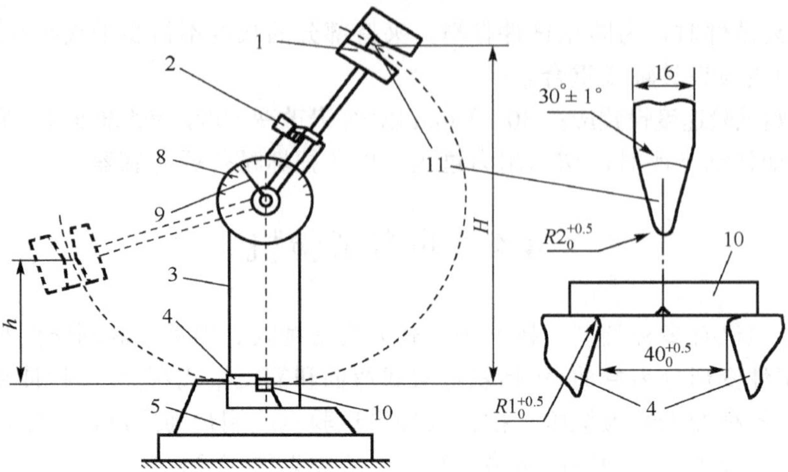

图 4-22　摆锤式冲击试验机的工作原理

8-刻度盘；9-指针；10-试件；11-摆锤刀刃

设摆锤重量为 W，摆锤处于悬挂位置时，其重心相对于试件中心的高度为 H，摆锤自由下落，冲断试件后的最大上升高度为 h，若不计能量损失，则试件被冲断时消耗的能量在数值上应等于摆锤势能的改变量，即

$$K = W(H - h) \tag{4-4}$$

4.4.2　操作步骤及注意事项

1. 操作步骤

(1) 选择冲击能量的开关档位，控制显示装置的液晶屏显示对应的锤头重量。

(2) 按下“取摆”键，电机转动，将摆锤自动提升到挂摆位置，保险销伸出后，将试件正确放置在支座上。

(3) 按“退销”键退下保险销，按“冲击”键后摆锤即可自动下落冲击试件。

(4) 冲击完成后，摆锤再回摆至挂摆位置，控制显示装置的液晶屏上显示冲击能量，做好记录。

(5) 试验结束前按下“放摆”键，摆锤下落，关闭机器电源。

2. 注意事项

(1) 使用前应检查摆杆、摆杆连杆螺钉是否松动，各部件是否正常。

(2) 试验前，应检查摆锤空打时的回零差或空载能耗。

(3) 试验过程中，根据被测材料的冲击韧性的大小选用相应能量级的锤头，避免打死现象，防止摆杆出现弯曲变形影响试验精度。

(4) 开始冲击时，工作人员不得站在试验机前后，以防止试件破坏飞出或摆锤落下伤人。

4.5　疲劳试验机

本节重点介绍高频拉压疲劳试验机和旋转弯曲疲劳试验机。

4.5.1　高频拉压疲劳试验机

高频拉压疲劳试验机是一种常用的疲劳试验机，它用途广泛，既可以做对称循环的疲劳试验，又可以做非对称循环的疲劳试验，配以相应的附属装置，还可以实现弯曲和扭转的疲劳试验。高频拉压疲劳试验机类型有很多种，在此以 PLG 系列微机控制高频拉压疲劳试验机为例进行介绍。

1. 结构及工作原理

PLG 系列微机控制高频拉压疲劳试验机外观和结构分别如图 4-23 和图 4-24 所示，主要由主机系统、模拟控制系统和微机操作管理系统三部分组成。该机是一种通用的电磁激励共振型疲劳试验机，可以对金属材料进行 80～250Hz 的拉压疲劳试验，还可以做裂纹扩展速率试验及程控加荷试验，且加载平稳，操作方便，是一种功能比较完备的拉压疲劳试验机。

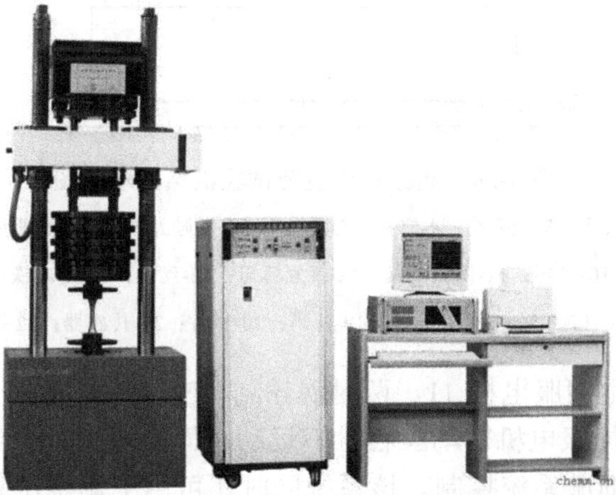

图 4-23　高频拉压疲劳试验机外观图

1) 主机系统

主机系统主要包括主机负荷框架、平均负荷系统和交变负荷系统。

主机负荷框架由上横梁 8、立柱 4、底座 1、减振弹簧 22 组成。

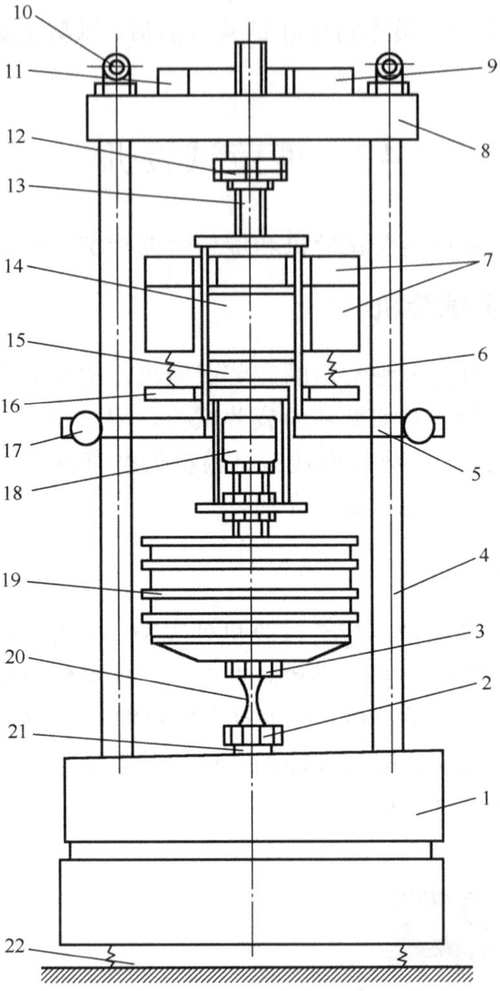

图 4-24　高频拉压疲劳试验机结构示意图

1-底座；2-下夹头；3-上夹头；4-立柱；5-中横梁；6-激励弹簧；7-激励质量；8-上横梁；9-涡轮箱；10-吊环；11-伺服电机；12-锁紧螺母；13-丝杠；14-电磁铁；15-衔铁；16-托盘；17-手轮；18-弓形环；19-砝码；20-试件；21-传感器；22-减振弹簧

平均负荷系统由伺服电机 11、两对涡轮副(在涡轮箱 9 中)、丝杠 13 及弓形环 18 组成。加载时，伺服电机带动丝杠上下运动，伺服电机可以选择速度控制，也可由控制平均负荷的伺服系统控制。该系统同时还可用于调整试验空间。

交变负荷系统由电磁激励器和质量弹簧系统组成。电磁激励器包括激励质量 7、电磁铁 14、衔铁 15 及激励弹簧 6(小弓形环)；质量弹簧系统包括试件 20、上、下夹头 3 和 2、砝码 19 和弓形环 18。当电磁铁的激励信号频率与质量弹簧系统的固有频率相同时，系统产生共振，砝码的惯性力即对试件施加轴向拉压的交变载荷。

当平均负荷为零时，试件所受的交变负荷为对称循环的交变负荷；当平均负荷不为零时，试件所受的交变负荷为非对称循环的交变负荷。试件所受负荷的大小，可通过与下架头相连的负荷传感器(固定在底座上)转换成电量输出。

调频由八块半圆形砝码和砝码托盘组成，共分五级，在一定的试验条件下，如欲获得不同的频率，只需增减砝码的级数即可。

2) 模拟控制系统

模拟控制系统由负荷放大器、交变负荷伺服放大与脉宽调制、功率放大器、启/停控制电路、中横梁移动的手动控制和遥控、平均负荷控制系统等部分组成。

负荷放大器：将来自负荷传感器的微弱差分信号加以放大、标定。将对应于平均负荷的电压和对应于交变负荷的峰值电压分别输出。同时输出一个与交变负荷同步的电压信号，用于控制谐波发生器的频率与相位。

交变负荷伺服放大与脉宽调制：将来自 A/D 变换器的交变负荷设定电压与实际值比较后，误差电压送至脉宽调制器，调制输出的脉冲宽度的频率与共振频率相同。

功率放大器：将调宽脉冲的电平转移至一个较高的数值，以控制一组高电压、大功率的晶体管开关，使激励电磁铁的绕组中通入一个幅度可变，频率、相位满足一定条件的脉冲电流，从而使系统产生共振。

启/停控制电路：接受来自计算机的信号以控制交变负荷的启、停，同时亦可由操作者通过启动、停止按钮进行控制。

中横梁移动的手动控制和遥控：通过按钮控制中横梁的运动，加载速度由面板上的电位器给定。

平均负荷控制系统：根据平均负荷设定值与实际值的差异，自动改变伺服电机的速度设定值，以求得平稳和准确的跟踪。

3) 微机操作管理系统

试验机的操作与管理全部由微机实现。试验开始时屏幕上列出工作的选择菜单，当选定某一工作方式后，程序即转至相应模块。此后，即按顺序要求输入试验参数，进入显示页面，启动程序，进行试验。在试验过程中，可随时修改设定的试验参数，随时监视各种参数和状态，并作出判断，给出信号或停机，以保证设备的安全工作。

2. 操作步骤

(1) 试件的装夹。

① 将上、下夹头螺母套在试件上，将试样两端旋上压盖，使试件端部露出 2～3mm。

② 升起上夹头，将夹头垫块放入下夹头内，使试件下端面与垫块接触，并旋上下夹头螺母。

③ 将夹头垫块放入上夹头内，降下上夹头，当试样上端面与垫块距离约为 1mm 时，旋上上夹头螺母。

④ 根据具体情况，施加一定压负荷，旋紧上、下夹头螺母。

(2) 电控系统操作前的准备。

① 通电预热电控箱至少 30min。

② 通电后，根据计算机屏幕上的提示，进入工作方式选择页面，根据试验要求，选择相应的工作方式。

(3) 输入与修改试验参数。

选定“工作方式”后，进入输入与修改页面，输入日期时间、试件编号、程序段数、交变负荷、平均负荷、循环次数、是否打印等，并保存。

(4) 启动设备。

当显示从输入页转到显示页后，按下交变和平均负荷启动按钮即可。

(5) 结束试验。

拆除疲劳试件，进行下一次试验或使试验机恢复原样。

3. 注意事项

(1) 交变负荷、循环次数的设定值不得接近 0，否则不能启动。

(2) 试件应安装牢固，任何程度的松动将使交变负荷无法施加。

(3) 控制箱底部的调速变速器、速度控制单元、配电板及功率放大器、激励电磁铁的插座头、电感量选择开关在通电后均有高压，工作过程中勿触及。

(4) 工作过程中，切不可带电操作主机电磁铁背面的电感量选择开关，否则将损坏功率放大器。

4.5.2 旋转弯曲疲劳试验机

旋转弯曲疲劳试验机是利用梁的纯弯曲理论来测定材料弯曲疲劳性能的试验设备，只能用于做对称循环的弯曲疲劳试验。这种试验简便易行，求出的疲劳极限可以和拉压疲劳、扭转疲劳以及静拉伸时的强度建立一定的关系，并可以以此为依据推导出非对称循环的疲劳极限，因此，旋转弯曲疲劳试验是最基本的疲劳试验。

图 4-25 为旋转弯曲疲劳试验机的结构原理图。试验时，试件 2 夹紧在左套筒 1 和右套筒 3 的弹簧夹头中，试件与套筒连成一整体，成为两端支承于机架 7 上的简支梁。砝码 10 通过横杆 9 将载荷传递给梁，使梁的中段(试件部分)处于纯弯曲状态，其弯矩图如图 4-26 所示。

电动机 6 开动时即带动试件旋转，在电动机与套筒之间用软轴 4 连接，这样可避免套筒与电动机一起形成连续梁的作用，也为了在试件断裂时，不会把电动机弯坏。

当电动机转动时，试件上任一点的弯曲正应力为对称循环的交变应力。电动机转动的同时带动计数器 5 记录旋转周数，即应力循环的次数。在套筒 3 下面装有一停止开关 8，试件断裂时，套筒下降触动停止开关，使电动机停止转动，计数器保留试件断裂时的旋转周数。

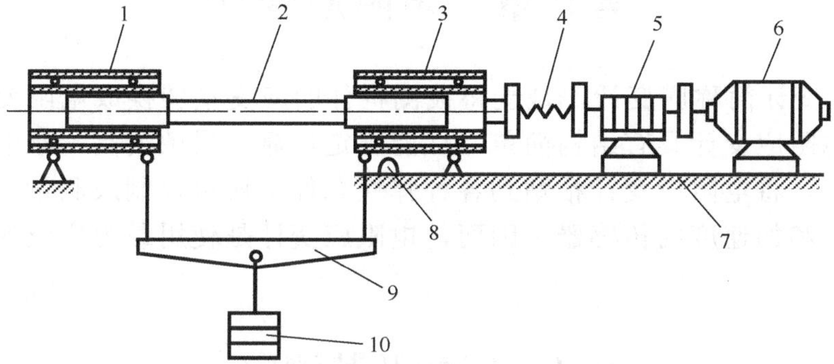

图 4-25　旋转弯曲疲劳试验机的原理图

1-左套筒；2-试件；3-右套筒；4-软轴；5-计数器；6-电动机；7-机架；8-停止开关；9-横杆；10-砝码

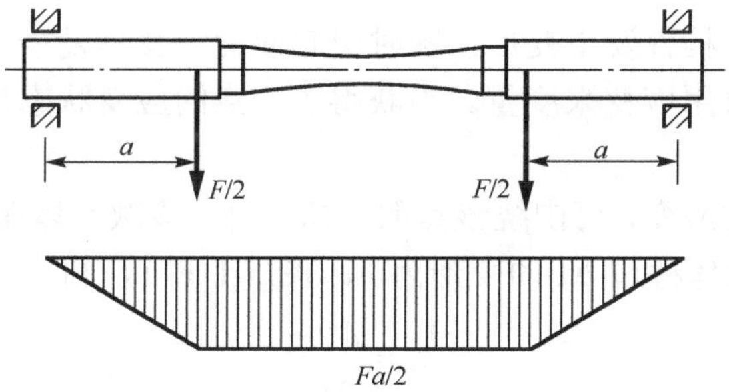

图 4-26　试件弯矩图

旋转弯曲疲劳试验机的操作步骤如下。

(1) 装夹试件。

(2) 开机达到规定转速。

(3) 加载，打开计数器。

(4) 试件断裂，记录循环次数。

第 5 章　电阻应变计

电阻应变计简称应变计，是能将被测构件的应变量转换成电阻变化量的检测元件。电阻应变计具有结构简单、性能稳定可靠、灵敏度高、频响范围宽的特点。此外，将电阻应变计粘贴到各种弹性元件上还可以制成测量位移、力、力矩、扭矩和加速度的传感器，因而，电阻应变计是使用最为广泛的应变检测元件之一。

5.1　应变及其测定

5.1.1　应变的定义

在外力作用下，构件发生变形，同时引起应力，变形是一个相对容易测量的力学量。变形的大小可用应变来度量。当获得了一点的应变状态后，便可以确定该点的应力状态。

为研究一点处的应变，可围绕该点取一微元体，该微元体在 xy 平面上的投影如图 5-1 所示。若微元体棱边 Δx 的变形为 Δu(图 5-1(a))，则

$$\overline{\varepsilon_x} = \frac{\Delta u}{\Delta x} \tag{5-1}$$

称为 Δx 上的平均线应变，而

$$\varepsilon_x = \lim_{\Delta x \to 0} \frac{\Delta u}{\Delta x} \tag{5-2}$$

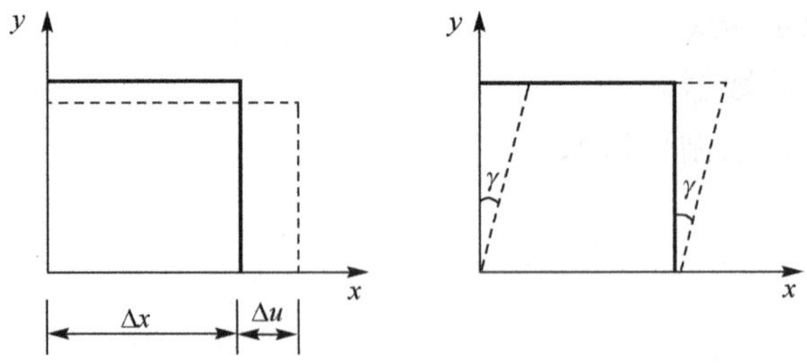

(a) 线应变　　(b) 切应变

图 5-1　应变的定义

称为一点处沿 x 方向的线应变。当 Δx 很小时，可用平均线应变代替一点处的线应变。

当微元体棱边长度发生改变时，相邻棱边之夹角一般也发生改变(图 5-1(b))。微元体相邻棱边所夹直角的改变量称为切应变，用 γ 表示。

5.1.2　线应变的测定

工程中常用应变计和引伸计来测量构件表面的线应变。

1. 用应变计测定

应变计是一个线应变检测元件，将它沿某方向安装在构件表面，接入测量系统，便可测定应变计感应部分长度(称为应变计的标距)L_0上的平均线应变，用其代表测点沿该方向的线应变。

2. 用引伸计测定

引伸计是测量构件表面两点之间线位移的一种元件，将测得的线位移除以两点间的距离(称为引伸计的标距)L_0即得到这两点间线段长度上的平均线应变，以此代表该线段中点的线应变。引伸计可分为机械引伸计、光学引伸计和电学引伸计三大类。常用的表式引伸计(属机械引伸计)和电阻式引伸计(属电学引伸计)如图 5-2 和图 5-3 所示。

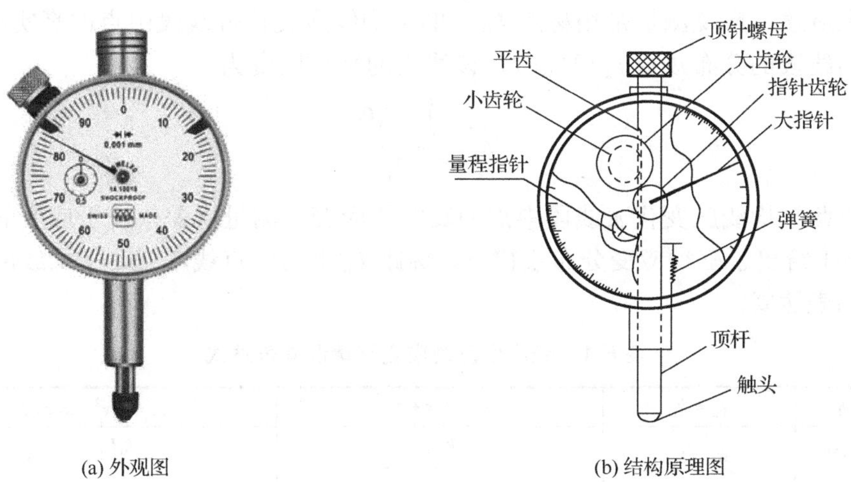

(a) 外观图　　(b) 结构原理图

图 5-2　表式引伸计

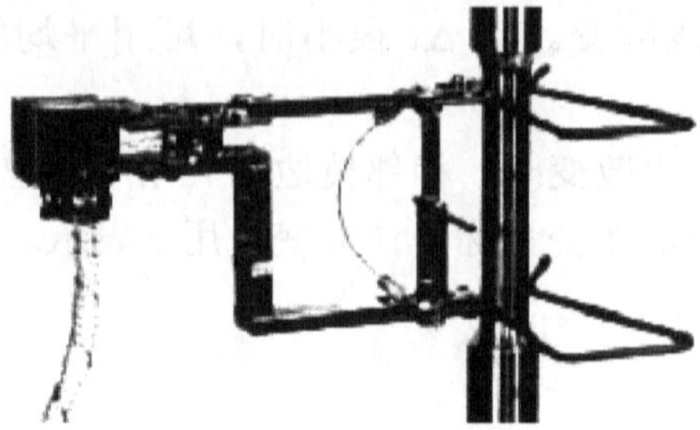

(a) 外观图

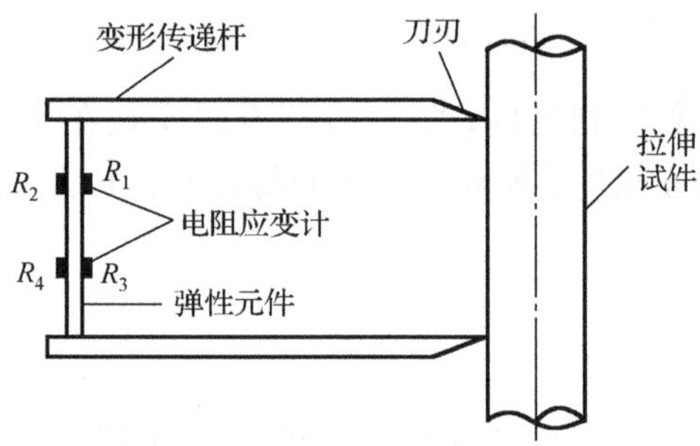

(b) 结构原理图

图 5-3　电阻式引伸计

5.1.3　应变测量精度

如上所述，应变测量是用标距 L_0 上的平均线应变代替线段中点的真实线应变。当应变沿线段的分布规律 ε_x 已知时，该线段的平均应变为

$$\overline{\varepsilon_x} = \frac{\int_{L_0} \varepsilon_x \mathrm{d}x}{L_0} \tag{5-3}$$

若以此平均线应变代表线段中点的真实线应变，测量误差依赖于应变的分布规律。表 5-1 给出了三种应变分布规律下，标距 L_0 上的中点线应变、平均线应变及测量误差的表达式。

表 5-1　线应变及线应变测量误差表达式

应变分布	$\varepsilon_x = k_1$	$\varepsilon_x = k_1 x + k_2$	$\varepsilon_x = k_1 x^2 + k_2 x + k_3$
中点线应变	$\varepsilon_x = k_1$	$\varepsilon_x = \frac{k_1 L_0}{2} + k_2$	$\varepsilon_x = \frac{k_1 L_0^2}{4} + \frac{k_2 L_0}{2} + k_3$
平均线应变	$\overline{\varepsilon_x} = k_1$	$\overline{\varepsilon_x} = \frac{k_1 L_0}{2} + k_2$	$\overline{\varepsilon_x} = \frac{k_1 L_0^2}{3} + \frac{k_2 L_0}{2} + k_3$
测量误差	0	0	$\frac{k_1 L_0^2}{12}$

注：k_1、k_2 和 k_3 为常数。

由上述分析可知，当应变分布规律 ε_x 为非线性函数时才会产生测量误差，其误差的大小与应变梯度、应变计或引伸计的标距 L_0 有关。

5.2　电阻应变计的工作原理及构造

5.2.1　电阻应变计的工作原理

电阻应变计的工作原理是基于金属丝的电阻应变效应，即金属丝的电阻值随其变形而发生改变的物理现象。

金属丝的电阻值 R 与其长度 L、截面面积 A 及电阻率 ρ 之间的关系为

$$R=\rho\frac{L}{A} \tag{5-4}$$

对式(5-4)两边取对数并微分可得电阻变化率 $\frac{\mathrm{d}R}{R}$ 与线应变 $\frac{\mathrm{d}L}{L}$ 之间的关系为

$$\frac{\mathrm{d}R}{R}=\frac{\mathrm{d}\rho}{\rho}+\frac{\mathrm{d}L}{L}-\frac{\mathrm{d}A}{A} \tag{5-5}$$

式中，$\frac{\mathrm{d}L}{L}=\varepsilon$ 为金属丝的轴向线应变；$\frac{\mathrm{d}A}{A}$ 为金属丝横截面面积的相对变化，对于直径为 D 的圆截面，有

$$\frac{\mathrm{d}A}{A}=2\frac{\mathrm{d}D}{D}=-2\mu\varepsilon \tag{5-6}$$

式中，μ 为金属丝材料的泊松比。

对一定的材料和加工方法，金属丝电阻率的相对变化 $\frac{\mathrm{d}\rho}{\rho}$ 与其体积变化率 $\frac{\mathrm{d}V}{V}$ 之间呈线性关系，在单向应力状态下，有

$$\frac{\mathrm{d}\rho}{\rho}=m\frac{\mathrm{d}V}{V}=m(1-2\mu)\varepsilon \tag{5-7}$$

式中，m 为与金属丝材料及加工方法有关的常数。

将式(5-6)和式(5-7)代入式(5-5)得

$$\frac{\mathrm{d}R}{R}=[(1+2\mu)+m(1-2\mu)]\varepsilon=K_{\mathrm{s}}\varepsilon \tag{5-8}$$

式中，K_{s} 称为单根金属丝的灵敏系数。其物理意义是单位应变的电阻变化率，反映了该类丝材电阻应变效应显著与否。

式(5-8)表示金属丝的电阻变化率与它的轴向应变呈线性关系，这正是利用电阻应变计测量构件应变的理论基础。

5.2.2　电阻应变计的构造

电阻应变计的结构如图 5-4 所示，主要由敏感栅、基底、覆盖层、引出线和粘结剂五部分组成。

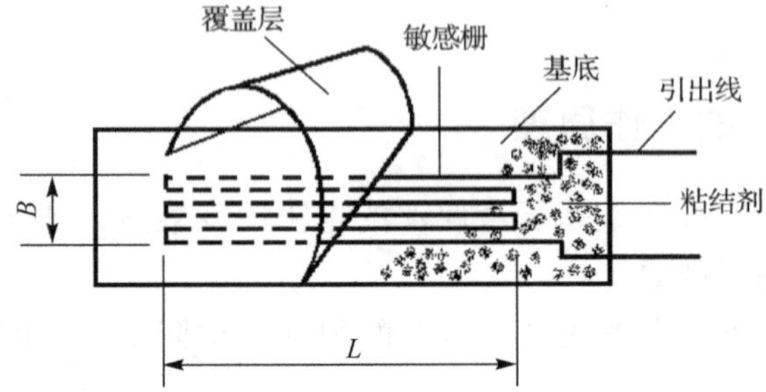

图 5-4　电阻应变计结构

1. 敏感栅

敏感栅是用合金丝(或箔)制成的栅，它能将被测构件的应变量转换为电阻变化量。敏感栅由纵栅与横栅两部分组成，纵栅的中心线称为应变计的轴线。敏感栅的尺寸用栅长 L 和栅宽 B 表示，栅长尺寸一般为 0.2～100mm。制作敏感栅常用的合金材料的物理性能如表 5-2 所示，通常对敏感栅材料的要求主要如下。

(1) 灵敏系数 K_s 高，且能在较大的应变范围内保持不变。

(2) 电阻温度系数小，且能在较宽的温度范围内保持不变。

(3) 电阻率高。

(4) 弹性模量高于被测构件的弹性模量。

(5) 易于加工成细丝或箔片。

表 5-2　制作敏感栅常用的合金材料的物理性能

材料名称	牌号或名称	成分%	灵敏系数	电阻率 /($\Omega\cdot mm^2/m$)	电阻温度系数 /(10^{-6} / ℃)	备注
铜镍合金	康铜	Cu55，Ni45	1.9～2.1	0.45～0.52	±20	常用于常、中温静载及大应变测量
镍铬合金	镍铬	Ni80，Cr20	2.1～2.3	1.0～1.1	110～130	适于制作测动态应变和小栅长的应变计
	6J22 (卡玛)	Ni74，Cr20 Al3，Fe3	2.4～2.6	1.24～1.42	±20	常用于高精度应变测量和传感器制作
贵金属及合金	铂	Pt100	4～6	0.09～0.11	3900	主要用于高温应变测量
	铂铱	Pt80～90，Ir10～20	6	0.32	850	
	铂钨	Pt92，W8	3.5	0.68	227	
铁镍铬合金		Fe55.5，Ni36，Cr8，Mo0.5	3.6	0.84	300	主要用于动态应变测量

2. 基底

基底是用来保持应变计敏感栅和引出线的几何形状及其相对位置的。测量时它与粘结剂一起把测点处的应变传递给敏感栅，并保证敏感栅与被测构件之间绝缘。理想的基底材料应满足下列要求。

(1) 厚度小而机械强度高，可挠性好。
(2) 与粘结剂的粘合能力强。
(3) 抗潮湿，绝缘强度高。
(4) 热稳定性好。
(5) 无机械滞后。
(6) 稍透明，便于观察应变计的安装质量。

常用的基底材料有纸、胶膜及玻璃纤维布等。

3. 覆盖层

覆盖层是用来保护敏感栅的。常采用和基底相同的材料。

4. 粘结剂

粘结剂是用来将敏感栅固结在基底和覆盖层之间的。常用的有环氧树脂类和酚醛树脂类粘结剂。

5. 引出线

引出线是从敏感栅引出电信号的金属丝和金属箔带。常采用镀锡的铜线或铜带制作而成。

5.3 电阻应变计的分类

随着科学技术的发展，为适应不同的测试需求，应变计的品种、型号日益增多，分类的方法也很多。在此重点介绍常用金属应变计的分类。

5.3.1 按敏感栅制造工艺分类

1. 丝式应变计

丝式应变计的敏感栅一般采用直径为 0.02～0.05mm 的合金丝制成，可分为丝绕式和短接式两种，如图 5-5 所示。

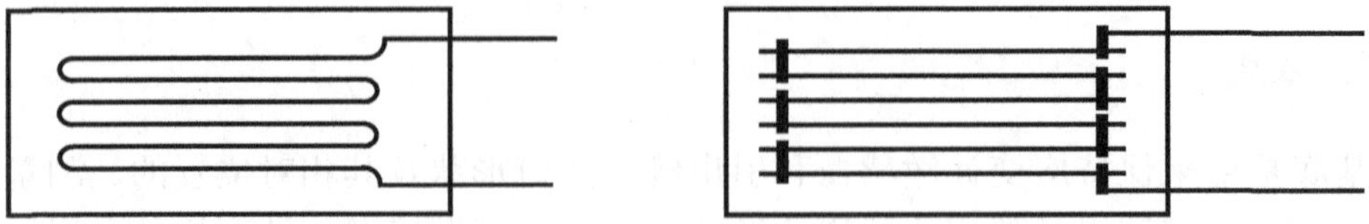

(a) 丝绕式　　(b) 短接式

图 5-5　丝式应变计

丝绕式应变计是用一根合金丝在制栅机上绕制而成。多用纸作基底和覆盖层，制造工艺简单，价格便宜，容易安装。不足之处在于敏感栅的横向部分为圆弧形，横向效应大，测量精度较差；另外，受绕丝设备限制，丝绕式应变计栅长不能小于 2mm。

短接式应变计是把若干条合金丝按一定间距平行拉紧，在两端横向焊以较粗的铜线，再将铜线相间地切割开来而成。由于敏感栅的横向部分平直而且较粗，电阻值很小，所以其横向效应小；另外，在制造过程中敏感栅的形状较易保证，测量精度高。缺点是敏感栅中焊点多，不适用于动态应变测量。

2. 箔式应变计

箔式应变计的敏感栅是在厚度为 0.002～0.005mm 的合金箔上采用刻图、制版、光刻及腐蚀等工艺过程制成，并用胶膜作基底，如图 5-6 所示。与丝式应变计相比，箔式应变计具有下列优点。

(1) 箔栅尺寸准确，线条均匀，同批应变计的特性参数分散性小，并且可制成各种形状和尺寸的应变计，尤其是栅长很小(如 0.2mm)或敏感栅图案特殊的应变计。

(2) 箔栅横向部分(端部)尺寸较宽，横向效应小。

(3) 箔栅横截面为矩形，薄而宽，散热性好，测量灵敏度高，且粘贴牢固，能较好地传递被测构件的变形。

(4) 蠕变、机械滞后小，疲劳寿命长。

由于箔式应变计具有以上诸多优点，所以在各个测量领域中得到广泛的应用。

5.3.2　按敏感栅结构分类

1. 单轴应变计

单轴应变计是指具有一个敏感栅的应变计，如图 5-6(a)所示，主要用于单方向的应变测量。

2. 平行轴(同轴)多栅应变计

把几个单轴敏感栅按平行或相同的方向依次排在同一个基底上，称为平行轴(或同轴)多栅应变计，如图 5-6(b)和(c)所示，主要用于测量构件表面的应力梯度。

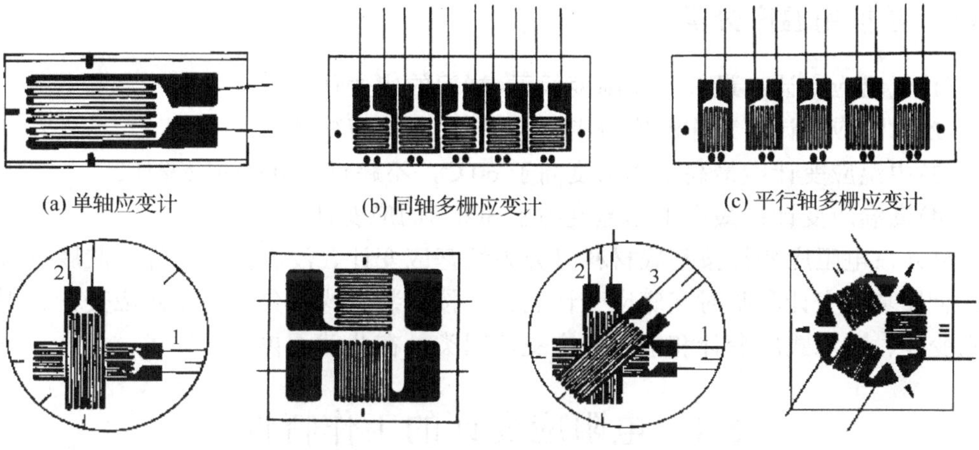

(a) 单轴应变计　(b) 同轴多栅应变计　(c) 平行轴多栅应变计

(d) 直角应变花　(e) 直角应变花　(f) 45°应变花　(g) 等角应变花

图 5-6　各种类型的箔式应变计

3. 多轴应变计(应变花)

由两个或两个以上的单轴敏感栅相交成一定角度置于公共基底上制成的应变计，俗称应变花，如图 5-6(d)～(g)所示。采用应变花可方便地测定平面应力状态下构件上某点处的主应变及其方向。

5.3.3　按敏感栅标距分类

1. 小应变计

小应变计是指敏感栅栅长 L<2mm 的应变计。适用于均质材料中应力梯度变化比较剧烈区域的应变测量，如应力集中处及频率较高的动应变测量中。

2. 大应变计

大应变计是指敏感栅栅长 L>30mm 的应变计。适用于非均质材料(如木材、混凝土、铸铁等)中的应变测量。例如，混凝土构件中，由于石子和水泥的弹性模量相差较大，变形不均匀，为获取一定长度内的平均应变，敏感栅栅长至少应比骨料(石子)直径大 4～5 倍。

3. 普通应变计

普通应变计是指敏感栅栅长 2mm≤L≤30mm 的应变计。适用于均质材料中应力变化均匀或不太剧烈区域的应变测量。

5.3.4　按使用温度分类

(1) 低温应变计：最低工作温度低于–30℃的应变计。

(2) 常温应变计：工作温度范围为–30～60℃的应变计。

(3) 中温应变计：最高工作温度高于 60℃，不超过 300℃的应变计。

(4) 高温应变计：最高工作温度高于 300℃的应变计。

另外，电阻应变计按基底材料可分为纸基应变计、浸胶基应变计、胶膜基应变计、金属基应变计和临时基底应变计五种；按安装方式可分为粘贴式应变计、焊接式应变计、喷涂式应变计和埋入式应变计四类，在此就不再一一详述。

5.4　电阻应变计的工作特性

表征应变计的性能及其特点的数据或曲线，称为应变计的工作特性。常温应变计出厂检测应测的和评定等级的工作特性包括应变计电阻、灵敏系数、机械滞后、蠕变、横向效应系数、灵敏系数的温度系数、热输出、漂移、绝缘电阻、应变极限和疲劳寿命。

5.4.1　应变计电阻

应变计在没有安装、也不受外力的情况下，于室温时测定的电阻值，称为应变计电阻，以 R 表示。推荐的应变计电阻有 60Ω、120Ω、350Ω、600Ω、1000Ω 等系列。在允许通过同样工作电流的情况下，选用较大的应变计电阻，可以提高应变计的工作电压，以达到较高的测量精度。由于电阻应变仪测量电桥的桥臂电阻习惯上按 120Ω 设计，所以 120Ω 的应变计最为常用。

5.4.2　灵敏系数

1. 定义

将应变计安装在处于单向应力状态的试件表面，使其轴向与应力方向平行。在单向应力作用下，应变计的电阻相对变化 $\dfrac{\Delta R}{R}$ 与试件表面沿应变计轴线方向的应变 ε_x 之比，称为应变计的灵敏系数，以 K 表示，即

$$K = \frac{\Delta R/R}{\varepsilon_x} \tag{5-9}$$

K 值不同于单根金属丝的灵敏系数 K_s（K 小于 K_s）。其大小不仅与敏感栅的材料性能

有关，而且与敏感栅的结构型式和几何尺寸、粘结剂和基底的材料性能及其厚度、应变计的粘贴工艺等有关。因此，应变计的灵敏系数是受多种因素影响的综合性指标，不能通过理论计算得到，而是由生产厂家经抽样在专门的设备上进行标定实验来确定。常用应变计的灵敏系数为 1.9～2.4。

2. 灵敏系数的标定

1) 标定装置

灵敏系数的标定必须在单向应力状态的试件上进行，通常采用等强度悬臂梁、纯弯曲梁和刚架梁(梁材料的泊松比为 μ_0)，这三种实验装置的基本原理相同。图 5-7 为纯弯曲标定梁示意图，在力 F 作用下，梁的 AB 段为纯弯曲区，其上下表面为单向应力场。

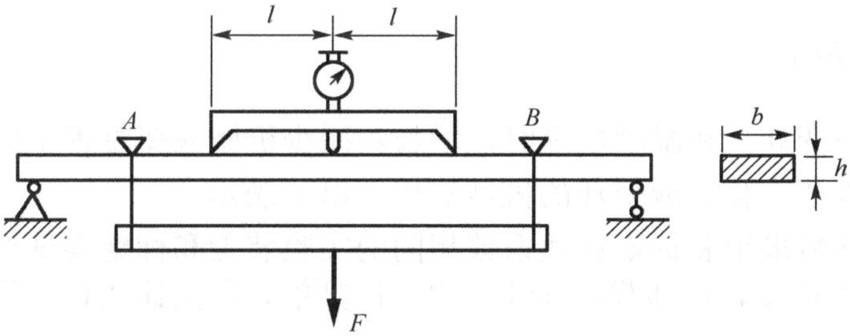

图 5-7　纯弯曲梁实验装置示意图

轴向应变 ε_x 可根据梁中点的挠度 f 确定。在纯弯曲梁的跨中安装一个三点挠度计，当梁弯曲时，挠度计中点挠度 f 与梁的轴向应变 ε_x 之间有如下关系：

$$\varepsilon_x = \frac{fh}{l^2} \tag{5-10}$$

式中，h 为标定梁的厚度；l 为挠度计中点至支点间的距离，即 $2l$ 为挠度计跨度。

2) 灵敏系数计算

由于应变计粘贴后不能撕下来再用，所以采用抽样法来标定应变计的灵敏系数 K。将被测的应变计样本分为数量相等或相近的两份，分别粘贴于标定梁工作段的受拉和受压面，要求应变计轴线与梁表面应力方向平行。按照双向等幅应变循环方法对标定梁实施应变循环加载，即 0→ +1000με → −1000με →0，重复进行三次。分别记录 0 点、+1000με 点、−1000με 点的测试数据，单只应变计的灵敏系数 K_i 计算如下：

$$K_i = \frac{\Delta \bar{R}}{R_0 \bar{\varepsilon}_x} \tag{5-11}$$

式中，$\Delta \bar{R}$ 为同一应变计受拉和受压各三次时，仪器读数与初始读数之差的平均值；

R_0 为正式加载前，记录的每个应变计电阻值的初始读数；$\bar{\varepsilon}_x$ 为标定梁表面受拉和受压时轴向应变绝对值的平均值。

如果使用应变仪($K_{仪}=2$)记录应变读数，则单只应变计的灵敏系数 K_i 为

$$K_i = 2.00 \times \frac{\bar{\varepsilon}_{di}}{\bar{\varepsilon}_x} \tag{5-12}$$

式中，$\bar{\varepsilon}_{di}$ 为同一应变计受拉和受压各三次时，仪器读数与初始读数之差的平均值。

将单只应变计的灵敏系数 K_i 之和除以被检应变计的个数 n，即得这批应变计的平均灵敏系数 $\bar{K}$：

$$\bar{K} = \frac{1}{n}\sum_{i=1}^{n} K_i \tag{5-13}$$

5.4.3　机械滞后

已安装的应变计，在温度恒定时，增加和减少机械应变过程中同一机械应变量下指示应变的差值，称为应变计的机械滞后，以 Z 表示。

标定机械滞后采用和标定灵敏系数相同的实验装置和标定梁试件。加载使标定梁产生1000με 的应变，再卸载，共计三次，计算单只应变计在相邻两次卸载为零时的应变读数之差，取绝对值较大者作为单只应变计的机械滞后量，取被测样本应变计机械滞后量的平均值作为该批应变计的机械滞后量，如图 5-8 所示。

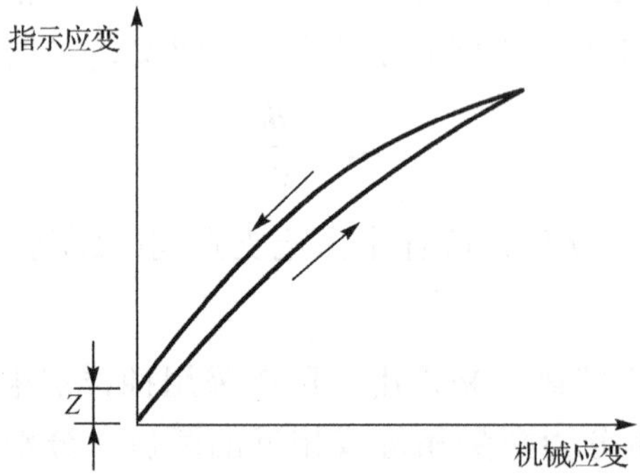

图 5-8　应变计的机械滞后

机械滞后的产生，主要是敏感栅、基底和粘结剂在承受机械应变之后留下的残余变形所致。制造和安装应变计时，如果敏感栅受到不适当的变形，或粘结剂固化不充分，都会使机械滞后增加。应变计在较高的温度下工作时，机械滞后也会显著增大。

实际测量中，可通过下述措施减小机械滞后。

(1)采用高质量的应变计。

(2)应变计固化完全。

(3)在正式测量前，预先加、卸载 3～5 次。

5.4.4　蠕变

已安装的应变计，在承受恒定的真实应变情况下，温度恒定时指示应变随时间的变化，称为应变计蠕变，以 θ 表示。蠕变的方向通常是与被测应变量变化的方向相反的。

蠕变的产生主要是胶层在传递应变的过程中出现“滑动”造成的，胶层越厚，弹性模量越小，机械应变量越大，“滑动”现象就越严重，产生的蠕变也越大。

5.4.5　横向效应系数

1. 定义

应变计的敏感栅除有纵栅外，还有圆弧形或直线形的横栅，横栅主要对垂直于应变计轴线方向的横向应变敏感，因而应变计的电阻变化包含了横向变形的影响，这就是应变计的横向效应。

在单向应变($\varepsilon_y=0$)作用下，垂直于单向应变方向安装的应变计的指示应变 $\varepsilon_{\mathrm{dy}}$ 与平行单向应变方向安装的同批应变计的指示应变 $\varepsilon_{\mathrm{dx}}$ 之比，即在同一单向应变作用下，应变计的横向灵敏系数 K_y 与轴向灵敏系数 K_x 之比(用百分数表示)，称为应变计的横向效应系数，用 H 表示，即

$$H=\frac{\varepsilon_{\mathrm{dy}}}{\varepsilon_{\mathrm{dx}}}\times 100\%=\frac{K_y}{K_x}\times 100\% \tag{5-14}$$

应变计的横向效应系数 H 与敏感栅的材料、结构型式、几何尺寸和制造工艺等有关。丝绕式应变计的横向效应系数最大，箔式应变计次之，短接式应变计最小，一般应变计的 H 值为 0.1%～5%。

2. 横向效应系数的标定

应变计的横向效应系数 H 由专门的标定装置抽样标定给出。标定装置有两种：一种是单向应变梁装置，如图 5-9 所示；另一种是标定灵敏系数的装置，即单向应力梁装置。

单向应变梁装置的顶部中间为很薄(5mm 左右)的工作区，其余部分尺寸粗大，当在两侧加力使试件顶部工作区发生弯曲变形时，由于装置沿 y 方向的刚度很大，可做到当 $\varepsilon_x=1000\mu\varepsilon$ 时，$\varepsilon_y\leqslant 2\mu\varepsilon$，顶部工作区近似为沿 x 方向的单向应变场。

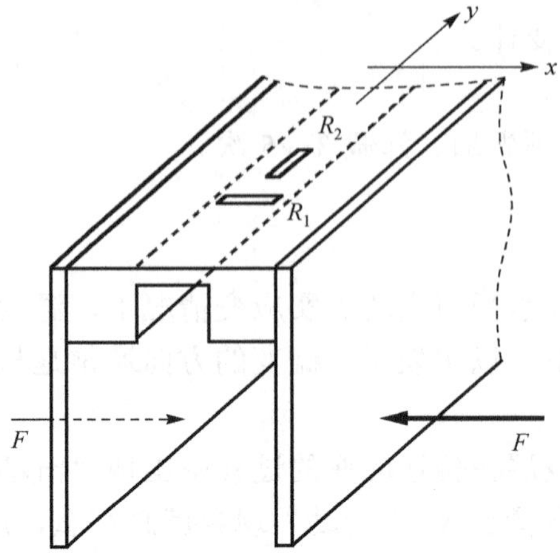

图 5-9　单向应变横向效应系数标定装置

将两枚应变计 R_1 和 R_2 分别沿单向应变场的 x 和 y 方向粘贴，可列出两枚应变计的电阻相对变化如下：

$$\begin{cases}\left(\dfrac{\Delta R}{R}\right)_1=\left(\dfrac{\Delta R}{R}\right)_x=K_x\varepsilon_x+K_y\varepsilon_y=K_x\varepsilon_x=K_{仪}\varepsilon_{dx}\\ \left(\dfrac{\Delta R}{R}\right)_2=\left(\dfrac{\Delta R}{R}\right)_y=K_y\varepsilon_x+K_x\varepsilon_y=K_y\varepsilon_x=K_{仪}\varepsilon_{dy}\end{cases} \tag{5-15}$$

式中，$K_{仪}$ 为电阻应变仪的灵敏系数。

则有

$$H=\frac{(\Delta R/R)_2}{(\Delta R/R)_1}\times 100\%=\frac{\varepsilon_{dy}}{\varepsilon_{dx}}\times 100\%=\frac{K_y}{K_x}\times 100\% \tag{5-16}$$

实际标定时，将被测应变计(称为样本应变计)沿 y 方向粘贴在工作区表面，另外将 2 枚或 2 枚以上同样的应变计沿 x 方向粘贴在工作区表面，用作指示加载后标定梁应变量大小的标识应变计。加载使标定梁产生 $\varepsilon_x=1000\mu\varepsilon$ 的应变(标识应变计读数的平均值)，同时采用电阻应变仪测量各样本应变计的指示应变，则单只应变计的横向效应系数 H_i 为

$$H_i=\frac{\bar{\varepsilon}_{idy}}{\bar{\varepsilon}_{dx}}\times 100\% \tag{5-17}$$

式中，$\bar{\varepsilon}_{idy}$ 为单只样本应变计加卸载三次应变读数差的平均值；$\bar{\varepsilon}_{dx}$ 为全部标识应变计加卸载三次应变读数差的总平均值。

被测样本应变计的横向效应系数取平均值，即为这批应变计的横向效应系数 $\bar{H}$：

$$\bar{H}=\frac{1}{n}\sum_{i=1}^{n}H_i \tag{5-18}$$

5.4.6　灵敏系数的温度系数

灵敏系数的温度系数反映应变计在工作温度范围内，灵敏系数随温度的变化规律。主要是测定应变计在各温度级下的平均灵敏系数及其分散，并按式(5-19)计算相应温度范围内每 100℃灵敏系数变化率 $\bar{d}_K$：

$$\bar{d}_K=\frac{1}{n}\sum_{i=1}^{n}\frac{100\times(K_{itm}-\bar{K}_0)}{(t_m-t_0)\times\bar{K}_0}\times 100\% \tag{5-19}$$

式中，t_0 和 t_m 分别为室温和极限工作温度；K_{itm} 为单只应变计在极限工作温度下的灵敏系数；$\bar{K}_0$ 为应变计在室温下的平均灵敏系数。

5.4.7　热输出

应变计安装在具有某一线膨胀系数的试件上，试件可以自由膨胀并不受外力作用，在缓慢升(或降)温的均匀温度场内，由温度变化引起的应变输出，称为应变计的热输出，以 ε_t 表示。

应变计产生热输出的主要原因如下。

(1)应变计敏感栅本身的电阻温度系数引起的。

(2)敏感栅材料与被测试件材料线膨胀系数不同，使敏感栅产生了附加变形。

5.4.8　漂移

已安装的应变计，在温度恒定、试件不受应力的条件下，指示应变随时间的变化，称为应变计的漂移，以 P 表示。常温应变计用于应力分析时，这一工作特性不重要，但用于传感器时应测定室温漂移，以保证传感器性能稳定。

敏感栅通电后产生的温度效应、在制造和安装应变计过程中所造成的内应力以及粘结剂固化不充分等是引起应变计漂移的主要原因。

5.4.9　绝缘电阻

已安装的应变计的敏感栅及引出线与被测试件之间的电阻值，称为应变计的绝缘电阻，以 R_m 表示。它是检查应变计粘贴质量、粘结层固化程度和是否受潮的标志。绝缘电阻过低，会造成应变计与试件之间漏电而产生测量误差。

5.4.10　应变极限

已安装的应变计，在温度恒定时，指示应变和真实应变的相对误差不超过规定数值(通常规定为 1.0%)的最大真实应变值，称为应变计的应变极限，以 ε_{lim} 表示。

5.4.11　疲劳寿命

已安装的应变计在恒定幅值的交变应力作用下，连续工作到产生疲劳损坏时的循环次数，称为应变计的疲劳寿命，以 N 表示。

当被测应变计出现下列情况之一，即认为是疲劳破坏。

(1)应变计断路。

(2)应变计的输出幅值变化 10%。

(3)应变计输出波形出现穗状尖峰。

国家标准《金属粘贴式电阻应变计》(GT/T 13992—2010)规定的常温应变计用于应力分析时的上述工作特性指标如表 5-3 所示。

表 5-3　用于应力分析的应变计单项技术指标

工作特性	说明			级别		
				A	B	C
应变计电阻	对平均值的允差	单栅	±%	0.3	0.5	0.8
		双栅		0.7	1.0	1.5
		多栅		0.8	1.0	1.5
	对标称值的偏差		±%	1.0	1.5	2.0
灵敏系数	对平均值的分散		±%	1	2	3
机械滞后	室温下的机械滞后		μm/m	3	5	8
蠕变	室温下的蠕变		μm/m	3	5	10
横向效应系数	室温下的横向效应系数		±%	0.6	1	2
灵敏系数的温度系数	工作温度范围内的平均变化		±%/100℃	1	2	3
	每一温度下灵敏系数对平均值的分散		±%	3	4	6
热输出	平均热输出系数		(μm/m)/℃	1.5	2	4
	对平均热输出的分散		±μm/m	60	100	200
漂移	室温下的漂移		μm/m	1	3	5
绝缘电阻	室温下的绝缘电阻		MΩ	10^4	2×10^3	10^3
应变极限	室温下应变极限		μm/m	2×10^4	10^4	8×10^3
疲劳寿命	室温下疲劳寿命		循环次数	10^7	10^6	10^5

5.5　电阻应变计的粘贴和防护

常温应变计的安装通常采用粘贴法，因此，粘贴工艺是应变测试中非常重要的环节。粘贴质量的好坏，直接影响到构件表面的应变能否正确、可靠地传递到敏感栅，影响测试精度，因此必须给予充分重视。

5.5.1　常用的粘贴剂

可用于粘贴应变计的粘结剂也称为应变胶，它应满足一定的要求。例如，固化后要有较强的粘结能力；抗剪强度高，以便可靠地传递变形；蠕变小；受环境(温度、湿度等)影响小；绝缘电阻大；对敏感栅无腐蚀作用；工艺性好(易涂刷、固化快)等。

应变计粘贴常用的粘结剂主要有快干胶和室温固化双组分胶两种，其中快干胶应用最广泛。快干胶(501、502)属氰基丙烯酸酯类，它使用方便，固化快，在数分钟内就能将应变计粘贴，两小时后即可用于测量，但欲达到最高粘结强度需待 10～24h 后。室温固化双组分胶(如环氧树脂与固化剂)混合后可在几小时内室温固化，粘结强度高，但对配比要求严格，要现配现用。

5.5.2　应变计的粘贴工艺和步骤

1. 检查和分选应变计

(1)外观检查：用肉眼或放大镜检查应变计的敏感栅有无形状缺陷、有无锈斑，基底和覆盖层有无破损，引出线是否焊接牢固，应变计内有无气泡等。

(2)阻值测量：用数字万用表逐个测量应变计的电阻值，检查应变计是否有断路、短路情况，并按阻值进行分选，以保证同一组应变计的阻值相差不超过 0.1Ω。若电阻值相差 0.5Ω 以上，接入电桥后将不易调平衡。

2. 构件表面处理

(1)先除去构件测点表面的油污、漆、锈斑、电镀层等，然后用砂布打磨出光泽，如图 5-10(a)所示，要交叉打出与应变计轴线成 45° 的细纹(也可以转圈打磨)，以增加粘结力。打磨面积为应变计面积的 3～5 倍。

(2)在准备粘贴应变计的部位轻轻划出两条十字交叉的定位线，如图 5-10(b)所示。划线要求不在表面产生毛刺，可用无油圆珠笔芯或划针来划线。

(3)用脱脂棉球蘸清洗溶剂(酒精、丙酮等)对测点表面进行擦洗，直至棉球保持洁白，如图 5-10(c)所示。注意擦洗时要沿单一方向进行，不要来回交替擦拭，以免将污染物带入打磨面。清洗后的测点表面不得用嘴吹气和用手触摸。

3. 应变计的粘贴

(1)一手抓住应变计引出线，基底向上，一手轻按胶瓶(以 502 胶为例)，滴出少量胶液涂在基底上，如图 5-10(d)所示，稍稍晾干，待胶液略有发粘时，将应变计的中心线对准构件的定位线贴上。

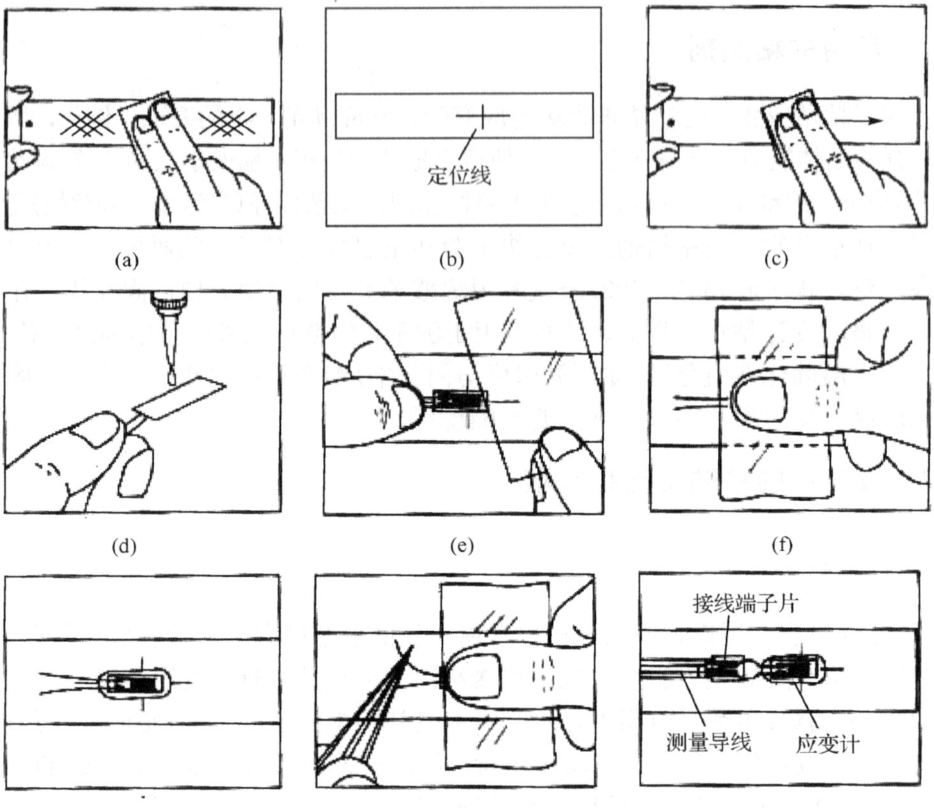

图 5-10　应变计粘贴步骤示意图

(2) 在应变计上盖一张聚四氟乙烯薄膜(图 5-10(e))，用拇指轻按在薄膜上均匀地滚压 1～2min，挤出多余的胶水和气泡(图 5-10(f))。注意只能是垂直压力，不要旋转和错动；不要用力过大，以免应变计移动位置或把引出线拉断。

(3) 待粘结剂稍干后，由应变计无引出线的一端开始向有引出线的一端轻轻揭掉薄膜，应变计基底四周都有胶挤出，如图 5-10(g)所示，这样粘结状态视为良好。将薄膜再次垫在应变计上用拇指按住，用镊子将引出线轻轻提起，如图 5-10(h)所示，防止它粘贴在构件表面上。

4. 应变计的固化

用 501、502 胶粘贴应变计，只要在室温下放置数小时即可充分干燥固化，为促进这一过程，可加热烘干，如用红外线灯照射，但加热速度不易过快，以免产生气泡。

常用的粘结剂多需要加热固化。温度、时间和压力是固化的三要素，这三者都应严格按粘结剂的相应固化工艺规范加以保证。应变计的加压一般是在其上依次铺垫聚四氟乙烯薄膜、硅橡胶板，再用夹具或压块加压，对于复杂型面，可用专门夹具加压，砂袋、捆扎加压也常常被采用。

5. 引出线和测量导线的焊接

为与测量仪器相接，应变计的引出线需与测量导线焊接。由于引出线很细，二者之间通常使用接线端子片过渡，如图 5-10(i)所示。

(1)在应变计附近约 5mm 处粘贴接线端子片。在构件表面涂少量胶液，用镊子夹住接线端子片放在构件涂胶位置上，按压端子片 1～2min，端子即固定不动。

(2)将导线一端剥除绝缘皮，露出金属丝，金属丝和接线端子片的铜箔上都预先挂锡，然后将引出线和导线分别焊在接线端子片的两端。焊接操作要准确迅速，严防虚焊、接触不良、易于脱落等现象发生。

6. 应变计的防护

应变计的防护就是利用一定的材料或介质将应变计连同其附件与外界有害因素(如水、蒸汽、机油等)隔离，同时还兼有一定的机械保护作用。对已粘贴好的应变计采取可靠、实用的防护措施，是保证应变计正常工作、提高测试精度的有效途径。实验室常用的防护方法如下。

(1)将石蜡加热融化去掉水分，冷却至 40～50℃时涂在事先加热到 40～50℃的构件粘贴应变计的部位(包括应变计表面、引出线、接线端子片与导线连接处等)，防护面积要比应变计基底面积大 2 倍以上。涂后的表面应光洁，无空洞和间隙。

(2)将硅橡胶直接涂在构件粘贴应变计的部位，在室温下经 12～24h 即可粘合固化，起到很好的防潮防护作用。另外，前面提到环氧树脂粘结剂也是一种性能良好的防护材料。

7. 粘贴质量检查

(1)检查应变计粘贴方位是否准确，粘贴面内有无气泡，粘贴是否牢固等。

(2)用数字万用表测量应变计电阻值(包括导线电阻)，贴片前后阻值应无明显变化。

(3)用高阻表或数字万用表测量应变计与构件之间的绝缘电阻，要求最好在 500MΩ 以上，一般也应在 100MΩ 以上。

上述检查内容不应局限于粘贴好的应变计，而应在粘贴过程中的各个阶段，以便尽早发现问题及时纠正。其检查阶段至少包括：在应变计粘贴之后，在焊接测量导线之后，以及在防护覆盖之后。

习　　题

5-1　将应变计粘贴在应变梯度按 $\varepsilon_x = kx^3$（k 为常数）变化的构件表面进行应变测量，问此时的测量误差是多少？

5-2　论述电阻应变计的工作原理。

5-3　论述丝绕式、短接式和箔式应变计的优缺点。

5-4　什么是应变计的灵敏系数？怎样标定应变计的灵敏系数？

5-5　什么是应变计的横向效应？怎样标定应变计的横向效应系数？

5-6　简述应变计的粘贴工艺和步骤。

第 6 章　测量电路原理及电测技术

6.1　测 量 电 路

使用电阻应变计测量构件的应变时，敏感栅中的电阻变化是很小的。例如，测量一弹性模量 $E = 206\text{GPa}$，比例极限 $\sigma_p = 200\text{MPa}$ 的钢制构件的应力，若应变计的电阻值 $R = 120\Omega$，灵敏系数 $K = 2.00$，则应力达到比例极限时的电阻变换可由式(6-1)求得：

$$\Delta R = RK\varepsilon = 120\times 2.00\times\frac{200}{206}\times 10^{-3} = 0.233\Omega \tag{6-1}$$

如此小的电阻变化量直接精确测量是相当困难的，因此，通常是先将应变计接入一定形式的测量电路中，通过测量电路把电阻应变计的电阻变化率 $\dfrac{\Delta R}{R}$ 转化成电压输出，然后提供给放大电路放大后进行测量。

6.1.1　惠斯通直流电桥

测量电路有多种，最常用的是惠斯通直流电桥，其结构如图 6-1 所示。R_1、R_2、R_3 和 R_4 为桥臂电阻，可以部分或全部由应变计组成。A、C 为输入端，接直流电源，输入电压为 U_{AC}，B、D 为输出端，输出电压为 U_{BD}。依据欧姆定理和克希霍夫定理可知

$$U_{BD} = \frac{R_1R_3 - R_2R_4}{(R_1+R_2)(R_3+R_4)}U_{AC} \tag{6-2}$$

从式(6-2)可以看出，当 $R_1R_3 = R_2R_4$ 时，$U_{BD} = 0$，称为电桥平衡。显然，$R_1 = R_2 = R_3 = R_4$，或者 $R_1 = R_2$ 和 $R_3 = R_4$，电桥可处于平衡状态。

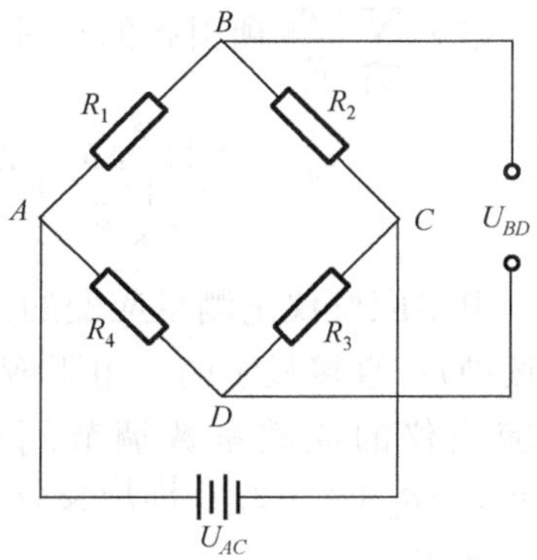

图 6-1　惠斯通直流电桥

设初始处于平衡状态的电桥，各桥臂阻值的变化分别为 ΔR_1、ΔR_2、ΔR_3、ΔR_4，则由式(6-2)得到电桥输出电压为

$$U_{BD} = \frac{(R_1+\Delta R_1)(R_3+\Delta R_3)-(R_2+\Delta R_2)(R_4+\Delta R_4)}{(R_1+\Delta R_1+R_2+\Delta R_2)(R_3+\Delta R_3+R_4+\Delta R_4)}U_{AC} \tag{6-3}$$

展开式(6-3)，利用电桥的平衡条件：$R_1 = R_2 = R_3 = R_4$ 或者 $R_1 = R_2$ 和 $R_3 = R_4$，并略去 $\frac{\Delta R_i}{R_i}$ $(i = 1,2,3,4)$ 的二次项，可得

$$U_{BD} = \frac{\frac{R_1 R_2}{(R_1+R_2)^2}\left(\frac{\Delta R_1}{R_1} - \frac{\Delta R_2}{R_2} + \frac{\Delta R_3}{R_3} - \frac{\Delta R_4}{R_4}\right)}{1 + \frac{R_1}{R_1+R_2}\left(\frac{\Delta R_1}{R_1} + \frac{\Delta R_3}{R_3}\right) + \frac{R_2}{R_1+R_2}\left(\frac{\Delta R_2}{R_2} + \frac{\Delta R_4}{R_4}\right)} U_{AC}$$

$$= \frac{\frac{U_{AC}}{4}\left(\frac{\Delta R_1}{R_1} - \frac{\Delta R_2}{R_2} + \frac{\Delta R_3}{R_3} - \frac{\Delta R_4}{R_4}\right)}{1 + \frac{1}{2}\left(\frac{\Delta R_1}{R_1} + \frac{\Delta R_2}{R_2} + \frac{\Delta R_3}{R_3} + \frac{\Delta R_4}{R_4}\right)} \tag{6-4}$$

实际的应变测量中，应变计的电阻变化率一般远小于 1，略去式(6-4)分母中的非线性项 $\sum_{i=1}^{4}\frac{\Delta R_i}{R_i}$ 可得

$$U_{BD} = \frac{U_{AC}}{4}\left(\frac{\Delta R_1}{R_1} - \frac{\Delta R_2}{R_2} + \frac{\Delta R_3}{R_3} - \frac{\Delta R_4}{R_4}\right) \tag{6-5}$$

如果电桥四臂均接入相同的应变计，则据式(5-9)有

$$U_{BD} = \frac{KU_{AC}}{4}(\varepsilon_1 - \varepsilon_2 + \varepsilon_3 - \varepsilon_4) \tag{6-6}$$

式中，ε_1、ε_2、ε_3、ε_4 分别为 R_1、R_2、R_3、R_4 感受的应变值。

略去 $\sum_{i=1}^{4}\frac{\Delta R_i}{R_i}$ 项引起的相对误差为

$$e = \left|\frac{1}{2}\left(\frac{\Delta R_1}{R_1} + \frac{\Delta R_2}{R_2} + \frac{\Delta R_3}{R_3} + \frac{\Delta R_4}{R_4}\right)\right| = \left|\frac{K}{2}(\varepsilon_1 + \varepsilon_2 + \varepsilon_3 + \varepsilon_4)\right| \tag{6-7}$$

电阻应变仪是测量应变的专用仪器，电阻应变仪的输出电压 U_{BD} 是用应变值(应变读数)ε_d 直接显示的。电阻应变仪有一个灵敏系数 $K_{仪}$，在测量应变时，只需将电阻应变仪的灵敏系数调节到与应变计的灵敏系数相等，则应变仪的应变读数 $\varepsilon_d = \varepsilon_1 - \varepsilon_2 + \varepsilon_3 - \varepsilon_4$，即应变仪的应变读数 ε_d 值不需进行修正，否则，需按式(6-8)进行修正：

$$\varepsilon_d = \frac{K}{K_{仪}}(\varepsilon_1 - \varepsilon_2 + \varepsilon_3 - \varepsilon_4) \tag{6-8}$$

式(6-5)～式(6-8)是应变电测的基本关系式，它表明以下两点。

(1)各桥臂电阻的变化率 $\dfrac{\Delta R}{R}$ (或应变 ε)对输出电压的影响是线性叠加的，相邻桥臂符号相反，相对桥臂符号相同。

(2)若相邻桥臂阻值(应变)变化异号，相对桥臂阻值(应变)变化同号，可增大输出电压，减少测量误差。

6.1.2　直流电桥的平衡调节

测量前应使电桥处于平衡状态，即输出电压为零，但是，应变计的电阻值总有偏差，此外还存在接触电阻和导线电阻等，因此需要设置预调平衡电路，其结构如图 6-2 所示，即在电桥中增加固定电阻 R_5 和电位器 R_6。当固定电阻 R_5 的一端在电位器 R_6 上滑移时，可改变桥臂 AD 及 DC 间的电阻比，从而使桥路达到平衡。

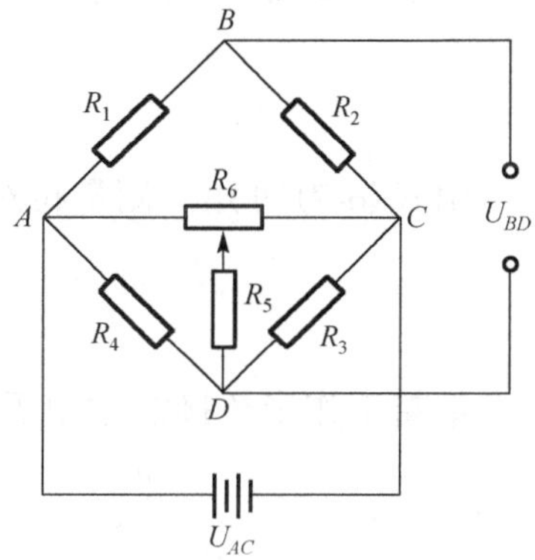

图 6-2　电桥的平衡调节电路

6.2　电桥的基本特性与常用的组桥方式

6.2.1　温度补偿

若测试过程中环境温度变化明显，则对测试结果的影响是很大的。原因有两个：一是温度变化将引起应变计电阻值改变；二是温度变化时，由于应变计敏感栅与被测构件材料线膨胀系数不同，敏感栅有被迫伸长或缩短的趋势，也会使其电阻值发生变化。

消除温度影响的措施是温度补偿，在常温应变测量中是利用电桥特性采用桥路补偿法实现的。

6.2.2　应变计在电桥中的接线方式

应变计在测量电桥中有多种接法。实际测量时，根据电桥的基本特点和不同的使用情况，采用不同的接线方法，以达到以下目的：①增大应变仪的读数，减少读数误差，提高测量精度；②从复杂的变形中测出所需要的某一应变分量；③实现温度补偿。

1. 单臂工作的半桥接法(1/4 桥)

在测量桥路(图 6-3)的 AB 桥臂接工作应变计，BC 桥臂接温度补偿应变计，CD 和 DA 桥臂接应变仪的内部固定电阻。温度补偿应变计与工作应变计完全相同(型号、阻值、灵敏系数、粘贴工艺等完全相同)，且粘贴在一块与被测构件材料相同、但不受力的材料块(称补偿块)上。当构件受力并有温度变化时，工作应变计同时感受构件变形引起的应变 ε_1 和温度变化引起的应变 ε_t，温度补偿应变计只感受温度变化引起的应变 ε_t。根据式(6-8)，应变仪的应变读数为

$$\varepsilon_d = \frac{K}{K_{仪}}\left[(\varepsilon_1 + \varepsilon_t) - \varepsilon_t\right] = \frac{K}{K_{仪}}\varepsilon_1 \tag{6-9}$$

由式(6-7)可知，测量相对误差为

$$e = \left|\frac{K}{2}\varepsilon_1\right| \tag{6-10}$$

单臂工作半桥接法适用于测量构件上一点的总应变。

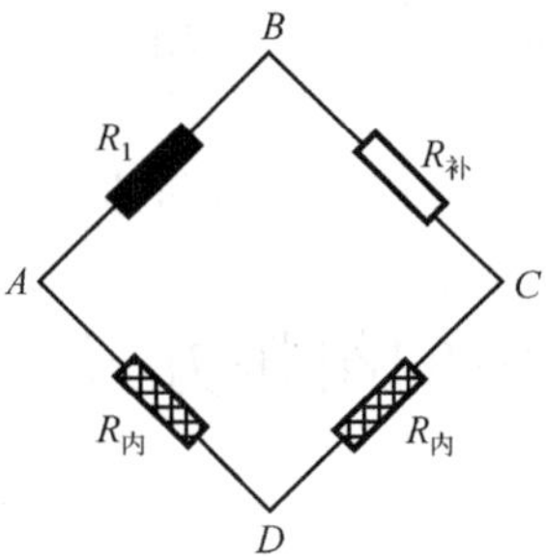

图 6-3　单臂工作半桥

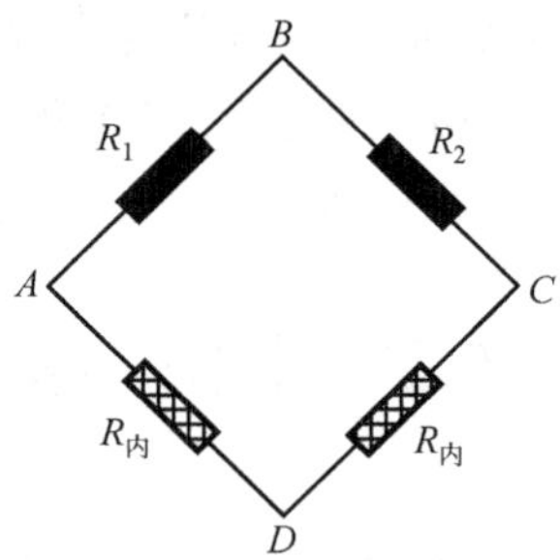

图 6-4　双臂工作半桥

2. 双臂工作的半桥接法

在测量桥路(图 6-4)的 *AB* 和 *BC* 桥臂接工作应变计，*CD* 和 *DA* 桥臂接应变仪的内部固定电阻。两枚工作应变计处于相同的温度条件下，感受温度变化引起的应变相同。则应变仪的应变读数和测量相对误差分别为

$$\varepsilon_d = \frac{K}{K_{仪}}[(\varepsilon_1 + \varepsilon_t) - (\varepsilon_2 + \varepsilon_t)] = \frac{K}{K_{仪}}(\varepsilon_1 - \varepsilon_2) \tag{6-11}$$

$$e = \left|\frac{K}{2}(\varepsilon_1 + \varepsilon_2)\right| \tag{6-12}$$

双臂工作半桥接法适用于两桥臂的应变计感应的应变为异号的情况。

3. 对臂工作的全桥接法

在测量桥路(图 6-5)的 *AB* 和 *CD* 桥臂接工作应变计，*BC* 和 *DA* 桥臂接温度补偿应变计。四个桥臂的电阻处于相同的温度条件下，相互抵消了温度的影响。应变仪的应变读数和测量相对误差分别为

$$\varepsilon_{\mathrm{d}}=\frac{K}{K_{仪}}[(\varepsilon_1+\varepsilon_{\mathrm{t}})-\varepsilon_{\mathrm{t}}+(\varepsilon_3+\varepsilon_{\mathrm{t}})-\varepsilon_{\mathrm{t}}]=\frac{K}{K_{仪}}(\varepsilon_1+\varepsilon_3) \tag{6-13}$$

$$e=\left|\frac{K}{2}(\varepsilon_1+\varepsilon_3)\right| \tag{6-14}$$

对臂工作的全桥接法适用于两桥臂的应变计感应的应变为同号的情况。

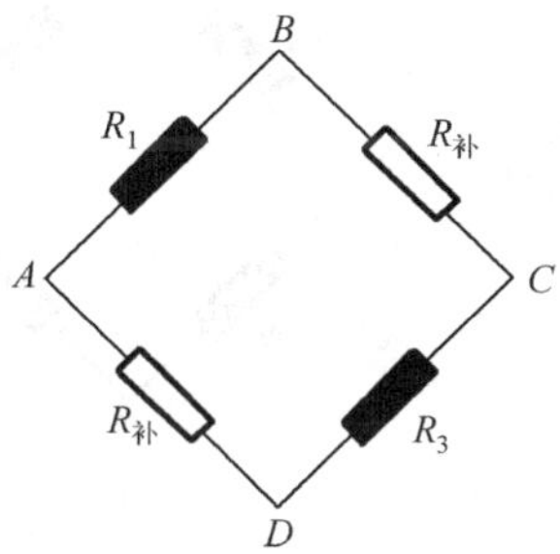

图 6-5　对臂工作全桥

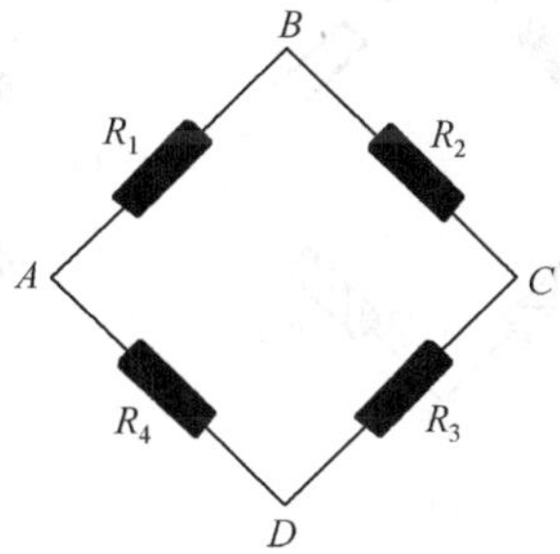

图 6-6　四臂工作全桥

4. 四臂工作的全桥接法

在测量桥路(图 6-6)的四个桥臂均接工作应变计。四个桥臂的电阻处于相同的温度条件下，相互抵消了温度的影响。应变仪的应变读数和测量相对误差分别为

$$\varepsilon_{\mathrm{d}}=\frac{K}{K_{仪}}(\varepsilon_1-\varepsilon_2+\varepsilon_3-\varepsilon_4) \tag{6-15}$$

$$e=\left|\frac{K}{2}(\varepsilon_1+\varepsilon_3+\varepsilon_2+\varepsilon_4)\right| \tag{6-16}$$

四臂工作的全桥接法适用于相邻桥臂的应变计感应的应变为异号，相对桥臂的应变计感应的应变为同号的情况。

例 6-1　如图 6-7(a)所示，一矩形截面等直杆受拉伸和弯曲组合变形，在杆的上下表面沿轴向和横向共贴有 4 枚电阻应变计，另有 2 枚温度补偿应变计，杆材料的泊松比为 μ。试测量杆上的最大线应变 $\varepsilon_{\max}$、最大弯曲线应变 ε_w 和轴力 F 引起的拉伸线应变 ε_l。

解： 电阻应变计 R_1、R_2、R_3 和 R_4 感受的应变为最大弯曲线应变 ε_w 和轴向拉伸线应变 ε_l 的组合，即 $\varepsilon_1=\varepsilon_l+\varepsilon_w$，$\varepsilon_2=-\mu(\varepsilon_l+\varepsilon_w)$，$\varepsilon_3=\varepsilon_l-\varepsilon_w$，$\varepsilon_4=-\mu(\varepsilon_l-\varepsilon_w)$。

(1) 测量最大线应变 $\varepsilon_{\max}$，即测定上侧的最大弯曲线应变 ε_w 和轴向拉伸线应变 ε_l 之和。

① 单臂工作半桥接法。

如图 6-7(b)所示，AB 桥臂接轴向应变计 R_1，BC 桥臂接温度补偿应变计 R_5，则

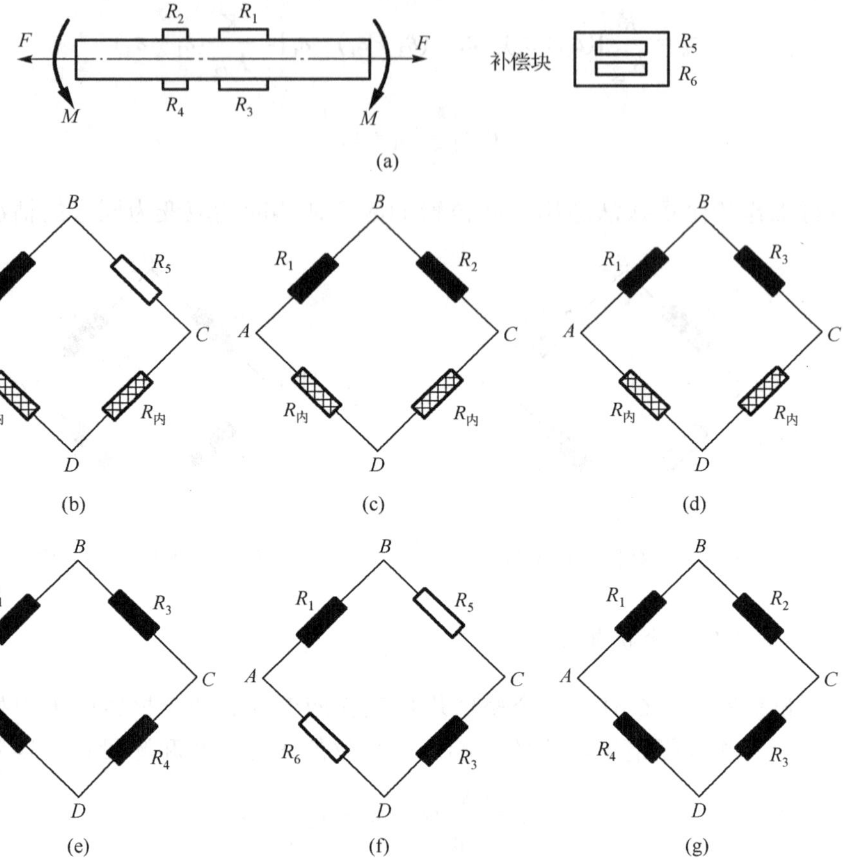

图 6-7　例 6-1 图

$$\varepsilon_{\mathrm{d}}=\frac{K}{K_{仪}}\varepsilon_1=\frac{K}{K_{仪}}\varepsilon_{\max}$$

最大线应变为

$$\varepsilon_{\max}=\frac{K_{仪}}{K}\varepsilon_{\mathrm{d}}$$

测量相对误差为

$$e=\left|\frac{K}{2}\varepsilon_1\right|=\frac{K}{2}\varepsilon_{\max}=\frac{K}{2}(\varepsilon_w+\varepsilon_l)$$

② 双臂工作半桥接法。

如图 6-7(c)所示，*AB* 桥臂接轴向应变计 R_1，*BC* 桥臂接横向应变计 R_2，则

$$\varepsilon_{\mathrm{d}}=\frac{K}{K_{仪}}(\varepsilon_1-\varepsilon_2)=\frac{K}{K_{仪}}(1+\mu)\varepsilon_{\max}$$

最大线应变为

$$\varepsilon_{\max} = \frac{K_{\text{仪}}}{K}\frac{\varepsilon_{\text{d}}}{1+\mu}$$

测量相对误差为

$$e = \left|\frac{K}{2}(\varepsilon_1 + \varepsilon_2)\right| = \frac{K}{2}(1-\mu)\varepsilon_{\max} = \frac{K}{2}(1-\mu)(\varepsilon_w + \varepsilon_l)$$

显然，方案 2 比方案 1 的桥路精度高，误差小，较为优良。

(2) 测量最大弯曲线应变 ε_w。

① 双臂工作半桥接法。

如图 6-7(d) 所示，*AB* 和 *BC* 桥臂分别接轴向应变计 R_1 和 R_3，则

$$\varepsilon_{\text{d}} = \frac{K}{K_{\text{仪}}}(\varepsilon_1 - \varepsilon_3) = \frac{K}{K_{\text{仪}}}\left[(\varepsilon_l + \varepsilon_w) - (\varepsilon_l - \varepsilon_w)\right] = \frac{2K}{K_{\text{仪}}}\varepsilon_w$$

最大弯曲线应变为

$$\varepsilon_w = \frac{K_{\text{仪}}}{2K}\varepsilon_{\text{d}}$$

测量相对误差为

$$e = \left|\frac{K}{2}(\varepsilon_1 + \varepsilon_3)\right| = K\varepsilon_l$$

② 四臂工作全桥接法。

将应变计 R_1、R_2、R_3 和 R_4 按图 6-7(e) 接入电桥的四个桥臂，则

$$\varepsilon_{\text{d}} = \frac{K}{K_{\text{仪}}}(\varepsilon_1 - \varepsilon_3 + \varepsilon_4 - \varepsilon_2) = \frac{2K}{K_{\text{仪}}}(1+\mu)\varepsilon_w$$

最大弯曲线应变为

$$\varepsilon_w = \frac{K_{\text{仪}}}{2K}\frac{\varepsilon_{\text{d}}}{1+\mu}$$

测量相对误差为

$$e = \left|\frac{K}{2}(\varepsilon_1 + \varepsilon_2 + \varepsilon_4 + \varepsilon_3)\right| = K(1-\mu)\varepsilon_l$$

请思考：在图 6-7(e) 中，R_2 和 R_3 能否对调？R_2 和 R_4 能否对调？

(3) 测量轴向拉伸线应变 ε_l。

① 对臂工作全桥接法。

如图 6-7(f) 所示，*AB* 和 *CD* 桥臂分别接轴向应变计 R_1 和 R_3，*BC* 和 *AD* 桥臂分别接温度补偿应变计 R_5 和 R_6，则

$$\varepsilon_d = \frac{K}{K_{仪}}(\varepsilon_1 + \varepsilon_3) = \frac{2K}{K_{仪}}\varepsilon_l$$

轴向拉伸线应变为

$$\varepsilon_l = \frac{K_{仪}}{2K}\varepsilon_d$$

测量相对误差为

$$e = \left|\frac{K}{2}(\varepsilon_1 + \varepsilon_3)\right| = K\varepsilon_l$$

② 四臂工作全桥接法。

将应变计 R_1、R_2、R_3 和 R_4 依次按图 6-7(g) 接入电桥的四个桥臂，则

$$\varepsilon_d = \frac{K}{K_{仪}}(\varepsilon_1 - \varepsilon_2 + \varepsilon_3 - \varepsilon_4) = \frac{2K}{K_{仪}}(1+\mu)\varepsilon_l$$

轴向拉伸线应变为

$$\varepsilon_l = \frac{K_{仪}}{2K}\frac{\varepsilon_d}{1+\mu}$$

测量相对误差为

$$e = \left|\frac{K}{2}(\varepsilon_1 + \varepsilon_2 + \varepsilon_4 + \varepsilon_3)\right| = K(1-\mu)\varepsilon_l$$

例 6-2 如图 6-8(a) 所示，圆轴受竖直面内的弯曲力偶 M_1 和扭转力偶 M_2 共同作用。试利用电阻应变计测出轴上的最大扭转切应变 γ 和最大弯曲线应变 ε_w。

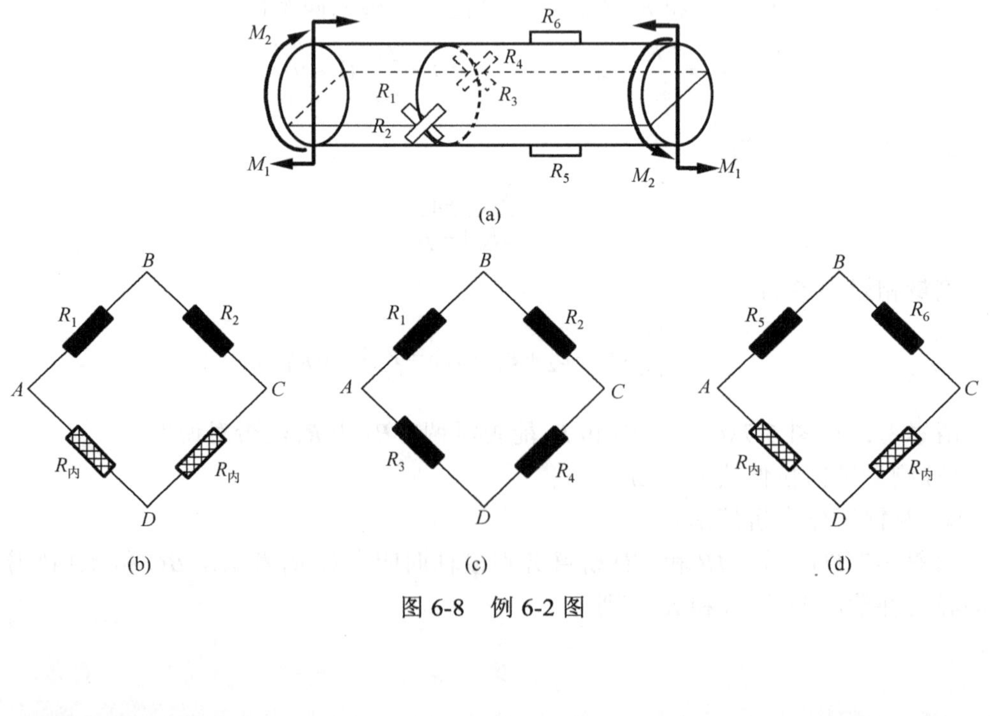

图 6-8 例 6-2 图

解：(1) 测最大扭转切应变 γ。

应变计只能感应线应变，不能感应切应变。容易证明，在纯剪切应力状态下，切应变 γ 与 45° 方向的伸长线应变 ε_n 之间满足 $\gamma = 2\varepsilon_n$ 的关系。

如图 6-8 (a) 所示，在圆轴中性层上前后对称的两点沿与母线成正、负 45° 方向分别粘贴应变计 R_1、R_2、R_3、R_4。若以 ε_n 表示扭矩在被测点沿 45° 方向引起的伸长线应变，则 $\varepsilon_1 = \varepsilon_4 = \varepsilon_n$，$\varepsilon_2 = \varepsilon_3 = -\varepsilon_n$。

① 双臂工作半桥接法。

如图 6-8 (b) 所示，AB 和 BC 桥臂分别接应变计 R_1 和 R_2，则

$$\varepsilon_{\mathrm{d}} = \frac{K}{K_{仪}}(\varepsilon_1 - \varepsilon_2) = \frac{2K}{K_{仪}}\varepsilon_n$$

最大扭转切应变

$$\gamma = 2\varepsilon_n = \frac{K_{仪}}{K}\varepsilon_{\mathrm{d}}$$

测量相对误差为

$$e = \left|\frac{K}{2}(\varepsilon_1 + \varepsilon_2)\right| = 0$$

② 四臂工作全桥接法。

将应变计 R_1、R_2、R_3 和 R_4 按图 6-8 (c) 接入电桥的四个桥臂，则

$$\varepsilon_{\mathrm{d}} = \frac{K}{K_{仪}}(\varepsilon_1 - \varepsilon_2 - \varepsilon_3 + \varepsilon_4) = \frac{4K}{K_{仪}}\varepsilon_n$$

最大扭转切应变为

$$\gamma = 2\varepsilon_n = \frac{K_{仪}}{2K}\varepsilon_{\mathrm{d}}$$

测量相对误差为

$$e = \left|\frac{K}{2}(\varepsilon_1 + \varepsilon_2 + \varepsilon_3 + \varepsilon_4)\right| = 0$$

(2) 测最大弯曲线应变 ε_w。

在圆轴表面相对的上下两点沿轴线方向粘贴电阻应变计 R_5、R_6，则 $\varepsilon_5 = -\varepsilon_6 = \varepsilon_w$。将 R_5 和 R_6 按图 6-8 (d) 接入电桥的 AB 和 BC 桥臂组成半桥，则

$$\varepsilon_{\mathrm{d}} = \frac{K}{K_{仪}}(\varepsilon_5 - \varepsilon_6) = \frac{2K}{K_{仪}}\varepsilon_w$$

最大弯曲线应变为

$$\varepsilon_w = \frac{K_{仪}}{2K}\varepsilon_d$$

测量相对误差为

$$e = \left|\frac{K}{2}(\varepsilon_5 + \varepsilon_6)\right| = 0$$

请思考：

(1)若在圆轴表面相对的上下两点沿与母线成正、负 45° 方向分别粘贴电阻应变计 R_1、R_2、R_3、R_4，能否仅用这四枚应变计测得最大扭转切应变 γ 和最大弯曲线应变 ε_w？怎样连接桥路？

(2)若圆轴除上述两力偶作用之外，还有轴向外力作用，此时的最大扭转切应变 γ、最大弯曲线应变 ε_w 和轴向拉伸线应变 ε_l 怎样测得？

6.3　静态应变测量

6.3.1　静态应变测量的一般步骤

(1)明确测量目的，选择测点位置，确定应变计布置方案。这是应变测量的总体设计工作。

测量目的决定了测点位置的选择。

① 研究构件的应力应变分布规律：沿构件的预测方向相继选点，在估计应力变化比较剧烈的区域适当加密。

② 研究构件的强度问题：选构件上应力可能最大的几个点。

③ 研究构件截面突变处的应力集中问题：测点要在局部地方密集连续布置。

④ 研究构件所受的载荷状况：在构件某一截面的四周选点。

根据测点的应力状态、构件受载情况和温度补偿原则确定应变计布置方案。

① 单向应力状态的测点，只需沿该应力方向布置单枚应变计。

② 主应力方向已知的平面应力状态测点，应沿主应力方向布置两枚互相垂直的应变计或一个直角应变花。

③ 主应力方向未知时，应采用三轴应变计(或应变花)。三轴 45° 应变花主要用于主应力方向大致可估的情况，将应变花互相垂直的两个敏感栅沿估计的主应力方向粘贴；等角应变花主要用于主应力方向无法估计的情况。

在同一温度环境内，各工作应变计可共用一枚温度补偿应变计。

利用应变花确定主应力、主应变及主方向角的计算公式如表 6-1 所示。

表 6-1　应变花的主应力、主应变及主方向角的计算公式

应变花简图	计算公式（ϕ 为 σ_1 和 0°方向的夹角）
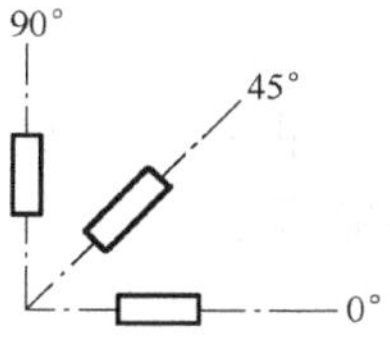	$\varepsilon_{1,2}=\frac{\varepsilon_0+\varepsilon_{90}}{2}\pm\sqrt{(\varepsilon_0-\varepsilon_{90})^2+(2\varepsilon_{45}-\varepsilon_0-\varepsilon_{90})^2}$ $\sigma_{1,2}=\frac{E}{2}\left[\frac{\varepsilon_0+\varepsilon_{90}}{1-\mu}\pm\frac{1}{1+\mu}\sqrt{(\varepsilon_0-\varepsilon_{90})^2+(2\varepsilon_{45}-\varepsilon_0-\varepsilon_{90})^2}\right]$ $\phi=\frac{1}{2}\arctan\frac{2\varepsilon_{45}-\varepsilon_0-\varepsilon_{90}}{\varepsilon_0-\varepsilon_{90}}$
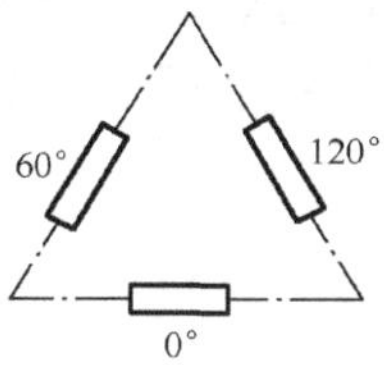	$\varepsilon_{1,2}=\frac{\varepsilon_0+\varepsilon_{60}+\varepsilon_{120}}{3}\pm\sqrt{\left(\varepsilon_0-\frac{\varepsilon_0+\varepsilon_{60}+\varepsilon_{120}}{3}\right)^2+\frac{1}{3}(\varepsilon_{60}-\varepsilon_{120})^2}$ $\sigma_{1,2}=E\left[\frac{\varepsilon_0+\varepsilon_{60}+\varepsilon_{120}}{3(1-\mu)}\pm\frac{1}{1+\mu}\sqrt{\left(\varepsilon_0-\frac{\varepsilon_0+\varepsilon_{60}+\varepsilon_{120}}{3}\right)^2+\frac{1}{3}(\varepsilon_{60}-\varepsilon_{120})^2}\right]$ $\phi=\frac{1}{2}\arctan\frac{\sqrt{3}(\varepsilon_{60}-\varepsilon_{120})}{2\varepsilon_0-\varepsilon_{60}-\varepsilon_{120}}$
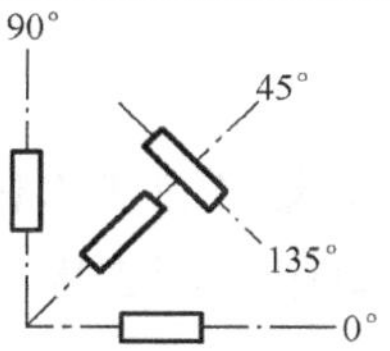	$\varepsilon_{1,2}=\frac{\varepsilon_0+\varepsilon_{45}+\varepsilon_{90}+\varepsilon_{135}}{4}\pm\frac{1}{2}\sqrt{(\varepsilon_0-\varepsilon_{90})^2+(\varepsilon_{45}-\varepsilon_{135})^2}$ $\sigma_{1,2}=\frac{E}{2}\left[\frac{\varepsilon_0+\varepsilon_{45}+\varepsilon_{90}+\varepsilon_{135}}{2(1-\mu)}\pm\frac{1}{1+\mu}\sqrt{(\varepsilon_0-\varepsilon_{90})^2+(\varepsilon_{45}-\varepsilon_{135})^2}\right]$ $\phi=\frac{1}{2}\arctan\frac{\varepsilon_{45}-\varepsilon_{135}}{\varepsilon_0-\varepsilon_{90}}$
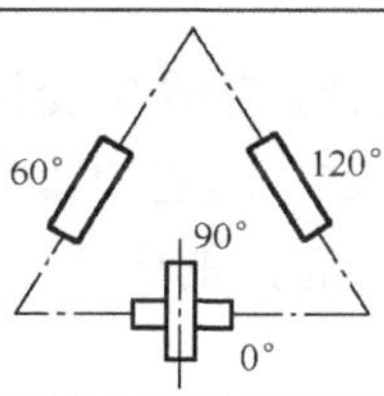	$\varepsilon_{1,2}=\frac{\varepsilon_0+\varepsilon_{90}}{2}\pm\frac{1}{2}\sqrt{(\varepsilon_0-\varepsilon_{90})^2+\frac{4}{3}(\varepsilon_{60}-\varepsilon_{120})^2}$ $\sigma_{1,2}=\frac{E}{2}\left[\frac{\varepsilon_0+\varepsilon_{90}}{1-\mu}\pm\frac{1}{1+\mu}\sqrt{(\varepsilon_0-\varepsilon_{90})^2+\frac{4}{3}(\varepsilon_{60}-\varepsilon_{120})^2}\right]$ $\phi=\frac{1}{2}\arctan\frac{2(\varepsilon_{60}-\varepsilon_{120})}{\sqrt{3}(\varepsilon_0-\varepsilon_{90})}$

(2)选择应变计和测量仪器并进行性能检测。这是应变测量的实验室准备工作。

根据被测构件的尺寸、材质的粗细(如混凝土和金属)和应力梯度的大小来选择应变计的栅长；根据用途、测试要求和工作环境选择应变计的类型。

根据测量精度要求、数据采集的数目和速度选择测量仪器，对于测点数不多的应变测量，可用一般数字静态电阻应变仪；对于测点较多或应力状态变化较快的情况，应采用自动记录的数字应变仪或其他数据采集、处理系统。在野外测量时还要注意测量仪器的便携性和电源问题。

对选定的应变计要检查其电阻值，并按阻值分组使用。要对应变计的灵敏系数进行抽样检查，并检测应变仪的特性，做到对这些工具的误差范围有确切的数据。

(3)应变计的安装、布线、防护和线路检查。这是应变测量的现场准备工作。

应变计的粘贴技术在相当大的程度上影响测量精度和正确性，要严格按 5.5 节所讲的步骤操作。

测量导线的布置要考虑导线电阻、温度变化等的影响，力求做到同一桥路的应变计取相同的导线并沿途固定在一起，要避开电磁场的干扰或采取屏蔽措施。

应变计安装和接线后，应检验应变计电阻和对金属构件的绝缘电阻，同时核对测量导线的编号与应变计粘贴位置是否相符。

(4) 接桥、调试、加载测量。这是获得测试数据的实测过程。

按设定的桥路将应变计接到应变仪上并进行调试，在预先加、卸载 3～5 次后，进行预调平衡或初始读数的记录和存储，然后正式加载并记录测量读数。

(5) 数据分析、改进或结束实验。这是对整个测试工作的检查。

在多次重复加载的情况下，测试数据应有较好的重复性，数据随载荷的变化有明显的规律性。在重复性和规律性有疑问时，要检查和改进实验的各个环节。要确认数据可靠后，测试才可结束。

6.3.2　影响电阻应变测量的因素及修正

1. 应变仪零点漂移的检测及修正

测量电桥在保持平衡的情况下，应变仪的应变读数随时间发生变化的现象称为应变仪的零点漂移(又称零漂)。测量时，这一漂移叠加在应变读数中，产生虚假的结果。应变仪的零点漂移的检测和修正方法如下。

假设在做半桥多点测量。取两个标准精密电阻(120Ω)作为应变计，接在应变仪的一个通道上，调平。在记录各测点(其他通道)的读数时，同时记下这一通道的读数，该读数即应变仪的零点漂移。将各测点的读数减去零点漂移，即为修正后的应变读数。

2. 环境的影响及综合修正

1) 湿度的影响

环境湿度对电阻应变测量的不利影响是多方面的。首先，对于应变计的基底及粘结剂，湿度引起粘结强度下降，降低胶层传递变形的能力；其次，湿度引起绝缘电阻下降，这相当于在应变计上并联了一个电阻 R_n，其效果是使桥臂阻值下降，产生虚假的应变输出，如果在测试过程中 R_n 不断变化，则将引起应变读数的不稳定；此外，潮湿环境会使应变计敏感栅腐蚀，使其阻值发生变化。

减小湿度影响的措施如下。

(1) 选用胶基应变计。

(2) 应变计粘贴后应充分干燥固化。

(3) 采取有效的防潮措施。

2) 温度的影响

当环境温度变化，特别是不均匀的剧烈变化时，应变计和测量导线的电阻都会发生变化，产生虚假的应变输出。

减小温度影响的措施如下。

(1)采用 6.2 节所讲的桥路补偿法。

(2)要求工作应变计和温度补偿应变计的型号一致，测量导线的型号、规格、长度一致，并将它们捆扎在一起，沿阴凉、干燥、温度比较衡定的路径引至应变仪。

(3)多点测量时，常常若干枚工作应变计共用一枚温度补偿应变计。由于工作应变计轮流接入电桥，而温度补偿应变计却长期通电，这就造成工作应变计和温度补偿应变计温度不一致，破坏了温度补偿的作用。故当测点转换后，应等待一段时间，待工作应变计和温度补偿应变计温度一致时，再测取读数。对于导热性能差、散热条件不良的构件，应适当增加温度补偿应变计数目。

3)电磁场的影响

在有外界电磁场干扰的环境中测量时，应变仪、测量导线和应变计构成一个闭合回路，当通过它的磁通量发生变化时，就要在该回路中诱发感应电动势，产生虚假的应变输出。

减小电磁场影响的措施如下。

(1)将测量导线捆扎成束。

(2)改变应变仪方向。

(3)使用屏蔽电缆线。

4)环境影响的综合修正

在构件的测点附近，放置一块与被测构件材料相同但不承受载荷的物块。按照对测点同样的要求，在该物块上粘贴一枚应变计作为工作应变计。与该工作应变计对应的温度补偿应变计，应和其他测点的温度补偿应变计完全相同。把上述这一对应变计接在应变仪一个通道上，调平。在记录测点应变读数的同时，记下这一通道的读数，则该读数即为由外界环境变化引起的读数漂移。将各测点的应变读数减去相应的漂移值，即为修正后的应变读数。

3. 长导线的影响及修正

应变测量中如果构件尺寸很大(如塔式或门式起重机)，或出于安全考虑(如压力容器充压时的应力测量)，测量仪器需要与被测构件保持很大距离，这就需要很长的导线连接应变计和测量仪器，这时导线电阻与应变计电阻相比不可忽略。导线电阻的存在将使电桥的平衡能力下降；应变计的温度补偿失效；桥臂阻值的相对变化率降低，应变仪显示的应变读数变小。因此，当测量导线较长，导线电阻较大时，必须考虑对测量结果的修正。

1)半桥双线接法

如图 6-9 所示，工作应变计和温度补偿应变计分别用两根电阻值均为 r 的长导线接入电桥，则桥臂阻值 $R_1 = R_2 = R+2r$。当工作应变计感受应变 ε 时，桥臂 AB 的电阻变化率为

$$\frac{\Delta R_1}{R_1}=\frac{\Delta R}{R+2r}=\frac{\Delta R}{R}\left(\frac{1}{1+2r/R}\right) \tag{6-17}$$

进一步可推得应变读数与实际应变的关系为

$$K_{仪}\varepsilon_{\mathrm{d}}=K\varepsilon\left(\frac{1}{1+2r/R}\right) \tag{6-18}$$

因此，应变修正公式为

$$\varepsilon=\frac{K_{仪}}{K}(1+2r/R)\varepsilon_{\mathrm{d}} \tag{6-19}$$

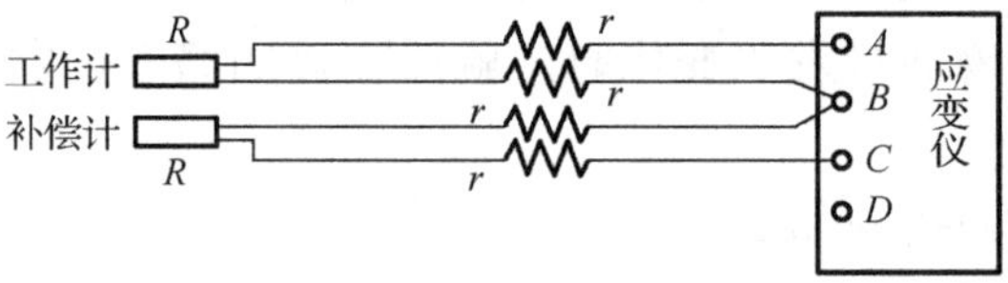

图 6-9　半桥双线接法

2) 半桥三线接法

如图 6-10 所示，工作应变计和温度补偿应变计各用一根长导线与电桥相连。两枚应变计之间的公共导线 B 端连接应变仪放大器，而放大器的输入阻抗比导线电阻 r 大得多，故此 r 可忽略不计。当工作应变计感受应变 ε 时，桥臂 AB 的电阻变化率为

$$\frac{\Delta R_1}{R_1}=\frac{\Delta R}{R+r}=\frac{\Delta R}{R}\left(\frac{1}{1+r/R}\right) \tag{6-20}$$

应变修正公式为

$$\varepsilon=\frac{K_{仪}}{K}(1+r/R)\varepsilon_{\mathrm{d}} \tag{6-21}$$

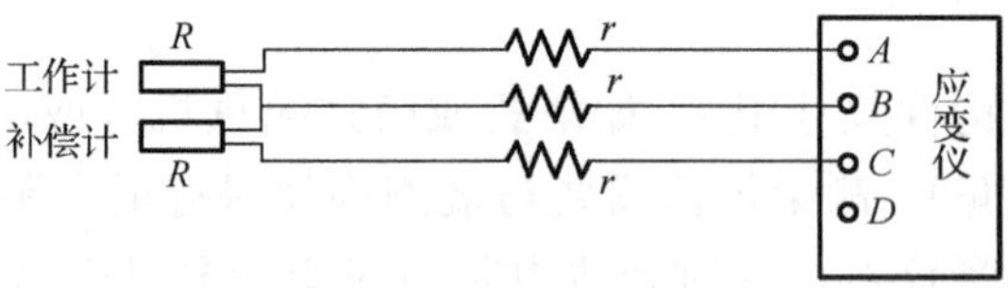

图 6-10　半桥三线接法

3) 全桥四线接法

如图 6-11 (a) 所示，四枚应变计先以短导线接桥，再用四根长导线与应变仪相连。接在电桥输出回路上的两根长导线电阻（即 B_1B 和 D_1D 间的导线电阻）与应变仪放大器的输入阻抗相串联，其值可忽略不计。而接在电桥输入回路上的两根长导线电阻

将使输入电压由 U_{AC} 下降为 $\dfrac{1}{1+2r/R}$（图 6-11(b)），电桥输出电压也按同一比值下降。因此，应变读数与实际应变的关系为

$$K_{仪}\varepsilon_{\rm d} = K\varepsilon\left(\frac{1}{1+2r/R}\right) \tag{6-22}$$

应变修正公式为

$$\varepsilon = \frac{K_{仪}}{K}(1+2r/R)\varepsilon_{\rm d} \tag{6-23}$$

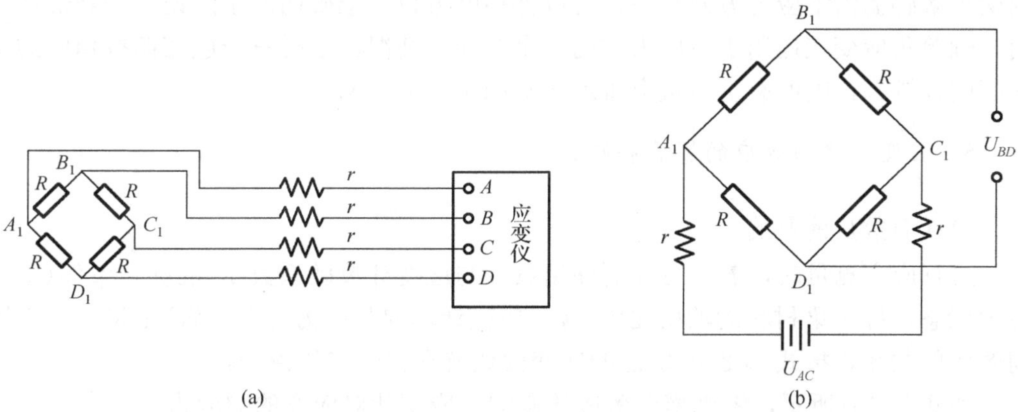

图 6-11　全桥四线接法

4. 应变计粘贴方向不准的影响

应变计粘贴后的方向如果与测点要求的方向不重合，则会给测量结果带来误差。如图 6-12 所示，设预定粘贴方向与主应变方向夹角为 φ，而实际应变计粘贴方向与主应变方向夹角为 φ'，角度偏差为 $\Delta\varphi=\varphi'-\varphi$。

沿预定被测方向的应变 ε_φ 可用主应变 ε_1 和 ε_2 表示为

$$\varepsilon_\varphi = \frac{\varepsilon_1+\varepsilon_2}{2} + \frac{\varepsilon_1-\varepsilon_2}{2}\cos 2\varphi \tag{6-24}$$

由于粘贴方向不准，实际测出应变 $\varepsilon_{\varphi'}$ 为

$$\varepsilon_{\varphi'} = \frac{\varepsilon_1+\varepsilon_2}{2} + \frac{\varepsilon_1-\varepsilon_2}{2}\cos 2(\varphi+\Delta\varphi) \tag{6-25}$$

应变测量误差为

$$\Delta\varepsilon_\varphi = \varepsilon_{\varphi'} - \varepsilon_\varphi = (\varepsilon_1-\varepsilon_2)\sin(2\varphi+\Delta\varphi)\sin\Delta\varphi \tag{6-26}$$

式(6-26)表明，应变计粘贴方向不准造成的误差不仅与角偏差 $\Delta\varphi$ 有关，而且还和预定粘贴方向与该点主应变的夹角 φ 有关（一般 $\varphi\leqslant45°$），φ 越大，角偏差造成的

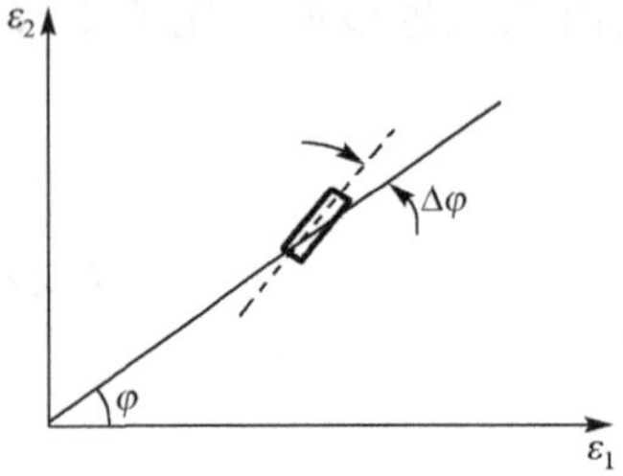

图 6-12　应变计粘贴方向

误差也越大，当 $\varphi = 45°$ 时，$\Delta\varepsilon_\varphi$ 有最大值。

例如，单向应力状态，设被测构件材料的泊松比 $\mu = 0.3$，角偏差 $\Delta\varphi = 5°$，当应变计预定粘贴方向与主应变 ε_1 方向一致，即 $\varphi = 0°$ 时，相对误差为 0.99%；当应变计预定粘贴方向与主应变 ε_1 方向成 45° 时，相对误差高达 32.2%。

因此，在采用应变花进行测量时，三轴 45° 应变花适用于主应力方向大致已知的情况，这时互相垂直的两个敏感栅沿主应力方向粘贴，可以把粘贴方位不准确而产生的误差降到最低。而三轴等角应变花适用于主应力方向完全未知的情况，这时三个敏感栅按相同的角度等间隔排列，因而有更多机会接近未知的主应力方向。

5. 应变计横向效应的影响和修正

1) 横向效应的影响

进行应变测量时，若应变计的使用条件与应变计灵敏系数 K 的标定条件(单向应力状态，标定梁材料的泊松比为 μ_0，应变计轴向与应力方向一致)不符，由于横向效应的关系，按式(6-8)所确定的应变读数就存在一定的误差。

如式(5-15)所示，考虑横向效应的影响，应变计对应变的响应为

$$\frac{\Delta R}{R} = K_x\varepsilon_x + K_y\varepsilon_y = K_x\varepsilon_x\left(1 + H\frac{\varepsilon_y}{\varepsilon_x}\right) \tag{6-27}$$

由标定梁(相当于 $\varepsilon_y = -\mu_0\varepsilon_x$)确定的应变计电阻变化与轴向应变的关系为

$$\frac{\Delta R}{R} = K\varepsilon_x = K_x\varepsilon_x(1 - \mu_0 H) \tag{6-28}$$

因此，应变计的灵敏系数与轴向灵敏系数的关系为

$$K_x = \frac{K}{1 - \mu_0 H} \tag{6-29}$$

应变仪的基本关系式为

$$K_{仪}\varepsilon_d = \frac{\Delta R}{R} \tag{6-30}$$

联立式(6-27)、式(6-29)、式(6-30)可得应变读数的表达式为

$$\varepsilon_d = \frac{K\varepsilon_x}{K_{仪}} \cdot \frac{1 + H\varepsilon_y/\varepsilon_x}{1 - \mu_0 H} = \frac{K}{K_{仪}} \cdot \frac{\varepsilon_x + H\varepsilon_y}{1 - \mu_0 H} \tag{6-31}$$

当 $K_{仪} = K$ 时，应变读数的相对误差为

$$e=\frac{\varepsilon_{\mathrm{d}}-\varepsilon_x}{\varepsilon_x}\times 100\%=\frac{(\varepsilon_x+H\varepsilon_y)/(1-\mu_0 H)-\varepsilon_x}{\varepsilon_x}\times 100\%$$

$$=\frac{H}{1-\mu_0 H}\left(\mu_0+\frac{\varepsilon_y}{\varepsilon_x}\right)\times 100\% \tag{6-32}$$

式(6-32)表明以下几点。

(1)若应变计横向效应系数 $H=0$，则 $e=0$。

(2)若应变计横向效应系数 $H\neq 0$，只要 $\varepsilon_y/\varepsilon_x=-\mu_0$，则 $e=0$。

(3)若 $H\neq 0$，且 $\varepsilon_y/\varepsilon_x\neq-\mu_0$，则应变计横向效应带来的应变测量误差不仅与 H 值有关，还与应变比值 $\varepsilon_y/\varepsilon_x$ 有关。

例如，应变计的 $H=5\%$，在 $\mu_0=0.3$ 的梁上标定，被测构件为混凝土($\mu=0.17$)材料，在单向应力状态下，当应变计沿主应力方向粘贴时，$e=0.66\%$；当应变计的轴向垂直于主应力方向，即测横向应变时，$\varepsilon_y/\varepsilon_x=-1/0.17$，$e=28.34\%$。

2)修正公式

设在平面应变状态下，沿主应变方向分别粘贴应变计 R_1 和 R_2 以测主应变 ε_1 和 ε_2。由于应变计的横向效应，测出的应变读数分别为 $\varepsilon_{\mathrm{d1}}$ 和 $\varepsilon_{\mathrm{d2}}$，根据式(6-31)有

$$\varepsilon_{\mathrm{d1}}=\frac{K}{K_{仪}}\cdot\frac{\varepsilon_1+H\varepsilon_2}{1-\mu_0 H} \tag{6-33}$$

$$\varepsilon_{\mathrm{d2}}=\frac{K}{K_{仪}}\cdot\frac{\varepsilon_2+H\varepsilon_1}{1-\mu_0 H} \tag{6-34}$$

由式(6-33)和式(6-34)解出主应变 ε_1 和 ε_2 为

$$\varepsilon_1=\frac{K_{仪}}{K}\cdot\frac{1-\mu_0 H}{1-H^2}(\varepsilon_{\mathrm{d1}}-H\varepsilon_{\mathrm{d2}}) \tag{6-35}$$

$$\varepsilon_2=\frac{K_{仪}}{K}\cdot\frac{1-\mu_0 H}{1-H^2}(\varepsilon_{\mathrm{d2}}-H\varepsilon_{\mathrm{d1}}) \tag{6-36}$$

6.4　动态电阻应变测量

随时间而变化的应变称为动态应变。动态应变测量的特点是必须把应变随时间变化的过程记录下来，然后再用适当的方法分析研究。研究结构的动态应变问题具有十分重要的实际意义。

本节主要介绍动态应变的频谱和动态测量需要特别考虑的问题。

6.4.1 动态应变及其频谱

产生动态应变的原因可以是构件承受的载荷随时间按一定的规律变化，也可以是构件的运动。例如，列车在桥梁上行驶时，桥面上的应变就是由载荷移动而引起的动态应变；旋转的列车车轴受弯曲载荷时，轴内各点的弯曲应力是交变循环的，这是由构件运动造成的。

动态应变按其随时间变化的规律，可分为确定性的和非确定性的两类。应变随时间变化的规律能够用明确的数学关系式描述的，称为确定性的，否则就是非确定性的。确定性的动态应变，视其能否用周期性的时变函数来表示，又可分为周期性和非周期性动态应变。非确定性的动态应变也称随机性动态应变。下面对周期性、非周期性和随机性三类动态应变进行简要讨论。

1. 周期性动态应变

1) 简谐周期性动态应变

简谐周期性动态应变的波形为正弦波(或余弦波)，如图 6-13 所示，其数学表达式为

$$\varepsilon(t)=\varepsilon_{\mathrm{m}}\sin(\omega t+\varphi)=\varepsilon_{\mathrm{m}}\sin(2\pi ft+\varphi) \tag{6-37}$$

式中，ε_{m}为动态应变的幅度，即振幅；ω 为圆频率；φ 为初始相位；f 为频率。

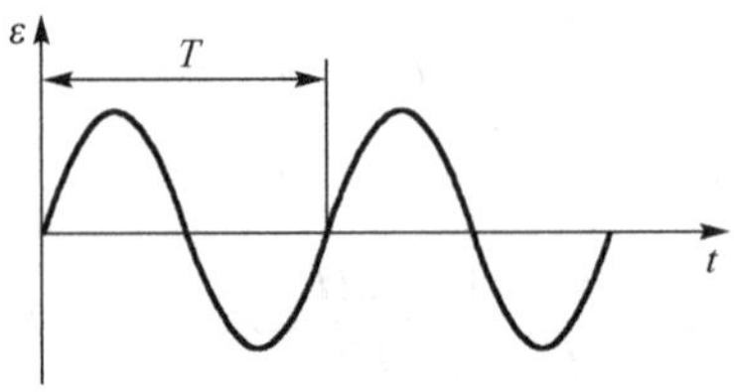

图 6-13　简谐周期性动态应变波形

2) 复杂周期性动态应变

复杂周期性动态应变可用傅里叶级数表示，即复杂周期性动态应变可以看成由一个静态应变分量和无限个谐波的正弦分量组成。

$$\varepsilon(t)=\varepsilon_0+\sum_{n=1}^{\infty}\varepsilon_n\sin(\omega_n t+\varphi_n)=\varepsilon_0+\sum_{n=1}^{\infty}\varepsilon_n\sin(2\pi f_n t+\varphi_n) \tag{6-38}$$

式中，ε_0为静态应变分量；ε_n为第 n 次谐波振幅；φ_n为第 n 次谐波初相位；ω_n为第 n 次谐波圆频率；f_n为第 n 次谐波频率。

一般测量得到的复杂周期性动态应变的谐波分量可能是很丰富的，但随着谐波次数的增高，其幅值总是越来越小，故在实际分析中常把高次谐波略去，只计最低

的几次。在实际分析中，相位角 φ_n 常不予考虑，而且谐波分量也只有有限的几个。此时，式(6-38)就可用图 6-14 所示的振幅-频率图来表示。图 6-14 中以垂直线段表示频率为 f_i、振幅为 ε_i 的第 i 次谐波分量，在振幅坐标轴上的线段则表示频率为零、幅值为 ε_0 的静态分量。振幅-频率图又称频谱图，它清楚地表示了复杂周期性动态应变中各分量的频率和振幅。由于谐波分量只是在分散的特定频率上才出现，所以这样的频谱图又称为离散谱。

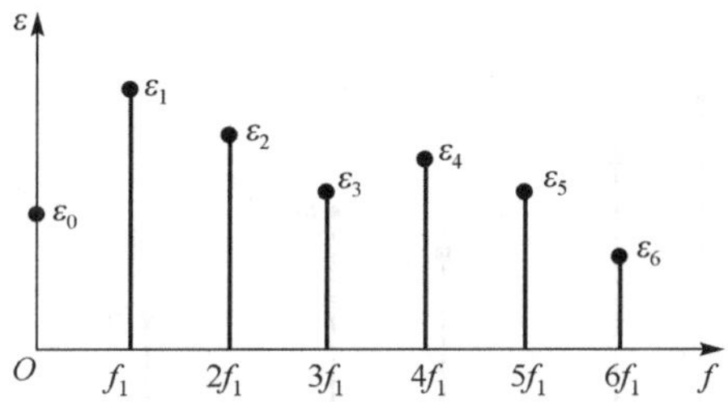

图 6-14　复杂周期性动态应变的频谱

2. 非周期性动态应变

非周期性动态应变分为瞬变性动态应变和准周期性动态应变。

1) 瞬变性动态应变

瞬变性动态应变主要是由瞬态载荷作用引起的，如冲击、爆炸等都会在构件中产生瞬变性动态应变。瞬变性动态应变是不能用离散谱表示的，这种瞬变性的时变函数用傅里叶积分表示，是连续谱(图 6-15)，它的谐波频率是连续变化的，其高频分量占的比例可以相当大，在测试分析中要给予足够重视。

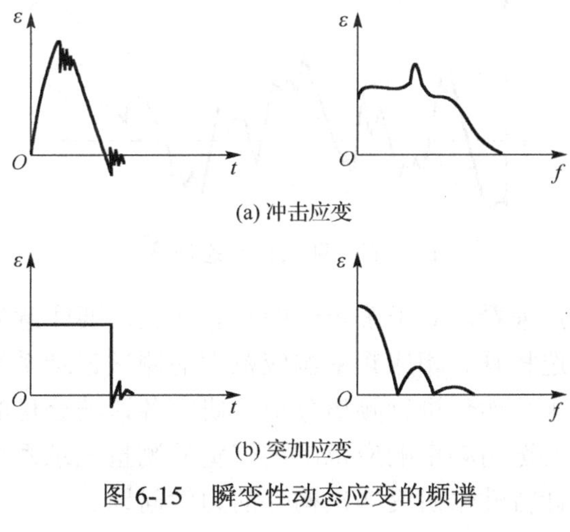

(a) 冲击应变

(b) 突加应变

图 6-15　瞬变性动态应变的频谱

2) 准周期性动态应变

准周期性动态应变是由若干个简谐周期性动态应变叠加而成的。当一台机组有几个转速不成比例(转速比不是有理数)的发动机同时工作时，引起的合成振动或振动应力就不是周期性的。因为各谐波频率之间不存在最小公倍数，虽然各谐波分量是周期性的，但合成后的变量却没有周期可言。这种非周期性动态应变又称为准周期性动态应变，它的频谱如图 6-16 所示，也是离散谱，但各谐波的频率分布是无规律的。

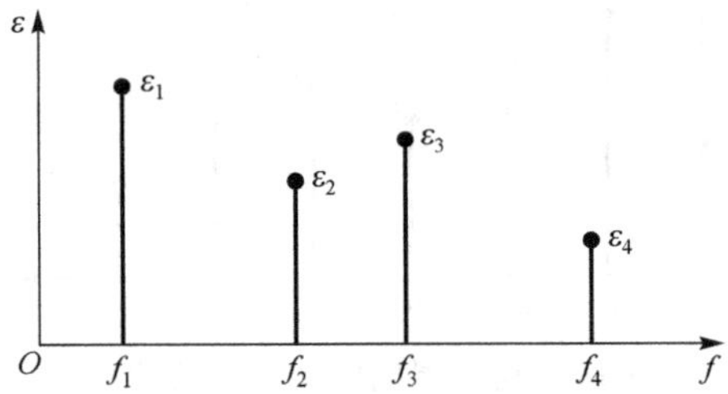

图 6-16　准周期性动态应变的频谱

3. 随机性动态应变

有许多结构，受到的载荷是杂乱的、无法预测的。例如，桥梁结构，汽车在上面移动的速度、位置等在某一瞬时是无法确定的，由这种载荷引起的应变不能用明确的数学关系式表示，这种性质的应变称为随机性动态应变，如图 6-17 所示。对于随机性动态应变，虽然无法预测它在未来时刻的值，但在大量重复实验中又呈现出一种统计规律性，可以用概率统计的方法来描述和研究。

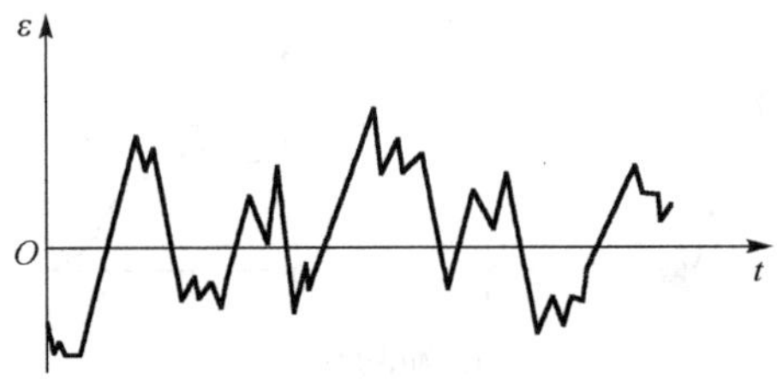

图 6-17　随机性动态应变

从应变测量的观点来看，对于确定性的动态应变，要注意估计应变变化规律中所包含的频谱内容，选择具有相应频率响应范围的测试记录系统，以求能比较真实地将应变变化记录下来，然后进行频谱分析，研究各谐波分量的频率和幅值。对于随机性动态应变，则要选用频率响应范围足够宽的测量记录系统。进行必要的大量重复实验，根据其统计特性来研究解决构件的力学问题。

6.4.2　电阻应变计的动态响应及疲劳寿命要求

1. 电阻应变计的动态响应特性

当应变变化频率很高时，就要考虑电阻应变计对构件应变的响应问题。由于电阻应变计的基底和胶层很薄，应变从构件传到敏感栅的时间估计约为 0.2μs，可以认为是立即响应的，所以，只需考虑应变沿电阻应变计栅长方向传播时电阻应变计的动态响应问题。

在被测构件表面上 A 点处贴一栅长为 L 的电阻应变计。设频率为 f 的正弦应变波以速度 v 在构件中沿应变计栅长方向传播，在某一时刻应变沿构件表面的分布如图 6-18 所示。其数学表达式为

$$\varepsilon=\varepsilon_{\mathrm{m}}\sin\frac{2\pi}{\lambda}x \tag{6-39}$$

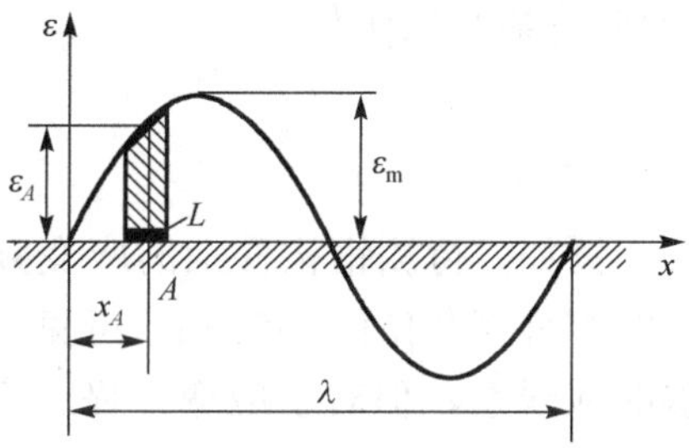

图 6-18　应变计对应变波的响应

式中，ε_{m} 为应变波的最大幅值；$\lambda=v/f$ 为应变波的波长。

则 A 点处的真实应变值，即应变计栅长中点处的应变值为

$$\varepsilon_A=\varepsilon_{\mathrm{m}}\sin\frac{2\pi}{\lambda}x_A \tag{6-40}$$

式中，x_A 为 A 点的横坐标。

A 点的应变读数 ε_{a} 表示应变计的输出，它等于在应变计栅长 L 范围内各点应变的平均值，即

$$\varepsilon_{\mathrm{a}}=\frac{1}{L}\int_{x_A-L/2}^{x_A+L/2}\varepsilon_{\mathrm{m}}\sin\frac{2\pi}{\lambda}x\mathrm{d}x=\varepsilon_{\mathrm{m}}\sin\frac{2\pi}{\lambda}x_A\sin\frac{\pi L}{\lambda}\bigg/\frac{\pi L}{\lambda} \tag{6-41}$$

平均应变 ε_{a} 与应变计中点应变 ε_A 的相对误差为

$$e=\frac{\varepsilon_A-\varepsilon_{\mathrm{a}}}{\varepsilon_A}=1-\left(\sin\frac{\pi L}{\lambda}\bigg/\frac{\pi L}{\lambda}\right) \tag{6-42}$$

当 $L\ll\lambda$，即 $\pi L/\lambda\ll 1$ 时，可以采用近似公式

$$\sin\frac{\pi L}{\lambda}\bigg/\frac{\pi L}{\lambda}\approx 1-\frac{1}{6}\left(\frac{\pi L}{\lambda}\right)^2 \tag{6-43}$$

于是式(6-42)可以写成

$$e \approx \frac{1}{6}\left(\frac{\pi L}{\lambda}\right)^2 = \frac{1}{6}\left(\frac{\pi L f}{v}\right)^2 \tag{6-44}$$

应变波在某种材料中的传播速度是一定的，如应变波在钢材中传播速度 $v \approx 5000\text{m/s}$。因此，对于一定栅长的应变计，当被测应变的频率越高时，其测量读数的相对误差也越大。应变计的输出与被测应变频率之间的关系，称为应变计的频率响应特性，它取决于应变计的栅长。

假设容许相对误差为$[e]$，当被测应变的频率一定时，可选择的最大应变计栅长(即容许栅长$[L]$)为

$$[L] = \frac{v}{\pi f}\sqrt{6[e]} \tag{6-45}$$

例如，待测钢构件上的应变频率为 5000Hz，容许误差$[e] = \pm 0.5\%$，可求出应变计的容许栅长$[L]$ = 55mm。可见，对于钢构件，一般不用考虑应变计栅长引起的动态响应误差，但对于应变传播速度低、材质不均匀的非金属材料，就必须考虑。

2. 电阻应变计的疲劳寿命要求

当构件动态应变频率较高、测试时间较长时，电阻应变计所经受的应变循环次数也就较多。在这种情况下，应选择疲劳寿命较高的电阻应变计。标准规定，A、B 和 C 级电阻应变计的疲劳寿命分别不低于 10^7、10^6 和 10^5 次。从应变计的材料上看，铁镍铬合金敏感栅的疲劳寿命较高。不要选用短接式应变计，选箔式应变计时用放大镜检查，剔除敏感栅有毛刺缺口的应变计。

此外，对于动态应变测量，应特别注意应变计引出线与测量导线的可靠连接，以及导线的牢固安装与保护(在运动构件上尤需如此)，以保证测量的持续与可靠。

习　　题

6-1　应变测量电桥如图所示，R_1、R_2、R_3 和 R_4 为四枚相同的电阻应变计，其阻值 R = 120Ω，灵敏系数 K = 2.00，若在桥臂 AB 上分别并联电阻 $R_5 = 200\times10^3\Omega$ 和 $R_6 = 300\times10^3\Omega$，则相当于感受多大应变？

6-2　在一等强度梁的上下表面各粘贴一枚轴向应变计，如图所示，其电阻值均为 120Ω，灵敏系数 K = 2.00。已知梁的长度 l = 300mm，厚度 h = 6mm，根部的宽度 b = 40mm，梁材料的弹性模量 E = 200GPa，载荷 F = 100N，试计算：(1)应变计的电阻变化量ΔR；(2)当 R_1、R_2 接成半桥，供桥电压为 3V 时，电桥的输出电压为多少？

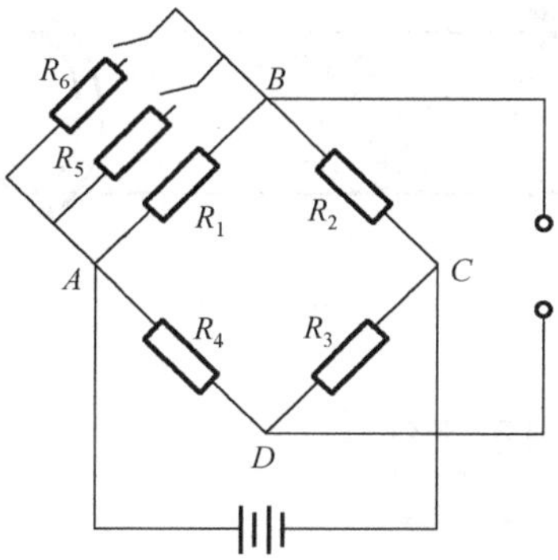

习题 6-1 图

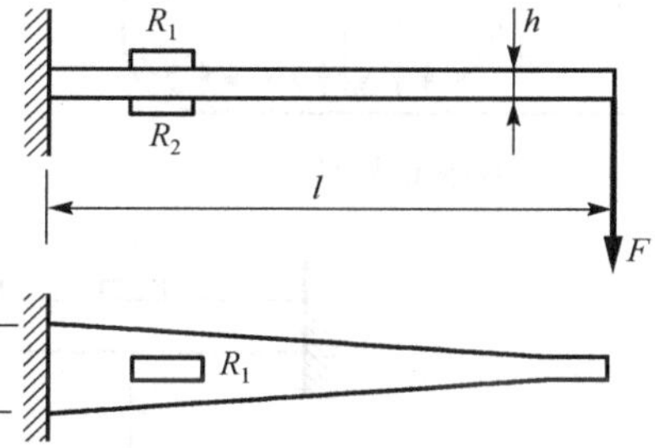

习题 6-2 图

6-3　矩形截面偏心拉伸杆件如图所示，在其上下表面沿轴向各粘贴一枚应变计，另在补偿块上粘贴两枚温度补偿计。已知杆件的横截面尺寸 b、h 和杆材料的弹性模量 E。试设计桥路求载荷 F 和偏心距 e 的大小。

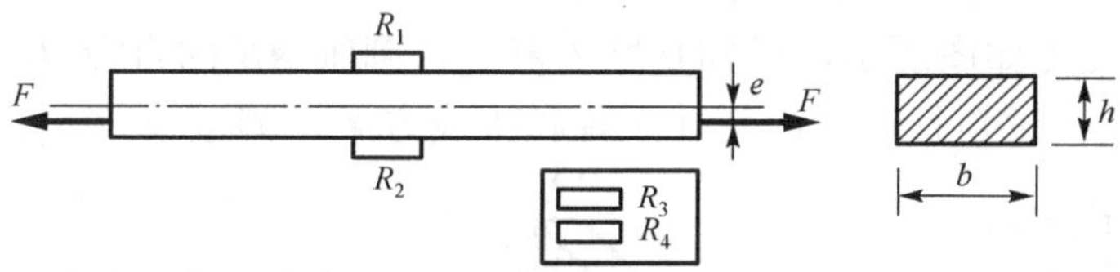

习题 6-3 图

6-4　矩形截面偏心拉伸杆件如图所示，在其上下表面沿轴向和横向共贴有 4 枚应变计。已知载荷 F 和杆件的横截面尺寸 b、h。试设计桥路求杆材料的弹性模量 E、泊松比 μ 和偏心距 e 的大小。

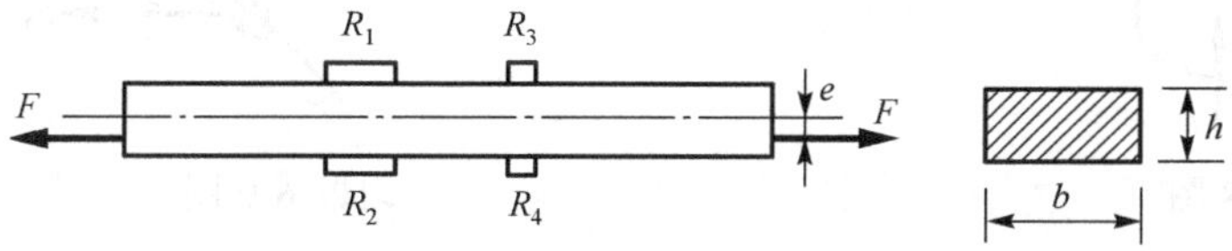

习题 6-4 图

6-5　薄壁容器如图所示，已知容器的内径 d、壁厚 t，材料的弹性模量 E 和泊松比 μ。试用 4 枚应变计自行设计布置和接线方案，求：(1) 内压 p；(2) 主应力的大小。

6-6　承受弯扭组合变形的圆轴如图所示，沿其表面与母线成±45° 方向上贴有 4 枚应变计。已知圆轴的直径 d、材料的弹性模量 E 和泊松比 μ。试设计桥路求弯矩 M 和扭矩 T 的大小。

6-7　矩形截面悬臂梁受力如图所示，在其上表面贴有 2 枚轴向应变计。已知长度 l_1、l_2，梁的横截面尺寸 b、h 和梁材料的弹性模量 E。试设计桥路求载荷 F 的大小。

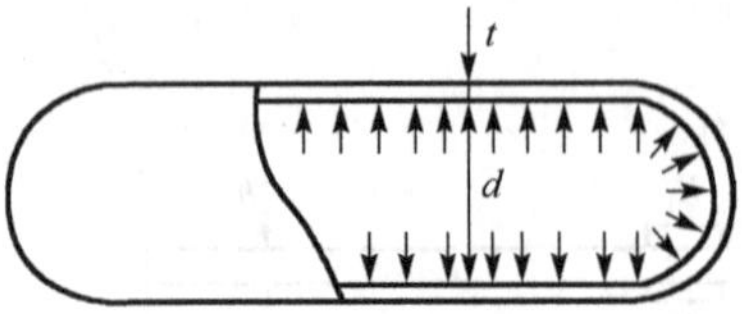

习题 6-5 图

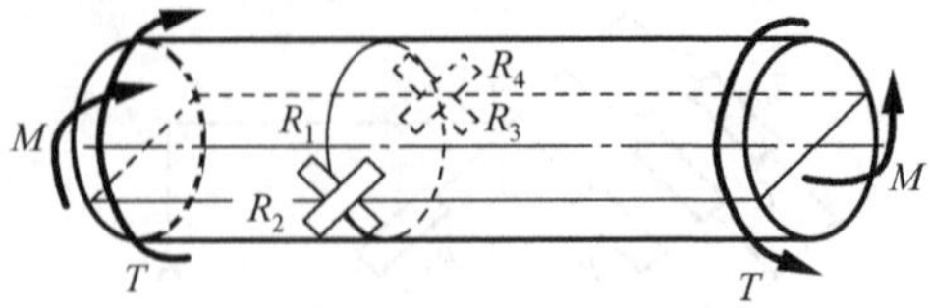

习题 6-6 图

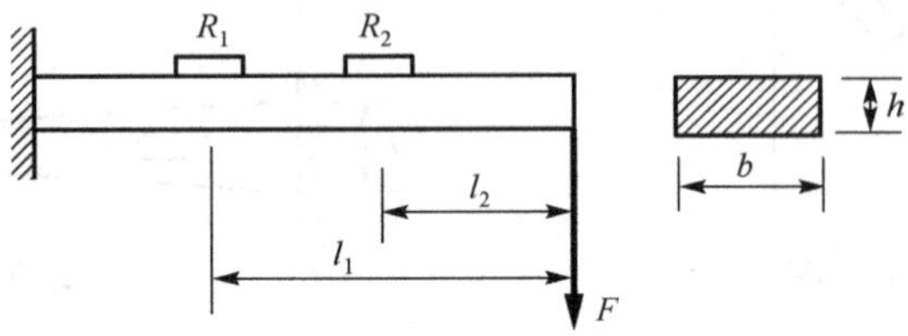

习题 6-7 图

6-8　偏心受压立柱如图所示，沿其周向共贴有 4 枚轴线应变计。已知立柱的直径 d 和材料的弹性模量 E。试设计桥路求载荷 F 的大小和作用点位置。

6-9　曲拐受力如图所示，已知长度 l_1 和 l_2，圆轴 AB 的直径 d，材料的弹性模量 E 和泊松比 μ。试自行设计应变计布置和接线方案，测量载荷 F_1、F_2 和 F_3。

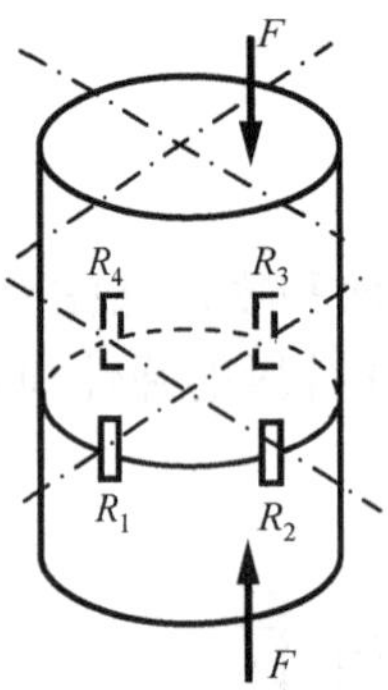

习题 6-8 图

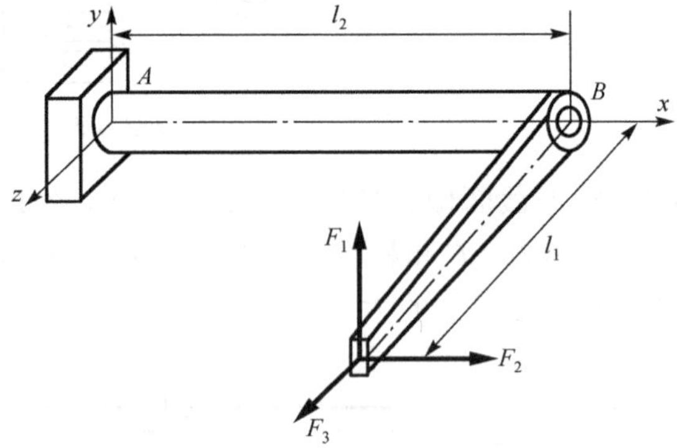

习题 6-9 图

6-10　矩形截面悬臂梁受力如图所示，在其上下表面沿轴向共贴有 4 枚应变计。已知梁的横截面尺寸 b、h，应变计粘贴处距自由端的距离 l 和梁材料的弹性模量 E。试设计桥路求载荷 F_1 和 F_2 的大小。

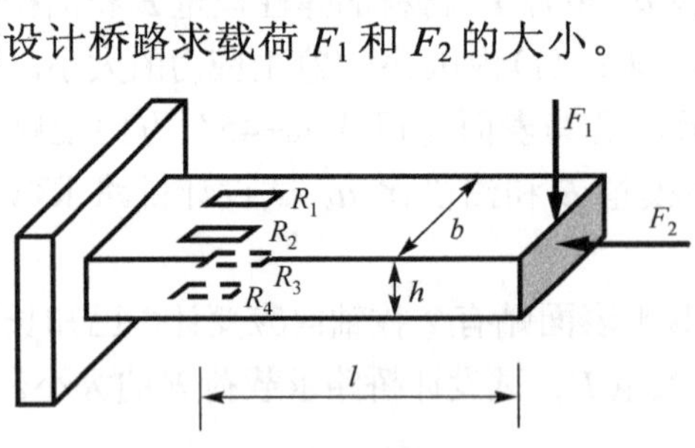

习题 6-10 图

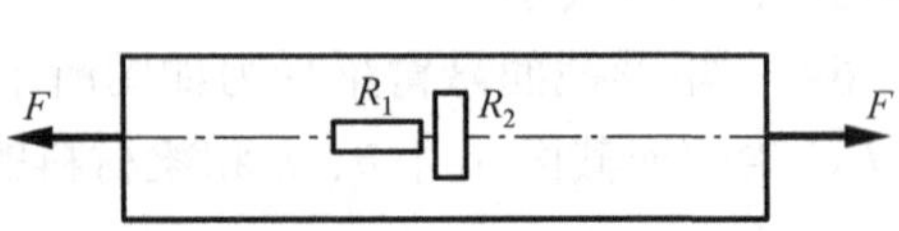

习题 6-11 图

6-11　两枚应变计分别沿图示拉伸杆件的轴向和横向粘贴。每枚应变计与一枚温度补偿计接成一个桥路，加载后测得轴向和横向应变读数分别 ε_{d1} = 989με，ε_{d2} = −263με。已知应变仪的灵敏系数 $K_{仪}$ = 2.00，应变计的横向效应系数 H = 2.7%，在泊松比 μ_0 = 0.290 的标定梁上测得的灵敏系数 K = 2.18。试确定该杆件材料的泊松比；如不计应变计的横向效应，将引起多大的误差？

6-12　某批应变计的横向效应系数 H = 2.3%，其灵敏系数是在泊松比 μ_0 = 0.285 的标定梁上测定的。现将其用于图示均匀拉伸圆板和扭转轴的主应变测量，试分别计算两种情况下应变计的横向效应给应变测量带来的相对误差。

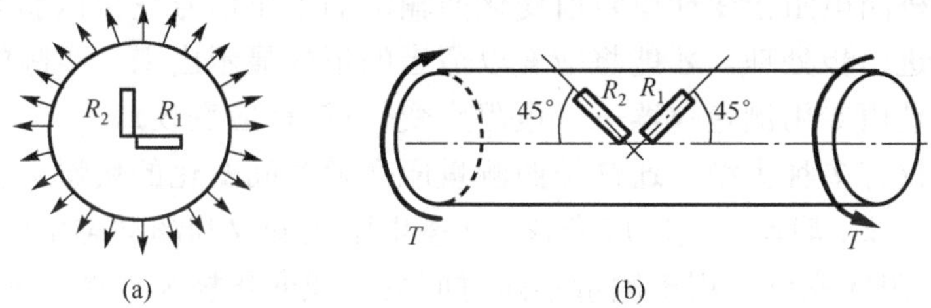

习题 6-12 图

6-13　用一组 45°应变花测得钢构件上某点处沿三个方向的应变分别为 ε_0 = 450με，ε_{45} = 170με，ε_{90} = −240με。已知钢的弹性模量 E = 210GPa，泊松比 μ = 0.29。试计算该测点的主应力大小和方向。

6-14　用一组等角应变花测得铝构件上某点处沿三个方向的应变分别为 ε_0 = 600με，ε_{60} = −200με，ε_{120} = 200με。已知铝的弹性模量 E = 72GPa，泊松比 μ = 0.33。试计算该测点的主应力大小和方向。

第 7 章　应变测量仪器与设备

7.1　电阻应变仪概述

惠斯通电桥因电阻应变计电阻值变化而输出的电压信号是很微弱的，必须经过放大、转换等进一步处理，才能将应变以适当的形式显示出来。实际的应变电测实验，一般都是使用专用测量仪器——电阻应变仪(简称应变仪)。

电阻应变仪有多种类型，通常按照测量应变随时间变化的快慢，将应变仪划分为静态电阻应变仪、静动态电阻应变仪、动态电阻应变仪和超动态电阻应变仪四类。

(1) 静态电阻应变仪：用于测量不随时间变化或变化极为缓慢的应变信号。

(2) 静动态电阻应变仪：以静态应变测量为主，并能兼做频率在 200Hz 以下的动态应变测量。

(3) 动态电阻应变仪：用于测量快速变化的应变信号。其工作频率一般在 10kHz 以下。

(4) 超动态电阻应变仪：主要用于爆炸、高速冲击等的瞬态应变测量，其工作频率可高达 1000kHz。

7.2　静态电阻应变仪

静态电阻应变仪从最初的指针式应变仪、双桥零读数式应变仪和数字表头显示应变仪几个阶段，现在已经发展到具有微型计算机处理功能的第四代产品。其主要特点是将微处理器嵌入应变仪，能够自动完成应变仪的初始化设置和多点数据快速采集，并且可以与普通台式计算机和笔记本连接，由计算机控制数据采集过程，通过专用软件处理测量数据。

不同厂家生产的应变仪，在电路设计、操作界面及产品外观上往往差别很大，但其电路系统都包括测量电桥、放大器、A/D 转换、显示器及电源几个基本单元，图 7-1 是静态电阻应变仪的电路原理框图。

静态电阻应变仪使用直流电桥，测量电桥因电阻应变计电阻值变化而产生的输出电压信号依次经过直流放大器放大、信号调理电路处理、A/D 转换后，由显示电路送到数字表头显示或由计算机等进一步处理。

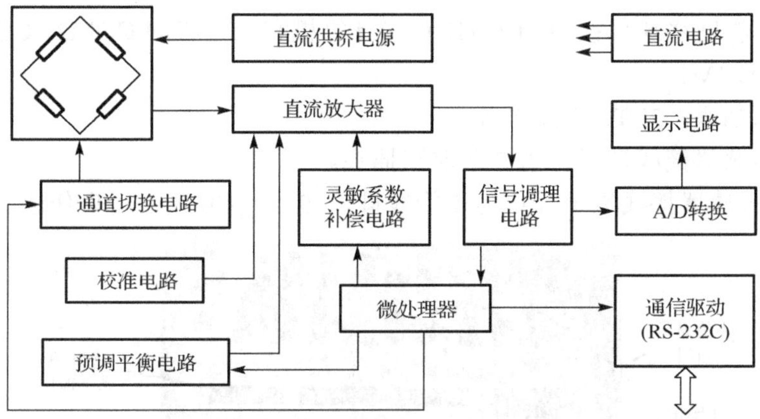

图 7-1　静态电阻应变仪电路原理框图

仅就使用而言，静态电阻应变仪有三个基本功能需要了解和把握。

(1) 灵敏系数设置。指根据电阻应变计的灵敏系数调整电阻应变仪的灵敏系数补偿电路，设置应变仪的灵敏系数，以保证应变仪的测量读数和真实应变相同。

(2) 多通道设计。为满足多点应变测量要求，静态电阻应变仪一般是多通道的，如 10 通道、20 通道、40 通道、60 通道等。每个通道都有 A、B、C、D 四个接线端子，以便通过外部线路连接成合适的桥路。测量时，通过通道切换电路分别将各测点的电阻应变计接入电桥。

(3) 平衡调节。将应变计按设计桥路接入应变仪后，要逐通道调平衡，即通过调整电桥的预调平衡电路抵消掉不平衡的输出电压，使初始应变读数为零。现在的静态电阻应变仪均具有自动调平功能，轻轻一按即可调平。

应变仪的型号很多，更新换代很快，使用时要参考有关使用说明。下面以秦皇岛市惠智测控技术开发有限公司生产的 HZ 1018B 型程控静态电阻应变仪为例，介绍静态电阻应变仪的结构和使用方法。

7.2.1　面板说明

HZ 1018B 型程控静态电阻应变仪的主控面板和后面板如图 7-2 所示。

(1) 测试通道：HZ 1018B 具有 16 个应变测试通道，编号从 CH01 到 CH16。

(2) 电源开关：开启/关闭 HZ 1018B 应变仪电源。

(3) 力值显示窗口：6 位 LED 显示力值，测量单位可设置为 t/kN/N。

(4) 测力功能按键：分别为“设置”、“移位”、“增/减”和“清零”。

(5) 应变值显示窗口：同时显示八个测试通道的应变测量值，前两位 LED 显示通道序号，后五位 LED 显示应变值，测量单位为 με。

(6) 应变测量功能按键：分别为“自动平衡”、“设置”、“翻屏”、“单点平衡”、“通道+”和“通道–”。

(7) 计算机网络通信接口：COM1 连接计算机和上一级的 COM2，COM2 连接下一级仪器的 COM1。

(8) 电源插座：220V 交流电源。

(9) 力传感器接线端子：为 5 芯航空插头。

(10) 力传感器接线端子Ⅱ：为 5 线线排，(9)、(10)项中用户任选一种。

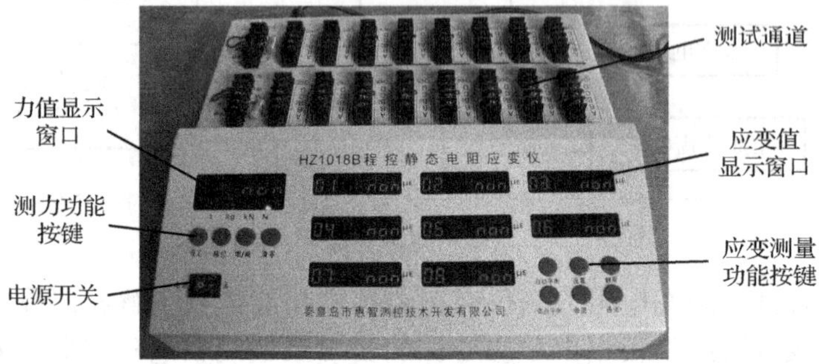

(a) 主控面板

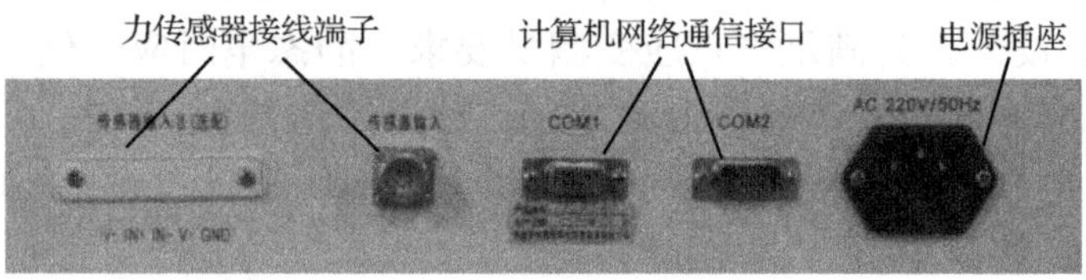

(b) 后面板

图 7-2　HZ 1018B 型程控静态电阻应变仪

7.2.2　操作说明

1. 组桥接线

HZ 1018B 具有 16 个应变测试通道，分为两大组，每一大组包括 9 组接线端子，其中前 8 组端子为测量通道接线端子，最后 1 组为公共补偿接线端子，用于连接公共温度补偿应变计。接线端子 A、B、C、D 四点的定义参见图 6-1，B_0、W_0、W_1、W 四点为辅助接线端子，以实现 1/4 桥(单臂工作半桥)、半桥(双臂工作半桥)、全桥测量方式的接线。

(1) 1/4 桥：如图 7-3 所示，将工作应变计接到测量通道的 A、B 点上，公共温度补偿应变计接到公共补偿位置的 A、D 点上，同时选择桥路为“1/4 桥”，即将 B_0 和 B 点用短路片短接并将螺钉拧紧，W 和 W_0 点用短接线短接并用螺钉拧紧。

(2) 半桥：如图 7-4 所示，将两枚工作应变计接到测量通道的 A、B 点和 B、C 点上，公共补偿位置的 A、D 点悬空，同时选择桥路为“半桥”，即将 B_0 和 B 间的短路片断开，W 和 W_1 点用短接线短接并用螺钉拧紧。

(3) 全桥：如图 7-5 所示，将四枚工作应变计依次接到测量通道的 A、B、C、D 四点之间，同时选择桥路为“全桥”，即将 B_0 和 B 间的短路片断开，公共补偿位置的 A、D、W_0、W、W_1 悬空。

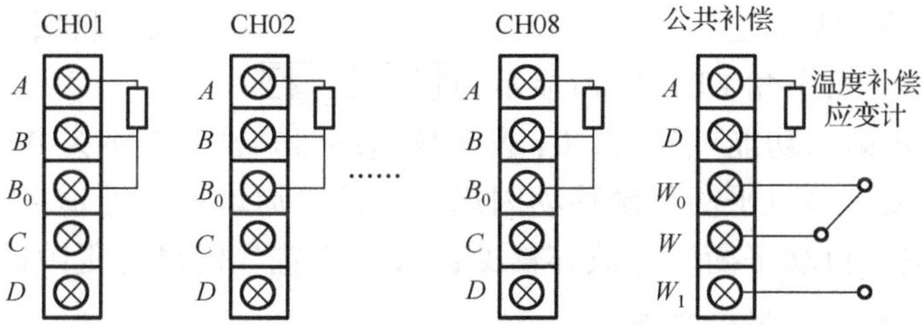

图 7-3　1/4 桥接线方法

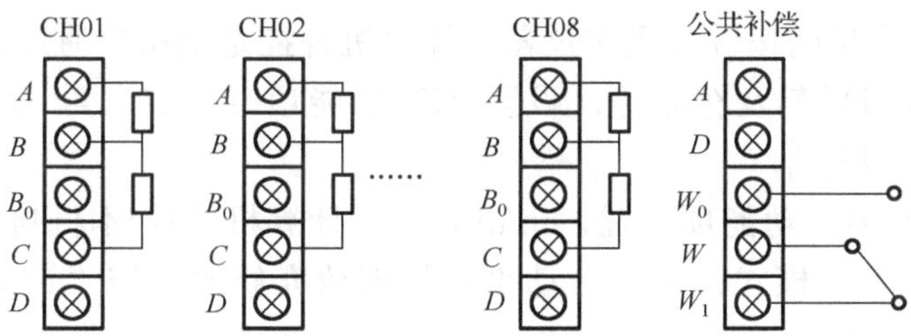

图 7-4　半桥接线方法

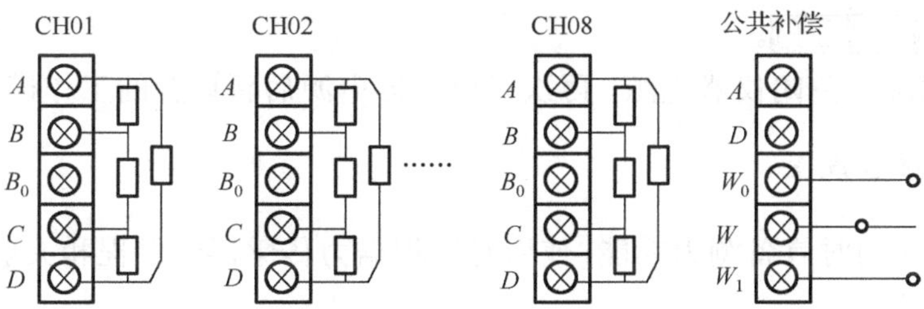

图 7-5　全桥接线方法

2. 应变仪工作模式设置

1) 灵敏系数工作模式设置

HZ 1018B 灵敏系数设置有“统一设置”和“单独设置”两种模式。统一设置是指用户设置的灵敏系数对所有测点均有效；单独设置是指对每一个测点需逐一进行灵敏系数设置。出厂标准设置为“统一设置”模式，灵敏系数为 2.000。

HZ 1018B 只允许在开机自检状态下进行灵敏系数工作模式设置。开启电源，在系统自检过程中，即 LED 显示“-1018-”字样时按下“设置”键 3s 以上，放开按键，此时 HZ 1018B 不进入测试状态，而是直接进入系统设置状态，右下角 LED 窗口显示为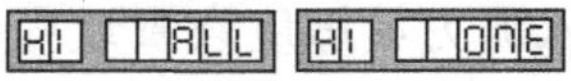。

H1 表示进入第一功能项设置，ALL/ONE 表示统一设置/单独设置。按“翻屏”键进行设置方式选择；按“自动平衡”键放弃修改；按“设置”键进行更改确认。

2) 机箱号选择

完成 H1 项设置后，进入 H2 项功能设置，用于在多台应变仪级联状态时，设置应变仪的机箱号。右下角 LED 窗口显示为 H2 01。

H2 表示进入第二功能项设置，01 表示仪器编号，设置范围为 0～32，出厂标准设置为 01 号。按“单点平衡”键移动闪烁位；按“通道+”“通道–”键增减当前闪烁位的数值；按“自动平衡”键放弃修改；按“设置”键进行更改确认。

3) 自控和外控工作模式设置

HZ 1018B 有“本机自控”和“计算机外控”两种工作模式。本机自控是指用户通过使用应变仪本身的按键来操作仪器。计算机外控是指用户通过计算机来实现测量参数设置、数据采集及存储等。设置 H3 功能项时，右下角 LED 窗口显示为 H3 on H3 oFF。

H3 表示进入第三功能项设置，on/oFF 表示计算机外控/本机自控设置。按“翻屏”键选择仪器工作模式；按“自动平衡”键放弃修改；按“设置”键进行更改确认。

H3 项设置完成后即完成对 HZ 1018B 系统工作模式的全部设置。右下角 LED 窗口显示为 HS -End-。

设置完成后，关闭仪器电源，再次开启仪器电源后新设置的工作模式才能生效。

3. 测力参数设置

HZ 1018B 同时具备测力功能，使用时应根据力传感器的量程和灵敏度输出值进行参数设置。

将力传感器的插头插入应变仪后面板上的力传感器接线端子，开启电源，在系统自检状态时，即 LED 显示“-1018-”字样时按下测力模块的“设置”键 3s 以上，放开按键后 LED 首先显示为 -CAL-(CAL 是英文 calibration 的前三个字母，表示标定、校准的意思)，闪烁三次后进入测力模块设置。

1) 测力量程设置

HZ 1018B 设置有 4 种测量单位，对应的发光二极管从左到右依次为 t、kg、kN、N。每种单位均对应 13 档量程，分别为 1、2、5、10、20、50、100、200、500、1000、2000、5000、10000。

HZ 1018B 出厂缺省测力量程为 10000N，此时仪器测力模块显示为 F10000。

按“移位”键选择测试单位；按“增/减”“清零”键在 13 档量程间递减或递增量程数值；按“设置”键确认测量单位及量程数值后进入测力灵敏度设置过程。

2) 测力灵敏度设置

HZ 1018B 出厂缺省测力灵敏度为 2.000mV/V，此时仪器测力模块 LED 窗口显示为[n 2.000]。

按“移位”键选择 LED 显示闪烁位；按“增/减”键循环递增闪烁位数值；按“清零”键放弃存储已修改的灵敏度数值；按“设置”键确认灵敏度设置后进入蜂鸣报警设置功能。

3) 力过载蜂鸣报警功能设置

进入测力蜂鸣报警设置功能后测力模块 LED 窗口显示为[S   on] [S oFF]，S 是英文 sound 的缩写，on 代表打开声音报警，oFF 代表关闭声音报警，出厂标准设置为关闭。

按“增/减”“清零”键修改 on/oFF 状态；按“设置”键确认。

4) 力过载报警阈值设置

蜂鸣报警功能“开/关”设置完成后测力模块 LED 窗口显示为[P- 93]，P 是英文 percent 的缩写，也就是百分比的意思。设置范围为 001～100，这是相对于测力满量程的百分比，即蜂鸣报警的阈值。

按“移位”键移动闪烁位，按“清零”键循环递增修改闪烁位数值，按“设置”键确认报警阈值。

设置完成后，关闭应变仪电源，再次开启应变仪电源后新设置的测力参数才能生效。

4. 应变测量参数设置

1) 阻值设置

HZ 1018B 适用于三种阻值的应变计，即 120/240/350Ω。打开应变仪电源，应变仪自检完成后进入测量状态，按下“设置”键约 3s 以上，放开“设置”键，仪器右下侧的 LED 窗口显示为[- 8888-]，闪烁三次后进入应变计阻值设置状态，LED 显示为[00   120]。

按“翻屏”键对应变计阻值从 120Ω→240Ω→350Ω 进行循环变化；按“自动平衡”键放弃修改；按“设置”键确认应变计阻值，进入下一项灵敏系数设置。

2) 灵敏系数设置

统一设置：若 HZ 1018B 灵敏系数的设置模式为统一设置，则完成应变计阻值设置后进入灵敏系数统一设置状态，仪器右下侧的 LED 窗口显示为[SA 2.000]。

按“单点平衡”键移动闪烁位；按“通道+”“通道–”键增减当前闪烁位的数值；按“自动平衡”键放弃修改；按“设置”键确认修改，应变仪返回测量状态。

单独设置：若 HZ 1018B 灵敏系数的设置模式为单独设置，则完成应变计阻值设置后进入灵敏系数单独设置状态，仪器右下侧的 LED 窗口显示为 01 2.000。

按“单点平衡”键移动闪烁位；按“通道+”“通道–”键增减当前闪烁位的数值；按“设置”键确认该通道灵敏系数的修改，进入下一个通道即 02 通道的灵敏系数修改；按“自动平衡”键退出灵敏系数单独设置状态，返回测试状态。

如果中途不退出灵敏系数设置，灵敏系数设置到第 16 个测点后，LED 窗口显示为 16 2.123，按“设置”键确认后，应变仪返回测量状态。

3) 平衡调节

HZ 1018B 平衡调节有自动平衡和单点平衡两种模式。

自动平衡：按“自动平衡”键对仪器全部测点进行自动扫描，即从第 01 号测点到第 16 号测点进行桥路平衡，桥路自动平衡后返回测量状态。自动平衡时应变显示窗口 LED 全部显示“-bAL-”字样，如 1 号窗口 CH01 显示为 01 -bAL-。

单点平衡：在当前显示通道 01-08 或 09-16 下，按“单点平衡”键后首先在 1 号窗口下显示“-bAL-”字样，此时可按“通道+”“通道–”键改变“-bAL-”字样出现的窗口号，即在 1～8 号窗口切换，按“设置”键选择对该窗口对应通道的桥路进行平衡操作；按“自动平衡”键放弃平衡操作。执行上述两项中的任一操作后均返回测量状态。

7.3 动态电阻应变仪

用于测量和处理随时间变化的应变的电阻应变仪称为动态电阻应变仪，动态电阻应变仪的测量原理与静态电阻应变仪基本相同。下面介绍动态电阻应变仪区别于静态电阻应变仪的构造特点和使用方法。

7.3.1 动态电阻应变仪的特点

(1) 动态电阻应变仪与静态电阻应变仪相比较，显著的特点是应变随时间变化，因而要求动态电阻应变仪具有快速的响应能力，能够准确地记录应变随时间变化的历程。为此，动态电阻应变仪通常为多个彼此独立的应变仪组合体，每个独立的应变仪称为一个通道。

(2) 动态电阻应变仪每个通道具有独立的测量电桥(惠斯通电桥)、放大、滤波、输出系统，通道输入插座通过屏蔽线缆与一个桥盒相连。桥盒是电阻应变计接入应变仪的必要装置。不同型号的动态应变仪，桥盒的引线结构与接桥方法有所不同，使用时必须认真阅读使用说明书。

(3) 动态电阻应变仪的灵敏系数是不能调整的，通常为 2.0。如果与应变计的灵敏系数不等，必须对动态应变仪输出的应变进行修正，才能得到真实的应变。

(4)动态电阻应变仪各通道的应变输出信号是快速变化的电压或电流模拟信号，需要配接具有足够频响的多路信号同步记录仪，如光线记录示波器、数字存储示波器和微型计算机等多通道 A/D 转换接口卡等。

(5)对动态应变仪滤波频率的选择需根据测量信号的频率范围确定，当测量低于某一频率的应变信号时，应选用有相应截止频率的滤波器。如果对所测量信号没有特殊的要求，可不用滤波器。

7.3.2　动态电阻应变仪的使用

下面以 CSM-1 型动静态电阻应变仪为例，说明动态电阻应变仪的操作方法。

1. 仪器简介

CSM-1 型动静态应变仪同时具备动态应变仪、静态应变仪、振动信号采集及数据分析的功能。主要特点：可进行单臂、半桥、全桥测量；静态应变仪 K 值(1～3)连续可调，并且各通道有独立表头显示应变值；动态应变仪的测量值既可以在仪器上显示，也可同时采集到计算机中进行频谱分析。

CSM-1 型动静态应变仪采用双通道组合，双通道显示，可方便地进行动静态测试，静态测试时通过四位半表头读数，动态测试时可外接显示设备，也可选配公司生产的 AD 采集仪及采集分析软件进行实验数据的采集分析。

2. 面板介绍

1)前面板说明(图 7-6)

(1)AD 卡工作灯：当仪器后面板上的 USB 接口接通计算机时此灯会发光。

(2)表头显示：静态测量时，显示的是测量的应变值(单位：με)；动态测量时，显示的是测量的电压有效值(单位：V)。

(3)K 值调节：进行静态应变测量时应变仪灵敏系数的修正。

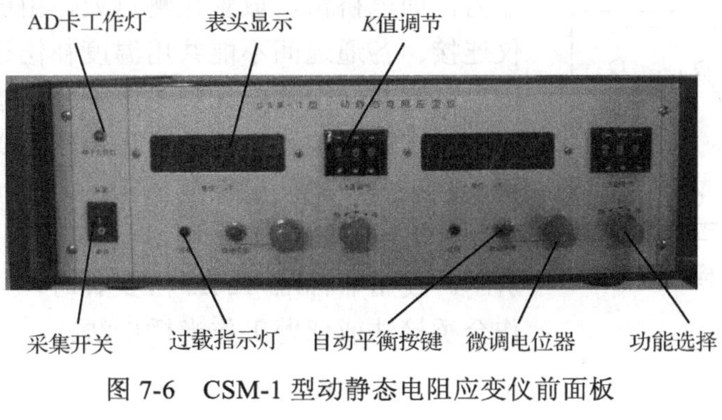

图 7-6　CSM-1 型动静态电阻应变仪前面板

(4)采集开关：当 USB 接口与计算机连接上，进行采集测量数据时，此开关打在采集位置；当不进行采集或 USB 接口没有与计算机连接时，此开关应打在断开位置。

(5)过载指示灯：当信号过大时此灯会点亮。

(6)自动平衡按键：测量时用于初始不平衡的粗调。

(7)微调电位器：测量时用于初始不平衡的微调。

(8)功能选择：动、静态测量选择开关，打在“0”时不进行任何测量。

2)后面板说明(图 7-7)

(1)电源开关：开启/关闭 CSM-1 型动静态电阻应变仪电源。

(2)电源插座：接 220V、50Hz 交流电源。

(3)输入：接入桥盒。

(4)USB 接口：进行采集数据时与计算机相连。

(5)采集：采集仪输入端。

(6)输出：动态应变仪的信号输出端。

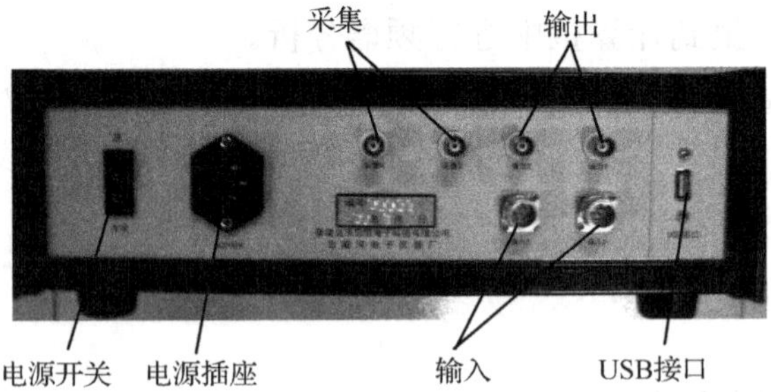

图 7-7　CSM-1 型动静态电阻应变仪后面板

3. 应变计与桥盒的连接

为了减少电噪声的影响，把包括供桥电源变压器在内的整个测量电桥做在一个盒内，即电桥盒，放置在测点处，由屏蔽电缆与应变仪连接。各通道间不能共用温度补偿计，只能独立接桥。桥盒是应变测量元件与应变仪连接的桥梁，因此熟悉桥盒的结构和连线方法是十分必要的。图 7-8 为桥盒的引线结构及原理图，图中电阻为标准 120Ω，根据测量需要，全桥接法如图 7-9 所示，半桥接法如图 7-10 所示。使用非标准 120Ω 应变计时，只能使用四臂工作全桥接法或双臂工作半桥接法。

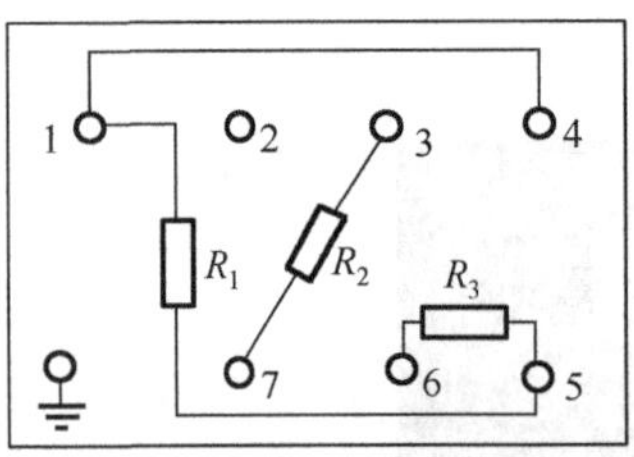

图 7-8　桥盒结构及引线图

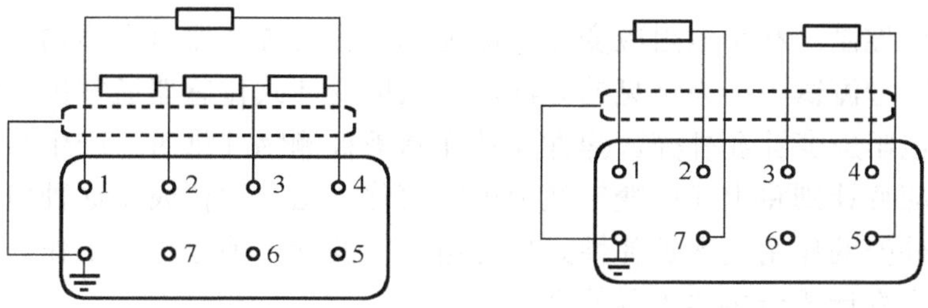

(a) 四臂工作全桥　　　　(b) 对臂工作全桥

图 7-9　全桥连接

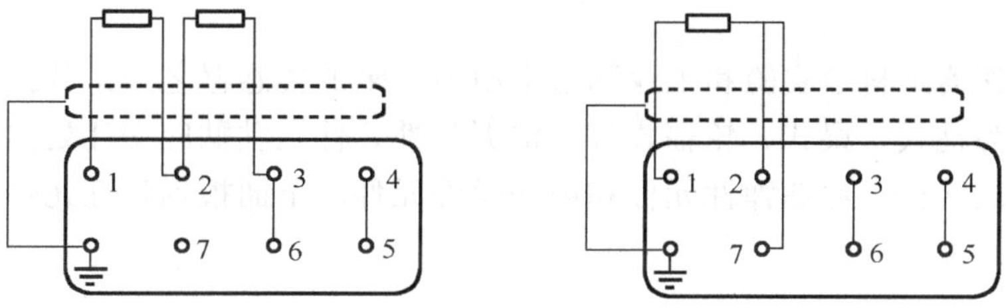

(a) 双臂工作半桥　　　　(b) 单臂工作半桥

图 7-10　半桥连接

4. 操作步骤

(1) 接通应变仪电源。

(2) 电阻应变计接入桥盒，并与应变仪连接。在实际测量时，应变计的连线、桥盒接线柱之间的短线路都要尽可能用烙铁焊接。为防止外部电磁干扰，桥盒与应变计之间需用屏蔽电缆线。

(3) 调节应变仪工作通道平衡。CSM-1 型动静态应变仪将每通道的功能转换开关置于“动态(或静态)”位置，按下“自动平衡”按键，使放大器处于平衡状态，此时仪器表头显示为零，如果不是零，可以调节微调电位器。

(4) 连接应变仪与记录仪器。

(5) 加载，采集信号。

(6) 信号处理。将信号输入信号分析器或信号处理软件(自带的 Vib’SYS 振动信号采集、处理和分析软件)进行处理。

7.4　电阻应变计式传感器

在工程结构强度分析和现代化工业生产中，在测量应力、应变的同时，还需要对力、力矩、位移、速度、加速度以及流体的压力等力学量的大小及变化规律进行测量、监视或控制。利用电阻应变测量原理制成各类传感器对上述物理量进行测量记录是目前工程测试中最为常见的方法。电阻应变计式传感器通常由三部分构成：弹性元件、电阻应变计和外壳。弹性元件在感受被测物理量时，产生与之成正比的应变；电阻应变计则将上述应变转换为电阻变化，由二次仪表将这种电阻的变化测量和显示；外壳的作用是保护弹性元件与电阻应变计，使之正常工作。下面就对一些常用电阻应变计式传感器进行简介。

7.4.1 测力传感器

测力传感器是科学实验和工业测量中用得最多的传感器之一，其弹性元件按结构形式可分为柱式、梁式、轮辐式等；根据弹性元件上粘贴应变计处的变形特点可分为拉压弹性元件、弯曲弹性元件和剪切弹性元件。下面根据弹性元件的特点分述如下。

1. 柱式弹性元件

柱式弹性元件结构简单，可以承受较大的载荷。其截面形状多为空心圆截面、实心圆截面或方形等。空心圆柱式拉压传感器的弹性元件如图 7-11(a)所示。电阻应变计分别沿轴向和周向粘贴在圆柱中部截面的四等分外圆周上，将它们接成串联式全桥桥路(图 7-11(b))，能消除载荷偏心的影响，并能够进行温度补偿。

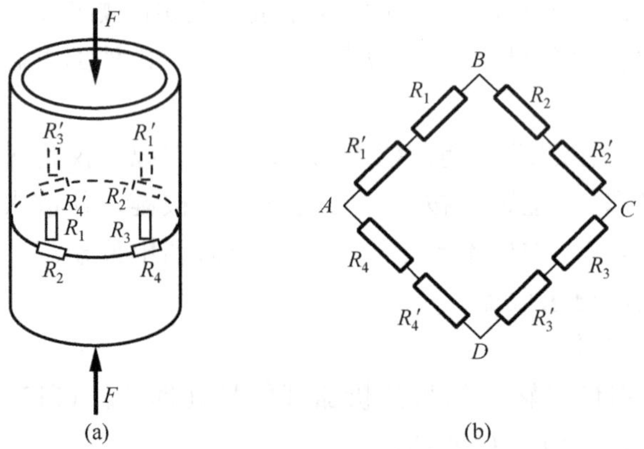

图 7-11 柱式弹性元件

2. 悬臂梁式弹性元件

悬臂梁式弹性元件如图 7-12(a)所示。在梁固定端附近截面的上下表面沿轴线方向各粘贴两枚应变计，按图 7-12(b)接成全桥桥路。它结构简单，易加工，应变计易粘贴，灵敏系数较高，主要用于制作小载荷测力传感器。

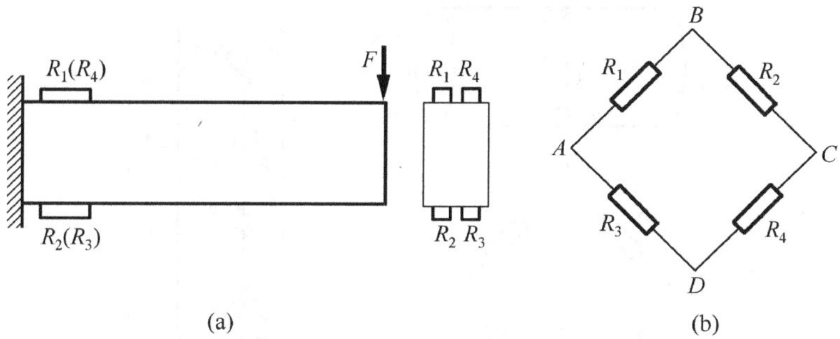

图 7-12　悬臂梁式弹性元件

3. 轮辐式剪切弹性元件

轮辐式剪切弹性元件形似一个平放的车轮，其辐条的横截面形状是矩形，图 7-13(a)为这种传感器的结构示意图。应变计粘贴在辐条中点的正反两面，并且与轴线成 45°，将它们接成串联式全桥桥路(图 7-13(b))。

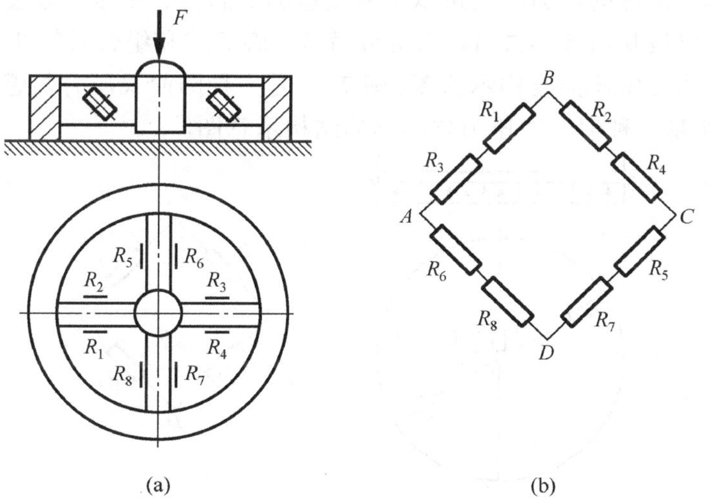

图 7-13　轮辐式剪切弹性元件

7.4.2　扭矩传感器

在扭矩测量中，电阻应变计式扭矩传感器是最常用的一种。圆轴式扭矩传感器的弹性元件是一圆轴。在其中部四等分的圆周上，粘贴四枚与母线成 45°的电阻应变计，并接成全桥桥路。图 7-14 为圆轴式扭矩传感器的弹性元件示意图及其电桥接法。

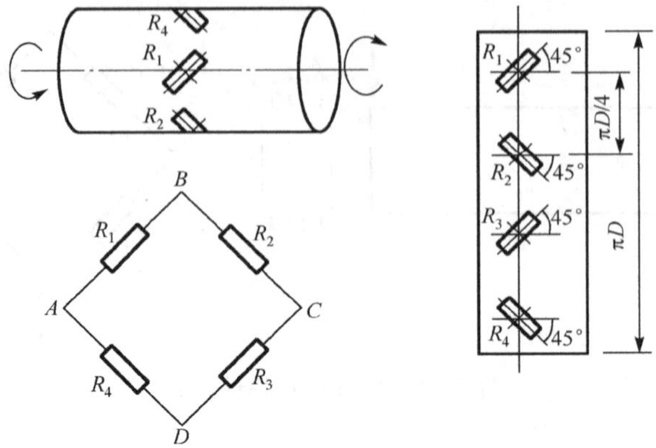

图 7-14　扭矩传感器

7.4.3　压力传感器

工程测试中的压力测量，主要是指测量液体或气体在单位面积上作用的压力，即液体或气体的压强。所以习惯上说的压力传感器，实际上是压强传感器。它不仅可以测量气体和流体的压力，还可以用来制造测量高度、密度、速度等仪表。

压力传感器按其结构形式可以分为膜片式、圆筒式和组合式等几种。图 7-15 是一种膜片式压力传感器的结构示意图。图 7-16 是一种圆筒式压力传感器的结构示意图。而图 7-17 是一种组合式压力传感器的结构示意图。

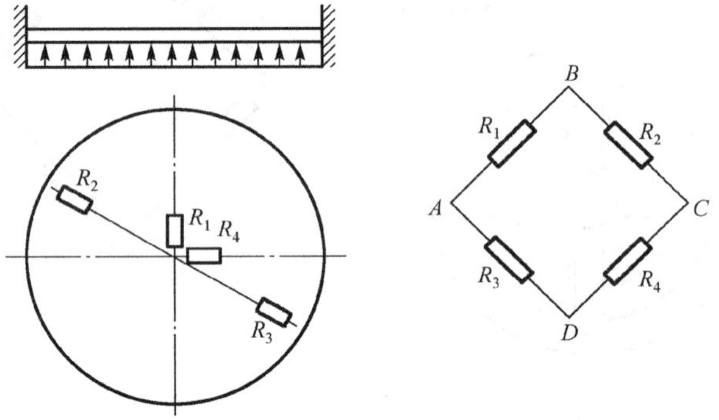

图 7-15　膜片式压力传感器

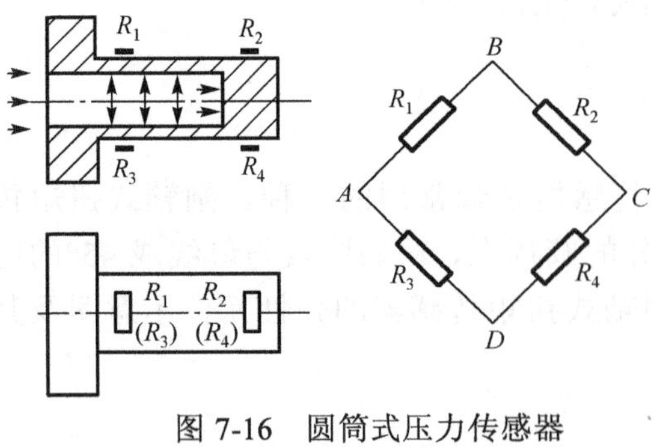

图 7-16　圆筒式压力传感器

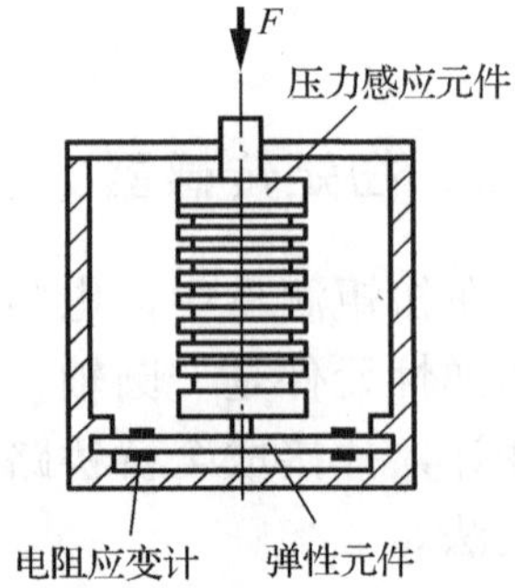

图 7-17　组合式压力传感器

7.4.4　位移传感器

电阻应变计式位移传感器与测力传感器的原理相同，但要求不同。对测力传感器弹性元件的要求是刚度大，而对位移传感器弹性元件的要求是刚度小，否则当弹性元件变形时，将对被测构件形成一个反力，影响被测构件的位移数值。位移传感器中与弹性元件相连接的触点直接感受被测的位移，从而引起弹性元件的变形。为了保证测量精度，触点的位移与应变计感受的应变之间应保持线性关系。

位移传感器的弹性元件常用的有梁式和弹簧组合式。

1. 梁式弹性元件位移传感器

图 7-18 所示弹性元件为一端固定、一端自由的矩形截面悬臂梁，应变计粘贴在固定端附近。图 7-19 是由两个悬臂薄钢片组成的位移传感器，通常称为双悬臂夹式引伸计。

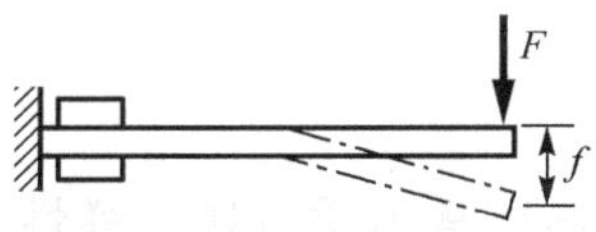

图 7-18　悬臂梁式位移传感器

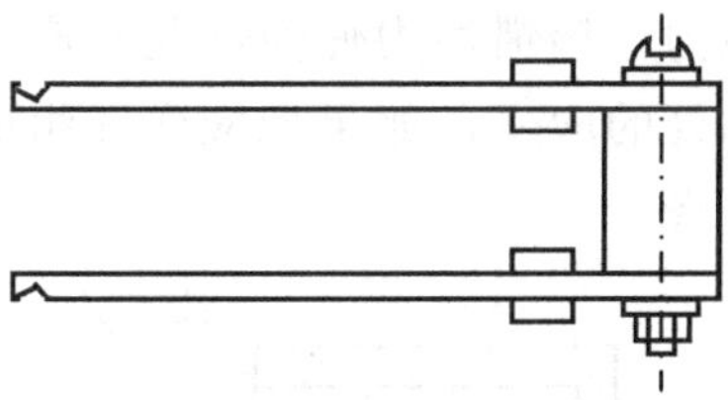

图 7-19　双悬臂夹式引伸计

上述悬臂梁式传感器的特点是失真小、灵敏度高，但由于它的刚度较大，一般只作为小位移传感器。双悬臂夹式引伸计，根据弹性元件的材料(刚度)和尺寸不同，可设计出不同位移量程的传感器。

2. 弹簧组合式位移传感器

采用梁式位移传感器测大位移时，会出现不同程度的失真，因此在测量大位移时常使用弹簧组合式位移传感器，如图 7-20 所示。它的测量导杆不直接固定在悬臂梁上，而是通过一个线性弹簧把二者连接起来，这就进一步降低了传感器的刚性。在悬臂梁根部附近粘贴应变计，当测点位移传递给导杆后，导杆带动弹簧，使其伸长，并使悬臂梁产生弯曲变形。因此，测点的位移为弹簧伸长量和悬臂梁自由端位移之和。

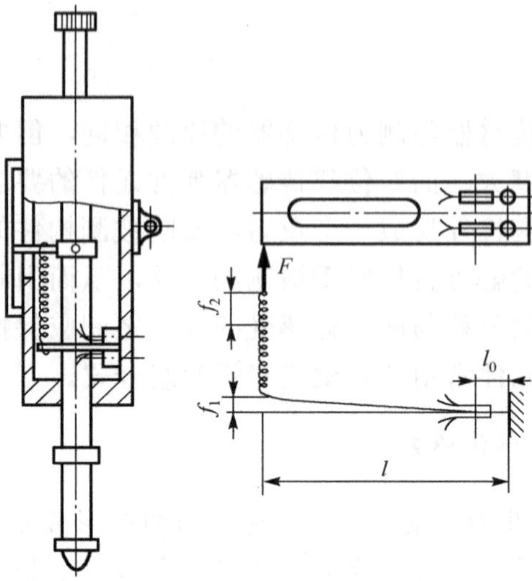

图 7-20　弹簧组合式位移传感器

7.4.5　加速度传感器

电阻应变计式加速度传感器通常由质量块、弹性元件、应变计和基座等组成。测量时，将基座固定在被测物体上，当被测物体以加速度 a 运动时，质量块受到一个与加速度方向相反的惯性力，该惯性力使弹性元件产生变形。此时，安装在弹性元件上的应变计将感受粘贴处的应变，如果把应变计组成电桥，则有电压输出。图 7-21 是加速度传感器的原理图。

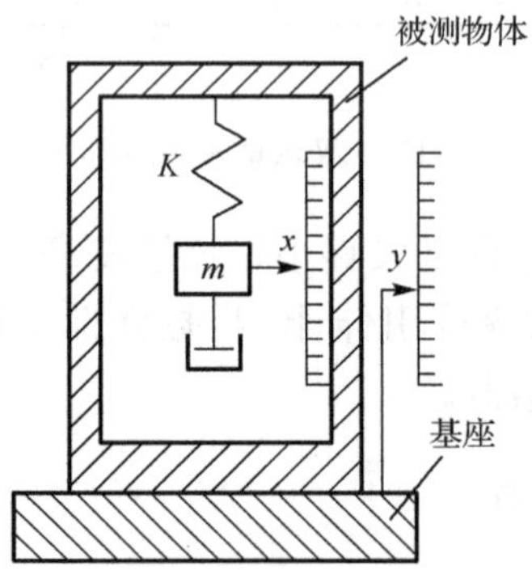

图 7-21　加速度传感器的原理图

常见的电阻应变计式加速度传感器的弹性元件是悬臂梁式，一般包括等强度梁和等截面梁两种形式。

第8章　光 弹 性 法

光测弹性学方法，简称光弹性法，是一种将光学与力学相结合进行应力分析的实验技术。自1816年布儒斯特(Brewster)观察到透明非晶体材料的人工双折射现象算起，至今已经有200年历史。光弹性法采用具有双折射效应的透明材料，制成与实际构件形状几何相似的模型，并使模型受力情况与实际构件的载荷相似。将受力后的模型置于偏振光场中，可获得干涉条纹图。根据光弹性原理，即可算出模型各点的应力，并根据模型相似理论可换算求出实际构件的应力。

光弹性法是一种全场应力测量法，具有直观性强、可靠性高等特点，对分析复杂构件应力场和应力集中现象尤为有利，在建筑、机械等领域得到广泛应用。

光弹性法有很多分支，如透射光弹性法、光弹性贴片法、全息光弹性法等，本书仅介绍二维透射光弹性法的基本知识。

8.1　光学基础知识

8.1.1　光波

1. 光的波动方程

在光弹性实验中呈现的一切光学现象都可以用光的波动理论来解释，即认为光是一种电磁波，在空间或透明介质中以波动的形式向前传播。对于图8-1所示的正弦光波，O点光矢量的振动方程表达式为

$$E = a\sin(\omega t + \alpha) \tag{8-1}$$

式中，E为光矢量大小；a为振幅；ω为圆频率；t为时间；α为初相位。

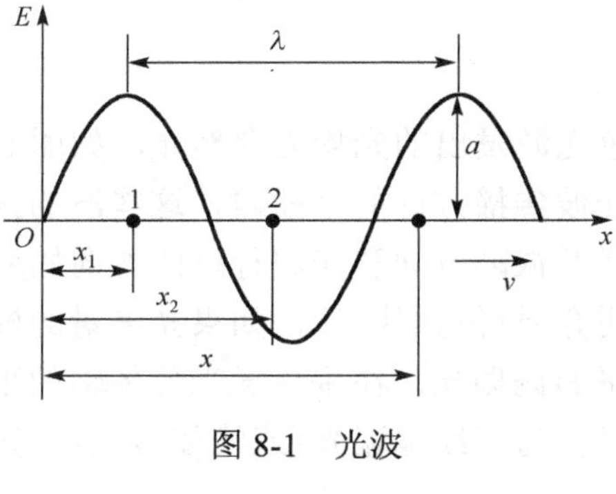

图8-1　光波

若光波的传播速度为 v，则与 O 点相距为 x 的任意一点的振动方程为

$$E = a\sin\left[\omega\left(t-\frac{x}{v}\right)+\alpha\right] = a\sin\left[\frac{2\pi}{\lambda}(vt-x)+\alpha\right] \tag{8-2}$$

式中，λ 为光波的波长，用埃(Å)来度量，1Å=10^{-10}mm，且 $T = 2\pi/\omega = \lambda/v$，$T$ 为光波的周期。

当初相位 $\alpha = 0$ 时，式(8-2)可简化为

$$E = a\sin\frac{2\pi}{\lambda}(vt-x) \tag{8-3}$$

2. *相位差和光程差*

图 8-1 所示波列上任意两点 1 和 2 的振动方程分别为

$$E_1 = a\sin\frac{2\pi}{\lambda}(vt-x_1), \qquad E_2 = a\sin\frac{2\pi}{\lambda}(vt-x_2) \tag{8-4}$$

将两点的相位差用 $\varDelta$ 表示，则

$$\varDelta = \frac{2\pi}{\lambda}(vt-x_1) - \frac{2\pi}{\lambda}(vt-x_2) = \frac{2\pi}{\lambda}(x_2-x_1) = \frac{2\pi}{\lambda}R \tag{8-5}$$

式中，R 为 2 点相对于 1 点的几何路程差，称为两点的光程差，$R = x_2 - x_1$。

8.1.2 白光与单色光

光弹性实验中常用的光源有白光、汞光、钠光和激光等。

白光是由红、橙、黄、绿、青、蓝、紫七种可见光混合而成的。七种可见光的波长在 4000～7600Å 变化。光弹性实验一般采用白炽灯或节能灯作为白光光源。

单色光是指仅有一种波长或频率的光，常见的单色光有钠光、汞光、激光。钠光是波长为 5893Å 的单色黄光，汞光加滤色片能获得波长为 5461Å 的单色黄光，氦氖激光器是波长为 6328Å 的单色红光，红宝石激光器是波长为 6893Å 的单色红光。

8.1.3 平面偏振光

无论白光源还是单色光源发出的光均为自然光，如图 8-2(a)所示。其光矢量的振动特点是：在垂直于光波传播方向的平面内，这些波的振动取任意方向，各方向振动的概率相同；光矢量的振动方向和光波行进的方向始终正交，为横波。

自然光经过某种透明介质(偏振片)后，如果光矢量的横向振动单一地在某一个平面内，这种光波称为平面偏振光。在垂直于光传播轴的平面上，其光矢量端点的运动轨迹为一直线，则又称为直线偏振光(或线偏振光)，如图 8-2(b)所示。平面偏

振光振动所在的平面称为平面偏振光的振动平面，振动平面与偏振片的交线称为偏振片的偏振轴。

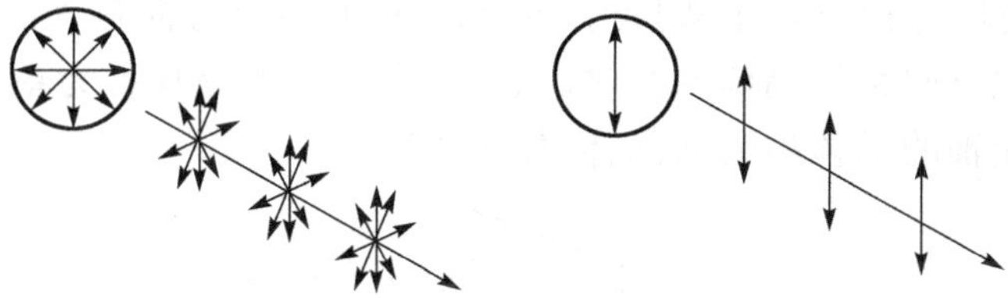

(a) 自然光　　　　(b) 平面偏振光

图 8-2　自然光和平面偏振光的光振动

当光线通过两块偏振轴相互平行的偏振片时，光强度最大，所产生的光场称为明场；当光线通过两块偏振轴相互垂直的偏振片时，光完全被遮挡，所产生的光场称为暗场。图 8-3 为平面偏振光的明场和暗场示意图。

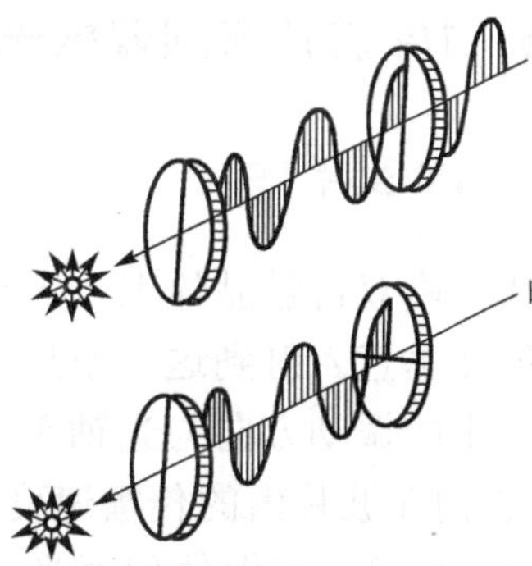

图 8-3　平面偏振光的明场和暗场

8.1.4　双折射

有些介质，如水、空气、没有应力的塑料或树脂等，光波无论从哪一个方向通过该介质时速度都是一样的，这类介质称为光学各向同性介质或光学各向同性体。但当光波通过天然晶体、受力塑料或树脂等时，它的传播速度将随光线的方向而异，或者说光线从不同的方向入射到这类介质时，折射率将随入射方向不同而改变，这类物质称为光学各向异性介质或光学各向异性体。

光在光学各向同性介质中传播时，光的折射严格遵守折射定律：折射光在其中的传播速度总是一个常数，不因传播方向的改变而改变。所以当一束光入射到光学各向同性介质后，出射时仍将是一束光。

光在光学各向异性介质中的传播不同于其在光学各向同性介质中的传播。如图 8-4 所示，当一束光线入射到光学各向异性介质后，会有两束折射光线射出，即产生双折射现象。通过实验可知，这两束折射光都是平面偏振光，并具有如下性质。

(1) 其中一束光遵循折射定律，叫寻常光或 o 光；另一束光不遵循折射定律，叫非常光或 e 光。

(2) o 光的传播速度 v_o 在各个方向上都相同；e 光的传播速度 v_e 则随传播方向的改变而改变。

(3) 两束光的光矢量的振动方向相垂直。

(4) 两束光通过晶体时的速度不同。若 o 光比 e 光快，此类晶体称为正晶体；反之称为负晶体。

(5) 晶体中有的方向不发生双折射，即当一束光沿此方向射入晶体时，射出的光束仍为一束光，此方向称为晶体的光轴。只有一个光轴的晶体称为单晶体(如方解石、石英)，有两个光轴的晶体称为双晶体(如云母)。

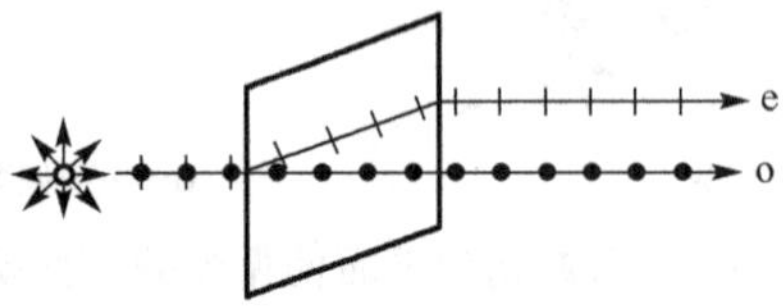

图 8-4　光在光学各向异性介质中的双折射

8.1.5　1/4 波片与圆偏振光

1. 1/4 波片

从一块双折射晶体上，平行其光轴的方向切出一块薄片，称为波片。用单色平面偏振光垂直入射到这一波片上，则该平面偏振光在波片内分解为两束平面偏振光，其中一束的振动方向与光轴平行(对应 e 光)，另一束的振动方向与光轴垂直(对应 o 光)。它们在波片内的传播速度不同，传播速度快的偏振光的振动方向称为快轴，用 F 表示；传播速度慢的偏振光的振动方向为慢轴，用 S 表示。调整波片厚度，使两束偏振光之间的光程差等于入射光波长的 1/4，则称此波片为 1/4 波片，它是产生圆偏振光的重要光学元器件。

2. 圆偏振光

产生圆偏振光的装置如图 8-5 所示。单色自然光经偏振片后成为平面偏振光，其振动方程为

$$E = a\sin\omega t \tag{8-6}$$

平面偏振光垂直入射到 1/4 波片上，其偏振轴与 1/4 波片快、慢轴成 45°，它沿 1/4 波片的快轴和慢轴方向分解为两束平面偏振光，即

$$E_1 = a\sin\omega t\cos 45^\circ = \frac{a}{\sqrt{2}}\sin\omega t \tag{8-7a}$$

$$E_2 = a\sin\omega t\sin 45^\circ = \frac{a}{\sqrt{2}}\sin\omega t \tag{8-7b}$$

通过 1/4 波片后，两束平面偏振光产生 $R = (1/4)\lambda$ 的光程差，对应的相位差 $\Delta = 2\pi R/\lambda = \pi/2$，设 E_1 超前 E_2，则有

$$E_1' = \frac{a}{\sqrt{2}}\sin\left(\omega t + \frac{\pi}{2}\right) = \frac{a}{\sqrt{2}}\cos\omega t \tag{8-8a}$$

$$E_2' = \frac{a}{\sqrt{2}}\sin\omega t \tag{8-8b}$$

将式(8-8a)和式(8-8b)分别平方后相加，消去时间 t 可得

$$(E_1')^2 + (E_2')^2 = \left(\frac{a}{\sqrt{2}}\right)^2 \tag{8-9}$$

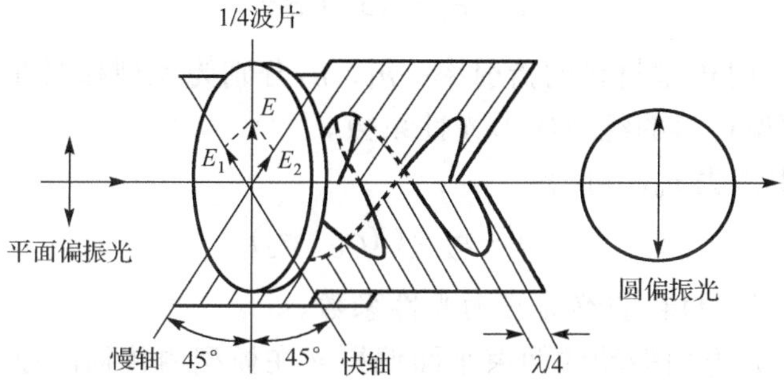

图 8-5　圆偏振光的产生

式(8-9)为圆的方程。这说明出射的光矢量大小不变，在垂直于光传播的平面上，光矢量端点的运动轨迹为一个圆，其方向随时间作等速旋转，这就是圆偏振光。图 8-6 显示了圆偏振光矢量的运动轨迹。

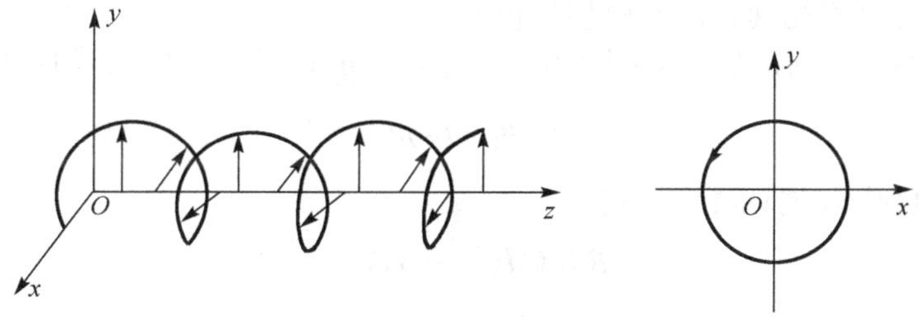

图 8-6　圆偏振光

8.2　平面应力-光性定律

8.2.1　暂时双折射

实验表明，某些塑料(或树脂)内部没有应力时，是光学各向同性的；承受外载荷内部产生应力时，就变成和晶体一样是各向异性的。因此内部有应力的塑料(或树脂)会产生双折射现象，这种双折射现象并非物体本身所固有的，当内部应力消除后，它的双折射现象就消失，仍为光学各向同性。这种现象称为暂时双折射。

8.2.2 平面应力-光性定律

当平面偏振光垂直入射到平面应力模型时，由于模型具有暂时双折射效应，光波即沿模型上入射点的主应力方向分解成两束振动方向互相垂直的平面偏振光。这两束平面偏振光在模型内部的传播速度不同，因此通过模型后就产生了光程差。

实验表明，模型上任一点的主应力与折射率有下列线性关系：

$$n_1 - n_0 = A\sigma_1 + B\sigma_2 \tag{8-10a}$$

$$n_2 - n_0 = A\sigma_2 + B\sigma_1 \tag{8-10b}$$

式中，n_0 为无应力时模型材料的折射率；n_1、n_2 分别为模型材料在 σ_1、σ_2 方向的折射率；A、B 为模型材料的绝对应力光性系数。

从式(8-10)中消去 n_0，可得

$$n_1 - n_2 = C(\sigma_1 - \sigma_2) \tag{8-11}$$

式中，$C=A-B$ 为模型材料的绝对应力光性系数。

假设沿 σ_1 和 σ_2 方向振动的两束平面偏振光在模型内传播的速度为 v_1 和 v_2，则它们通过模型的时间不同。当其中一束光刚从模型中出来时，另一束光已在空气中前进了一段距离 R，即

$$R = v(t_1 - t_2) = v\left(\frac{d}{v_1} - \frac{d}{v_2}\right) \tag{8-12}$$

式中，v 为空气中的光速；d 为模型厚度。

若以折射率 n_1、n_2 来表示，因为 $n_1 = v/v_1$，$n_2 = v/v_2$，代入式(8-12)，得

$$R = (n_1 - n_2)d \tag{8-13}$$

将式(8-11)代入式(8-13)，得

$$R = Cd(\sigma_1 - \sigma_2) \tag{8-14}$$

这就是平面光弹性实验的平面应力-光性定律。由式(8-14)可知，当模型厚度一定时，任一点的光程差与该点的主应力差成正比。

8.3 平面偏振光场中的光弹性效应分析

8.3.1 光路图

平面偏振光场装置如图 8-7 所示。装置中有两块偏振镜，靠近光源的一块偏振镜称为起偏镜，作用是从自然光获得平面偏振光；后面一块偏振镜称为检偏镜，用

来检验所通过光波的通过情况。P 和 A 分别表示起偏镜和检偏镜的偏振轴。把受力模型放在起偏镜和检偏镜之间，两偏振镜的偏振轴垂直放置形成暗场，以单色光为光源，光线垂直射入模型。设模型上 O 点的主应力 σ_1 的方向与偏振轴 A 之间的夹角为 θ。

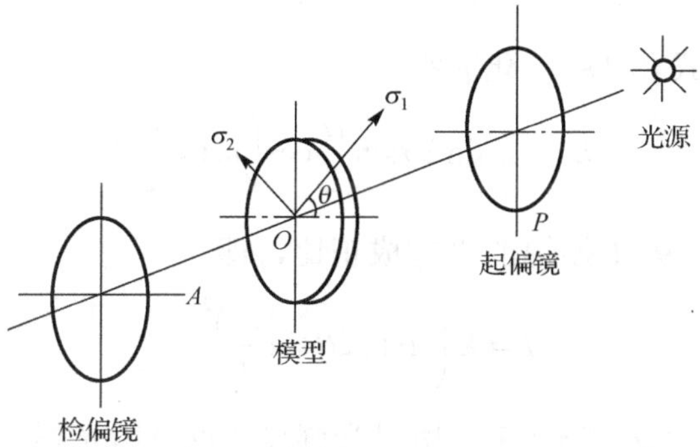

图 8-7　平面偏振光场

8.3.2　光弹性效应分析

从光源发出的单色光，通过起偏镜后为平面偏振光，设其振动方程为

$$E_P = a\sin\omega t \tag{8-15}$$

入射到模型后，由于模型的暂时双折射效应，该偏振光沿主应力 σ_1、σ_2 方向分解成两束平面偏振光(图 8-8)：

$$E_1 = a\sin\omega t\sin\theta \tag{8-16a}$$

$$E_2 = a\sin\omega t\cos\theta \tag{8-16b}$$

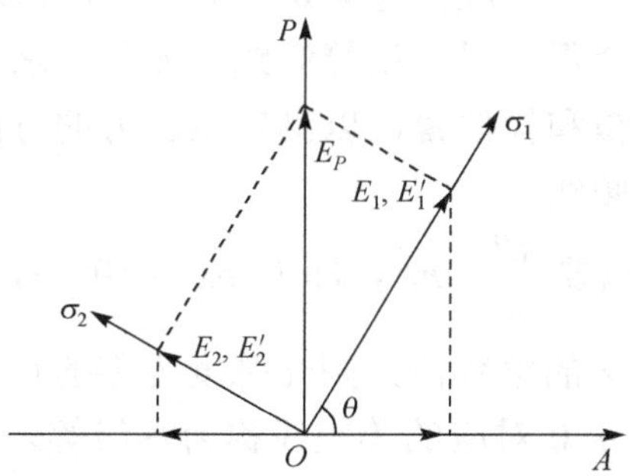

图 8-8　偏振轴与主应力方向的相对位置

上述两束平面偏振光在模型内的传播速度不同，经过模型后产生了相位差 α。设 E_2 落后于 E_1，则通过模型后的两束平面偏振光变为

$$E_1' = a\sin\theta\sin(\omega t + \alpha) \tag{8-17a}$$

$$E_2' = a\cos\theta\sin\omega t \tag{8-17b}$$

到达检偏镜 A 后，只有平行于检偏镜偏振轴的分量才能通过，所以经检偏镜合成的光波为

$$E_A = E_1'\cos\theta - E_2'\sin\theta \tag{8-18}$$

将式(8-17)代入式(8-18)，化简得

$$E_A = a\sin 2\theta\sin\frac{\alpha}{2}\cos\left(\omega t + \frac{\alpha}{2}\right) \tag{8-19}$$

光强度 I 与式(8-19)中振幅的平方成正比，即

$$I = K\left(a\sin 2\theta\sin\frac{\alpha}{2}\right)^2 \tag{8-20}$$

式中，K 为常数。因为 $\alpha = 2\pi R/\lambda$，所以光强度 I 也可用光程差表示为

$$I = K\left(a\sin 2\theta\sin\frac{\pi R}{\lambda}\right)^2 \tag{8-21}$$

式(8-21)表明，光强度 I 不仅与光程差 R 有关，还与主应力方向与检偏镜偏振轴之间的夹角 θ 有关。

由式(8-21)可以看出，使光强度 $I = 0$ 有以下两种情况。

(1) $\sin 2\theta=0$，即 $\theta = 0$ 或 $\theta = \pi/2$。这时 O 点的主应力方向与偏振轴方向一致。也就是说，凡模型上主应力方向与偏振轴方向一致的诸点，经过检偏镜之后，光均消失而呈现黑点，模型上一系列这样的点构成黑线，在这条线上每个点的主应力方向都相同，且与偏振轴方向平行，这条黑线称为等倾线。

一般来说，模型内各点的主应力方向是不同的，所以若将起偏镜和检偏镜一起转过某一相同的角度，则会得到另一组等倾线。通常取水平和垂直方向作为基准方向，逆时针同步旋转起偏镜和检偏镜，以测定主应力的方向。将转动 θ 角时得到的一组等倾线，称为 θ 角等倾线。

(2) $\sin\frac{\pi R}{\lambda} = 0$，显然只要 $\frac{\pi R}{\lambda} = n\pi$，即 $R=n\lambda$ (n=0，1，2，3，…)。这表明只要光程差 R 等于单色光波长 λ 的整数倍，则光强度为零的点形成一条黑色干涉条纹，这些条纹称为等差线。将 n=0 对应的等差线称为零级等差线，n=1 对应的等差线称为 1 级等差线，依此类推。

根据应力-光性定律式(8-14)，得

$$\sigma_1 - \sigma_2 = \frac{R}{Cd} = \frac{n\lambda}{Cd} = \frac{nf}{d} \tag{8-22}$$

式中，$f = \lambda/C$ 为与光源和模型材料相关的常数，称为模型材料条纹值，单位为

N/(m·条)，表示单位厚度的模型产生一级等差线所需要的主应力差值，其值可由实验测定。

式(8-22)是光弹性实验中计算主应力差值的基本公式。

综上所述，在平面偏振光场中，受力模型中同时呈现两组性质不同的条纹线，即等倾线和等差线，这些条纹是光弹性实验所取的最基本的资料，根据这些资料可对模型进行应力分析，前者可确定模型上各点的主应力方向，后者可确定模型上各点的主应力差值。图 8-9 为对径受压圆环在平面偏振光场下的条纹图，该条纹图中既有等倾线又有等差线。

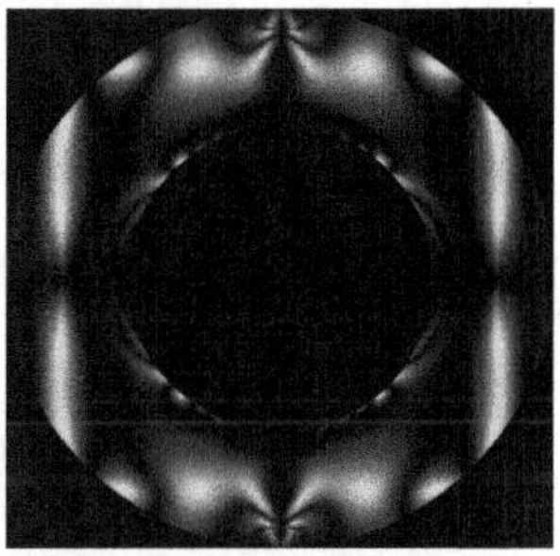

图 8-9　平面偏振光场下对径受压圆环条纹图

8.4　圆偏振光场中的光弹性效应分析

在平面偏振光场中，若采用单色光作为光源，则受力模型中同时出现两种性质的黑线，即等倾线和等差线。这两种黑线互相影响，不易区分。为了消除等倾线，只保留等差线，提高实验精度，在光弹性实验中常采用圆偏振光场。

8.4.1　暗场光弹性效应分析

圆偏振光场装置中的光学元器件、各镜轴的相对位置如图 8-10 所示。起偏镜和检偏镜的偏振轴互相垂直，两个 1/4 波片的快、慢轴互相垂直且与偏振片的偏振轴互成 45°。该圆偏振光场为暗场布置，其光效应分析如下。

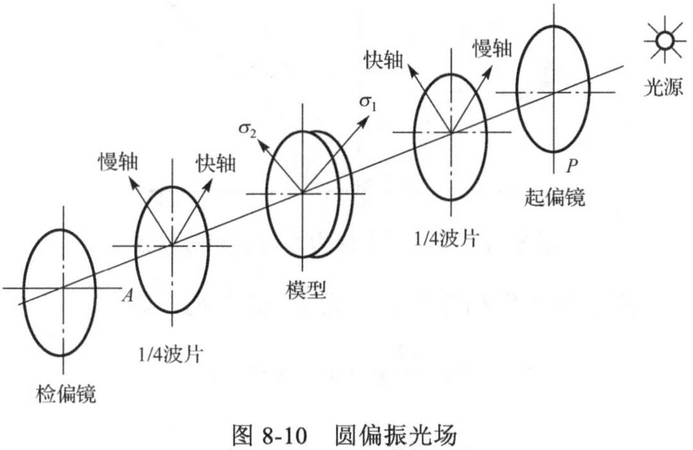

图 8-10　圆偏振光场

单色光通过起偏镜后成为平面偏振光，即

$$E_P = a\sin\omega t \tag{8-23}$$

该光到达第一块 1/4 波片时沿快、慢轴分解成两束平面偏振光，即

$$E_1 = a\sin\omega t\cos 45° = \frac{\sqrt{2}}{2}a\sin\omega t \tag{8-24a}$$

$$E_2 = a\sin\omega t\sin 45° = \frac{\sqrt{2}}{2}a\sin\omega t \tag{8-24b}$$

通过第一块 1/4 波片后，沿快、慢轴产生相位差为 π/2 的两束光，即

$$E_1' = \frac{\sqrt{2}}{2}a\sin\left(\omega t + \frac{\pi}{2}\right) = \frac{\sqrt{2}}{2}a\cos\omega t \tag{8-25a}$$

$$E_2' = \frac{\sqrt{2}}{2}a\sin\omega t \tag{8-25b}$$

这两束光合成圆偏振光，设处于此圆偏振光场中受力模型上 O 点的主应力 σ_1 与第一块 1/4 波片的慢轴成 θ 角(图 8-11)，则圆偏振光沿模型上 O 点的主应力 σ_1、σ_2 方向分解为 E_3 和 E_4，即

$$E_3 = E_1'\sin\theta + E_2'\cos\theta = \frac{\sqrt{2}}{2}a\sin(\omega t + \theta) \tag{8-26a}$$

$$E_4 = E_1'\cos\theta - E_2'\sin\theta = \frac{\sqrt{2}}{2}a\cos(\omega t + \theta) \tag{8-26b}$$

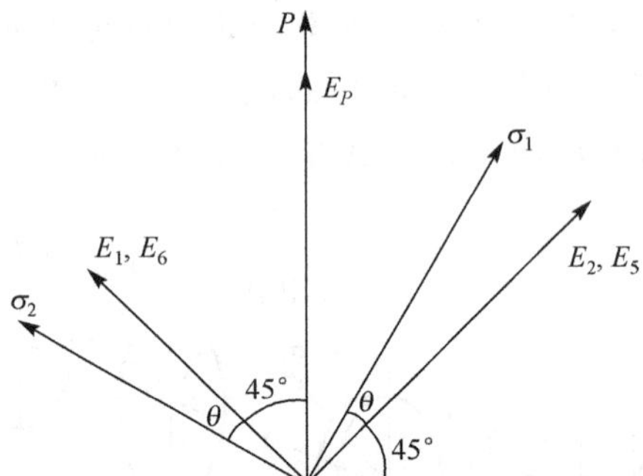

图 8-11　镜轴与主应力方向的相对位置

通过模型后，两束光产生相位差 α，设 E_3 超前 E_4，则

$$E_3' = \frac{\sqrt{2}}{2}a\sin(\omega t + \theta + \alpha) \tag{8-27a}$$

$$E_4' = \frac{\sqrt{2}}{2}a\cos(\omega t + \theta) \tag{8-27b}$$

到达第二块 1/4 波片时，这两束光沿此波片的快、慢轴分解为

$$E_5 = E_3' \cos\theta - E_4' \sin\theta = \frac{\sqrt{2}}{2} a\left[\sin(\omega t + \theta + \alpha)\cos\theta - \cos(\omega t + \theta)\sin\theta\right] \tag{8-28a}$$

$$E_6 = E_3' \sin\theta + E_4' \cos\theta = \frac{\sqrt{2}}{2} a\left[\sin(\omega t + \theta + \alpha)\sin\theta + \cos(\omega t + \theta)\cos\theta\right] \tag{8-28b}$$

通过第二块 1/4 波片后，E_5 比 E_6 超前 π/2，即

$$\begin{aligned} E_5' &= \frac{\sqrt{2}}{2} a\left[\sin\left(\omega t + \theta + \alpha + \frac{\pi}{2}\right)\cos\theta - \cos\left(\omega t + \theta + \frac{\pi}{2}\right)\sin\theta\right] \\ &= \frac{\sqrt{2}}{2} a\left[\cos(\omega t + \theta + \alpha)\cos\theta + \sin(\omega t + \theta)\sin\theta\right] \end{aligned} \tag{8-29a}$$

$$E_6' = \frac{\sqrt{2}}{2} a\left[\sin(\omega t + \theta + \alpha)\sin\theta + \cos(\omega t + \theta)\cos\theta\right] \tag{8-29b}$$

这两束光通过检偏镜 A 后，产生线偏振光，即

$$E_A = E_5' \cos 45^\circ - E_6' \sin 45^\circ = -a\sin\frac{\alpha}{2}\sin\left(\omega t + 2\theta + \frac{\alpha}{2}\right) \tag{8-30}$$

该偏振光的光强度为

$$I = K\left(a\sin\frac{\alpha}{2}\right)^2 \tag{8-31}$$

将 $\alpha = 2\pi R/\lambda$ 代入式(8-31)，得

$$I = K\left(a\sin\frac{\pi R}{\lambda}\right)^2 \tag{8-32}$$

式(8-32)表明，光强度仅与光程差 R 有关。因而消除了等倾线，而只有等差线。

图 8-12 为对径受压圆盘的等差线条纹图，图 8-13 为对角受压方块的等差线条纹图。

图 8-12　对径受压圆盘的等差线

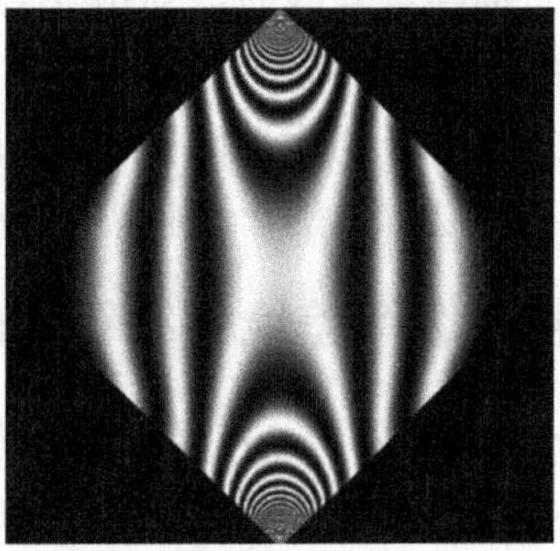

图 8-13　对角受压方块的等差线

8.4.2 亮场光弹性效应分析

在图 8-10 的布置中，将检偏镜的偏振轴 A 旋转 90°，使其与起偏镜的偏振轴 P 平行，即得亮场布置。将光弹性模型放入并加载，从检偏镜射出的合成光为

$$E_A = (E_5' + E_6')\cos 45° = a\cos\frac{\alpha}{2}\cos\left(\omega t + \frac{\alpha}{2}\right) = a\cos\frac{\pi R}{\lambda}\cos\left(\omega t + \frac{\pi R}{\lambda}\right) \quad (8\text{-}33)$$

所以光强度为

$$I = K\left(a\cos\frac{\pi R}{\lambda}\right)^2 \quad (8\text{-}34)$$

令光强度 $I = 0$，得 $\cos\frac{\pi R}{\lambda} = 0$，有 $\frac{\pi R}{\lambda} = \frac{m}{2}\pi$，故

$$R = \frac{m}{2}\lambda \quad (m = 0,1,3,\cdots) \quad (8\text{-}35)$$

即在圆偏振光场亮场中，发生消光(即 I=0)的条件是光程差 R 为半波长的奇数倍，产生的等差线为半数级，即分别为 0.5 级，1.5 级，2.5 级，…。

8.5 等差线条纹级数的确定

8.5.1 白光下的等差线

由于单色光的波长是唯一的，在偏振光场中如果光源是单色光，则等差线为明暗相间的黑色条纹。白光是由多种颜色不同波长的光组合而成的，若用白光作光源，等差线只有零级是永久性黑色条纹，其他非零级等差线条纹都是彩色的，因此等差线也叫等色线。

用白光描绘等差线时，对应 1 级和 2 级等差线，常以红色到绿色之间的过渡色紫色作为整数级条纹的分划线；3 级和 4 级等差线，以粉红色与淡绿色之间的过渡颜色作为整数级条纹的分划线；而 4 级以上的等差线条纹由于颜色很淡，往往显得很模糊，实际上是不容易辨认的，这就需要使用单色光光源，这时可以得到清晰的等差线条纹。

8.5.2 整数级等差线条纹级数的确定

在圆偏振光场中，若受力模型呈现以暗场为背景的等差线图，则各条纹的级数为整数级，即 n=0，1，2，…。n=0 对应的条纹级数为零级。根据受力模型中应力变化的连续性，可以断定等差线条纹级数也是连续的。只要确定了零级条纹就可按顺序确定其他级数。

零级条纹的判别方法有以下几个。

(1) 采用白光光源，在圆偏振光场中出现的黑色条纹，属于零级条纹。因其光程差为零，对于任何波长的光均发生消光，所以形成黑色条纹；其他非零级条纹，其光程差不为零，所以均为彩色条纹。

(2) 各向同性点。在模型内部 $\sigma_1=\sigma_2$ 的点，如对径受压圆环水平直径上的两个黑点就是各向同性点，其特点是周围的等差线形成封闭曲线(图 8-14)。

(3) 零应力点。对角受压方块模型自由方角上的两点(图 8-13)，因其 $\sigma_1=\sigma_2=0$，即零应力点，所以对应的条纹级数 $n=0$。

(4) 奇点。这是出现在自由边界上 $\sigma_1=\sigma_2=0$ 的零应力点。如图 8-14 中 A、B、C、D、E、F、G、H 各点皆为奇点。其特点是周围条纹不形成封闭曲线，奇点两侧的边界切向应力必定异号。

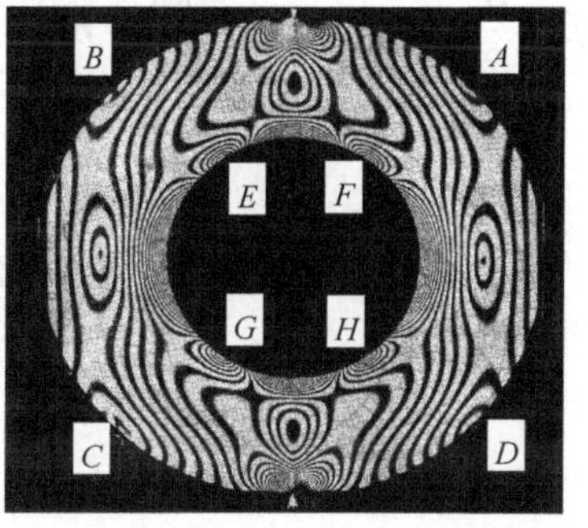

图 8-14　对径受压圆环的等差线

以上三类特征点(各向同性点、零应力点和奇点)又称为永久性黑点。在确定零级条纹时，应注意区别永久性黑点与暂时性黑点(发源点与隐没点)。前者才是零级点，后者并非零级点，它随外载荷的增加或减少时而变暗，时而变亮。

8.5.3　非整数级等差线条纹级数的确定

1. 插值法

将暗场与明场下的等差线条纹图叠加，便可获得一张 0，0.5，1，1.5，…级数的等差线条纹图。若被测点附近等差线条纹比较密，则可用内插法或外推法，以求得不在整数级条纹上的被测点的分数级条纹。

2. 旋转检偏镜法

采用双正交圆偏振布置(图 8-10 和图 8-11)，两偏振镜的偏振轴 P 和 A 分别与被测点的两个主应力方向重合。此时单色光由第二块 1/4 波片射出的光波分量为 E_5' 和 E_6'，其中 $\theta=45°$。若将检偏镜的偏振轴 A 转 β 角到 A'位置(图 8-15)，则通过检偏镜后的偏振光为

$$E_A'=E_5'\cos(45°-\beta)-E_6'\cos(45°+\beta) \tag{8-36}$$

即

$$E_A'=a\sin\left(\beta+\frac{\alpha}{2}\right)\cos\left(\omega t+\frac{\alpha}{2}\right) \tag{8-37}$$

所以

$$I = K\left[a\sin\left(\beta + \frac{\pi}{2}\right)\right]^2 \tag{8-38}$$

由光强度计算公式(8-38)可知，要使被测点 O 成为黑点，则 $\sin\left(\beta + \frac{\alpha}{2}\right)=0$，即 $\beta + \frac{\alpha}{2} = n\pi$，或 $\beta + \frac{\pi R}{\lambda} = n\pi$。因此

$$\frac{R}{\lambda} = n - \frac{\beta}{\pi} \tag{8-39}$$

若被测点的等差线条纹级数为 n_0，则有

$$n_0 = \frac{R}{\lambda} = n - \frac{\beta}{\pi} \tag{8-40}$$

设被测点条纹级数为 n_0，在整数条纹级数 $(n-1)$ 和 n 之间(图 8-16)。在操作过程中，若检偏镜向一方向偏转 β_1 角，则高级数级 n 向该点靠近，被测点的条纹级数为

$$n_0 = n - \frac{\beta_1}{\pi} \tag{8-41}$$

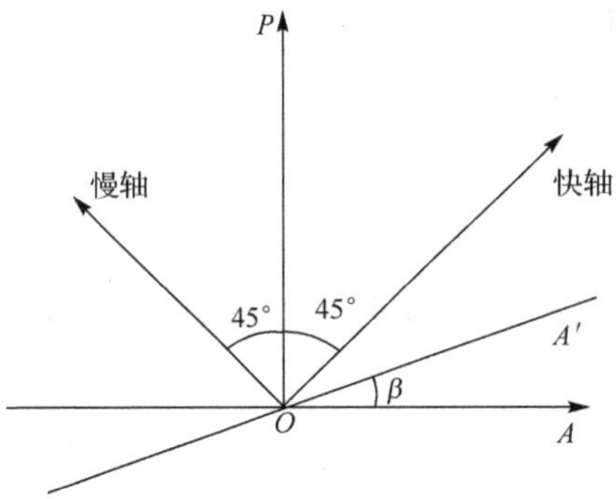

图 8-15 旋转检偏镜法镜片位置

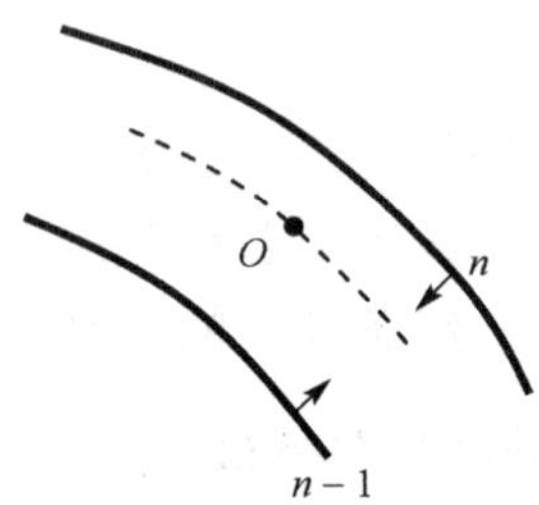

图 8-16 非整数级等差线条纹的测量

若反方向旋转 β_2 角，则低级数级 $(n-1)$ 移至被测点，被测点的条纹级数为

$$n_0 = (n-1) + \frac{\beta_2}{\pi} \tag{8-42}$$

补偿步骤如下：

(1) 确定被测点 O 条纹级数所处范围，如 $n-1<n_0<n$ (图 8-16)。

(2) 以白光作光源，在正交平面偏振场中，同步旋转起、检偏镜，直到某一条等倾线通过该点，确定被测点主应力方向。

(3)将光路系统设置为双正交圆偏振光场。

(4)使用单色光，同步旋转起、检偏镜，使起、检偏镜的偏振轴与该点的主应力方向重合。

(5)单独旋转检偏镜，观察各条等差线的移动，当被测点相邻的整数级等差线 n 移到该点时，记下检偏镜旋转的角度 β_1，按式(8-41)计算被测点的条纹级数；若与被测点相邻的 n–1 级条纹移到被测点，相应检偏镜的转角为 β_2，则按式(8-42)计算被测点的条纹级数。

8.6　等倾线观测

8.6.1　等倾线的特征

为了迅速、正确地获得满意的等倾线图，了解等倾线的一些特征是非常必要的。

1. 自由曲线边界上的等倾线

不承受外载荷作用的边界称为自由边界。对于自由曲线边界上的某点，曲线的切线和法线方向就是该点的主应力方向。若等倾线与边界相交，则交点处模型边界的切线和法线与水平轴的夹角即为该点等倾线的角度。

例如，在图 8-17 所示的对径受压圆盘的等倾线图中，观察其 10° 及 20° 的等倾线，这两条等倾线与边界上的 A、B 点相交，则 A、B 点上的法线与水平线的夹角分别为 10° 及 20° 。

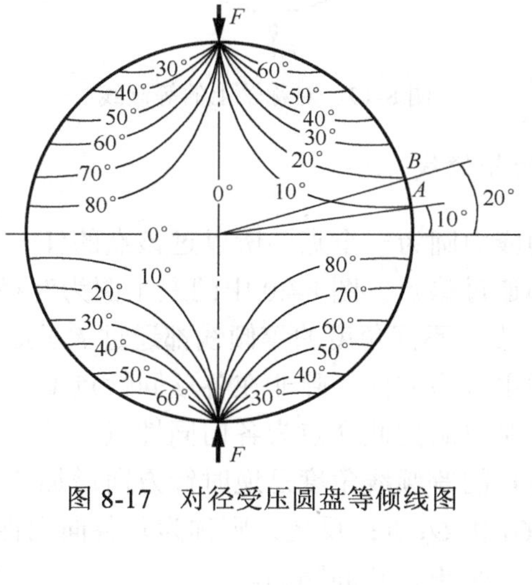

图 8-17　对径受压圆盘等倾线图

2. 直线边界上的等倾线

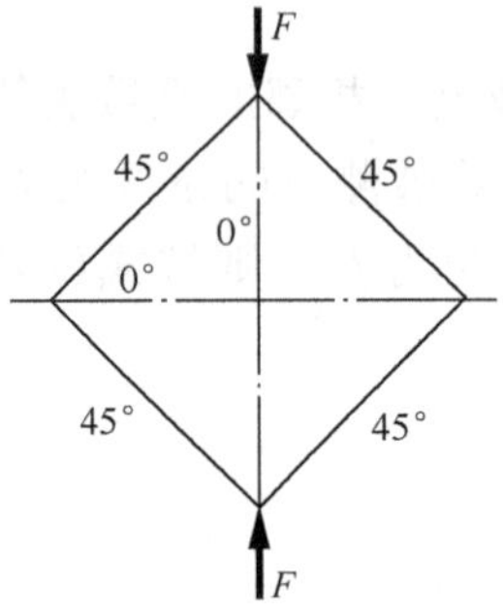

图 8-18　对角受压方块边界的等倾线

自由的或只受法向载荷的直线边界，由于边界上各点无切应力，边界线即为应力主轴(即主应力方向)，所以边界本身就是某一角度的等倾线。等倾线的度数为直线边界与水平线的夹角。例如，图 8-18 所示的对角受压方块的四条边界即为 45° 等倾线。

3. 对称轴上的等倾线

当几何形状和载荷都关于模型的某轴线对称时，则该对称轴为模型的应力主轴，即该轴是一条等倾线。例如，图 8-19 中所示模型的 x、y 轴就是 0° 等倾线，其他对称轴的等倾线度数可由该对称轴与水平轴线的夹角来确定。

对称轴两侧的等倾线图案相同，对称点上的等倾线度数之和等于 90°（图 8-17）。

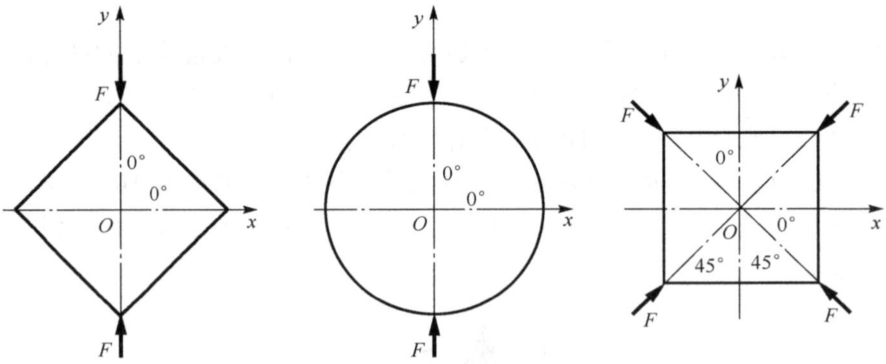

图 8-19　对称轴上的等倾线

4. 各向同性点上的等倾线

由于各向同性点的应力圆为一个点，所以过该点的任一方向都是主应力方向，即不同角度的等倾线都通过该点。图 8-20 中的左半图为对径受压圆环的等倾线图，其中的 K 点为各向同性点，不同角度的等倾线都通过 K 点。

等倾线表示一点的主应力方向，除非在各项同性点上，一般不相交。因此，遇到等倾线相交的情况，必可断定此交点为各向同性点。

如果通过各向同性点的等倾线角度是逆时针方向增加的，则该点称为正各向同性点，如图 8-21 中的 O_1 和 O_3 点；反之，则称为负各向同性点，如图 8-21 中的 O_2 点。等倾线上各向同性点是正、负间隔的。

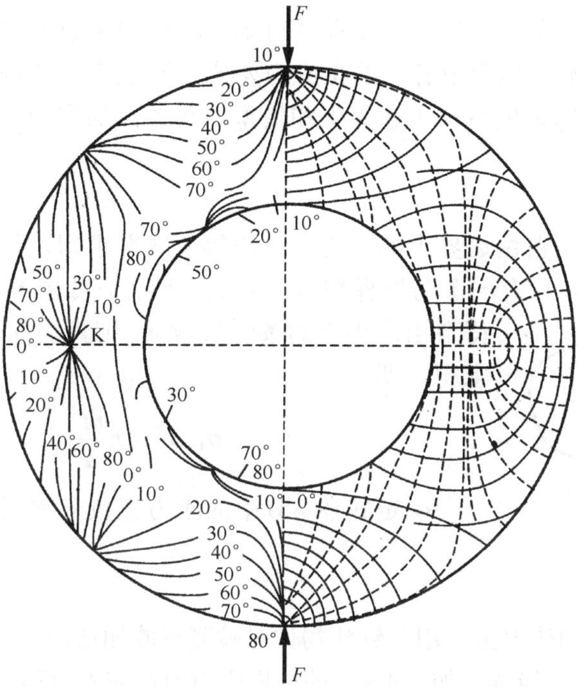

图 8-20　对径受压圆盘的等倾线和主应力迹线

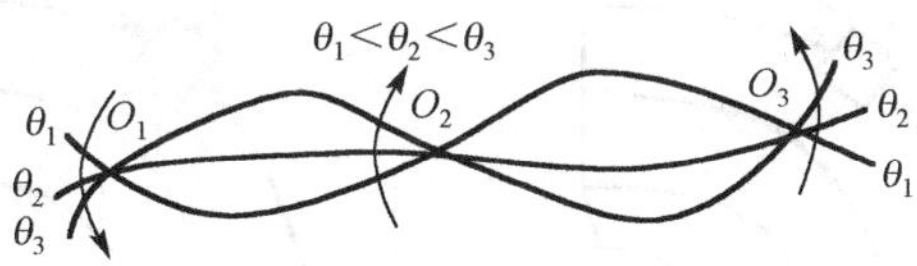

图 8-21　正负各向同性点

8.6.2　等倾线绘制

绘制等倾线图时，采用光源为白光的平面偏振光场，在此光场中受力模型的等差线条纹是彩色的(零级条纹除外)，而等倾线是黑色条纹。

通常，起偏镜和检偏镜的偏振轴分别以水平和垂直位置为基准，这时模型上出现的是 0° 等倾线，该等倾线上各点的主应力方向之一与水平方向平行。其他不同角度的等倾线只需逆时针同步旋转起偏镜及检偏镜即可获得。例如，每隔一定角度，描绘出对应的等倾线，并标明其倾角度数。

8.7　平面光弹性应力计算

平面问题(平面应力问题和平面应变问题)的应力可用平板的光弹性模型分析，这种方法称为平面光弹性。由光弹性实验方法可得到两组数据，一组为等倾线角度

θ，另一组为等差线条纹级数 n。由前者可确定模型中各点的主应力方向，由后者依据式(8-22)仅可确定模型中各点的主应力差值，不能直接获得任意点的应力值。本节主要介绍如何确定模型自由边界上和模型内部各点的应力。

8.7.1 边界应力

平面光弹性模型自由边界上的应力，可由等差线图求得。模型自由边界上任一点法向主应力为零，只有一个与边界切线同向的主应力，如图 8-22 中的 A 点。若测得自由边界点的条纹级数 n，则其切向主应力可由式(8-22)求得，即

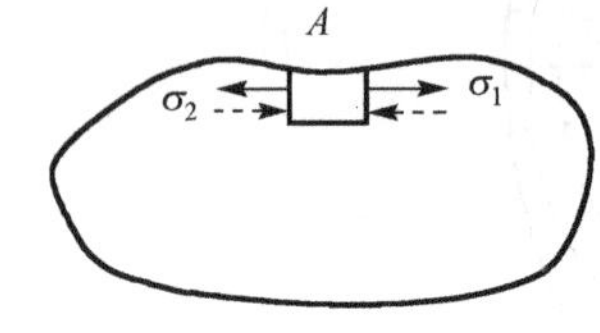

图 8-22　边界应力

$$\sigma_1, \sigma_2 = \pm \frac{nf}{d} \tag{8-43}$$

确定式(8-43)中的应力正负号常用的方法有两种。

1. 钉压法

在垂直于模型的边界上，用一钉状物体对被测点施加法向压力，同时观察该点条纹级数的变化。若条纹级数增加，则该点的边界应力为拉应力，反之为压应力(图 8-23)。

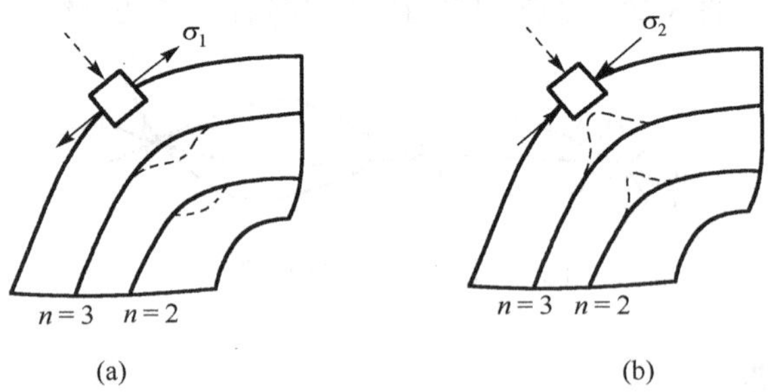

图 8-23　钉压法判断自由边界的应力符号

2. 拉伸试件补偿器法

用一个光弹性材料制作的拉伸试件补偿器叠加在模型自由边界上的被测点上，使其拉伸方向与边界切线方向一致。施加拉力观察条纹级数的变化，若条纹级数增加，则边界应力为拉应力；若条纹级数减少，则边界应力为压应力。

8.7.2 内部应力

平面模型内部各点均处于二向应力状态，由等差线和等倾线能求得各点的主应力差值及主应力方向，但各点两个主应力的大小和对应方向还需配合其他方法才能解决。目前常用的方法有求主应力和法、切应力差法和斜射法。下面主要介绍切应力差法。

切应力差法是利用平面光弹性实验得到的等差线和等倾线，结合平面弹性力学问题中的平衡微分方程来确定出模型某一截面上的应力分布。

1．切应力的计算

由弹性力学知，平面应力状态的单元体上任一斜截面上的切应力 τ_{xy} 为

$$\left|\tau_{xy}\right| = \frac{1}{2}(\sigma_1 - \sigma_2)\sin 2\theta \tag{8-44}$$

式中，θ 为 σ_1 的方向与 x 轴的夹角(图 8-24)，即等倾线的角度，规定自 x 轴逆时针方向转到 σ_1 为正。

将式(8-22)代入式(8-44)，得

$$\left|\tau_{xy}\right| = \frac{1}{2}\frac{nf}{d}\sin 2\theta \tag{8-45}$$

切应力符号按弹性力学规定确定。

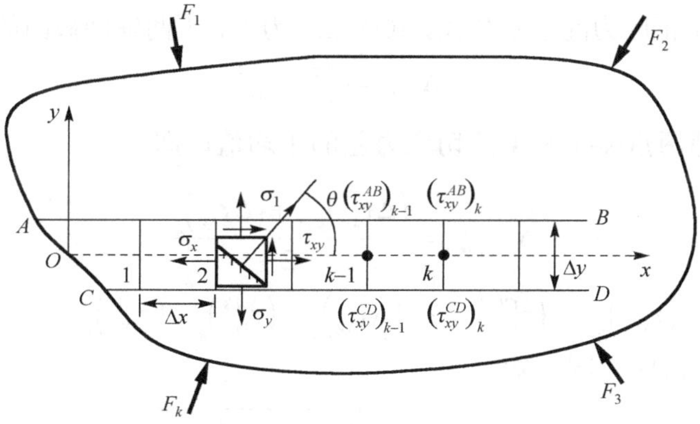

图 8-24　切应力差法的计算

2．正应力 σ_x、σ_y 的计算

根据弹性力学中平面问题的平衡微分方程，当忽略体积力时，有

$$\frac{\partial \sigma_x}{\partial x} + \frac{\partial \tau_{xy}}{\partial y} = 0 \tag{8-46a}$$

$$\frac{\partial \tau_{xy}}{\partial x} + \frac{\partial \sigma_y}{\partial y} = 0 \tag{8-46b}$$

将式(8-46a)沿 x 轴从原点 O 到计算点 k 积分，得

$$(\sigma_x)_k = (\sigma_x)_O - \int_O^k \frac{\partial \tau_{xy}}{\partial y}\mathrm{d}x \tag{8-47}$$

式中，$(\sigma_x)_k$ 表示计算点 k 的 σ_x 值；$(\sigma_x)_O$ 表示原点 O 的 σ_x 值；$\dfrac{\partial \tau_{xy}}{\partial y}$ 表示切应力沿 y 轴的变化率。

将式(8-47)中的积分式用有限差分的代数和代替，得

$$(\sigma_x)_k = (\sigma_x)_O - \sum_O^k \frac{\Delta \tau_{xy}}{\Delta y} \Delta x \tag{8-48}$$

式中，$\Delta\tau_{xy}$ 表示在分段区间 Δx 内切应力 τ_{xy} 沿 Δy 的增量。

由式(8-48)可知，如要计算某一截面 Ox 上的正应力 σ_x，必须先在该截面的上、下作相距为 Δy 的两辅助截面 AB 和 CD，并将 Ox 轴等分成若干份。然后就可从边界点 O(O 点的值已知)开始，逐点求取各分点的 σ_x 值。若间距为 Δx 的相邻两点为 $k-1$ 和 k，则 k 点的 σ_x 值可写为

$$(\sigma_x)_k = (\sigma_x)_{k-1} - \Delta \tau_{xy} \big|_{k-1}^{k} \frac{\Delta x}{\Delta y} \tag{8-49}$$

式(8-49)为求正应力的基本公式。式中 $\Delta\tau_{xy}$ 为上、下两辅助截面的切应力差值，即

$$\Delta \tau_{xy} = \tau_{xy}^{AB} - \tau_{xy}^{CD} \tag{8-50}$$

$\Delta \tau_{xy} \big|_{k-1}^{k}$ 表示相邻两点 $k-1$ 和 k 的切应力差的平均值，即

$$\Delta \tau_{xy} \big|_{k-1}^{k} = \frac{\left(\Delta \tau_{xy}\right)_{k-1} + \left(\Delta \tau_{xy}\right)_k}{2} \tag{8-51}$$

式中，$\left(\Delta \tau_{xy}\right)_{k-1} = \left(\tau_{xy}^{AB}\right)_{k-1} - \left(\tau_{xy}^{CD}\right)_{k-1}$；$\left(\Delta \tau_{xy}\right)_k = \left(\tau_{xy}^{AB}\right)_k - \left(\tau_{xy}^{CD}\right)_k$。

算得 σ_x 后，由应力圆可知

$$\sigma_1, \sigma_2 = \frac{\sigma_x + \sigma_y}{2} \pm \sqrt{\left(\frac{\sigma_x - \sigma_y}{2}\right)^2 + \tau_{xy}^2} \tag{8-52}$$

或

$$\sigma_y = \sigma_x - (\sigma_1 - \sigma_2)\cos 2\theta \tag{8-53}$$

由式(8-52)得

$$\sigma_y = \sigma_x \pm \sqrt{(\sigma_1 - \sigma_2)^2 - 4\tau_{xy}^2} \tag{8-54}$$

将式(8-22)代入式(8-54)及式(8-53)得

$$\sigma_y = \sigma_x \pm \sqrt{\left(\frac{nf}{d}\right)^2 - 4\tau_{xy}^2} \tag{8-55}$$

或

$$\sigma_y = \sigma_x - \frac{nf}{d}\cos 2\theta \tag{8-56}$$

式中，n 为 Ox 轴上各点的等差线条纹级数；τ_{xy} 为由式(8-45)算得的 Ox 轴上各点的切应力；σ_x 为由式(8-49)算得的 Ox 轴上各点的正应力。

式(8-55)中正负号的选择，视 σ_x、σ_y 两者的大小而定。设该点的应力状态中 τ_{xy} 方向如图 8-25 所示，此时 $\theta < 45°$，$\sigma_y < \sigma_x$，则

$$\sigma_y = \sigma_x - \sqrt{\left(\frac{nf}{d}\right)^2 - 4\tau_{xy}^2} \tag{8-57a}$$

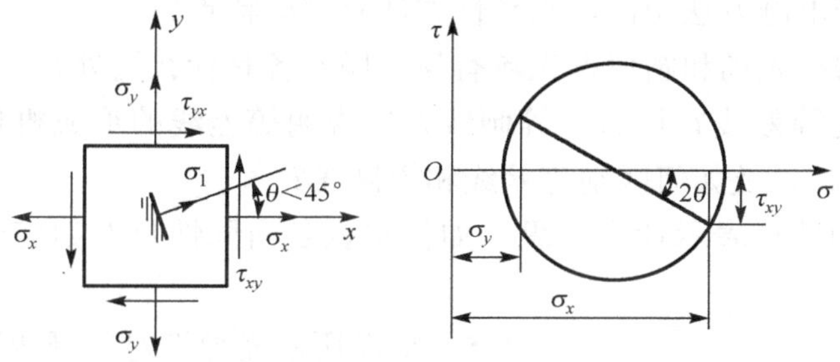

图 8-25　$\sigma_y < \sigma_x$ 情况

若设 τ_{xy} 方向如图 8-26 所示，此时 $\theta > 45°$，$\sigma_y > \sigma_x$，则

$$\sigma_y = \sigma_x + \sqrt{\left(\frac{nf}{d}\right)^2 - 4\tau_{xy}^2} \tag{8-57b}$$

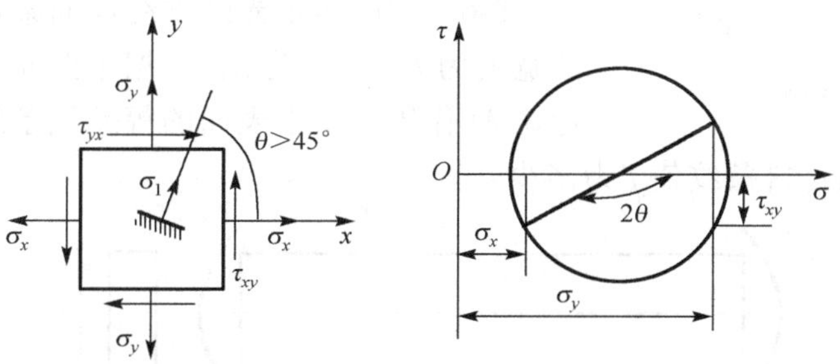

图 8-26　$\sigma_y > \sigma_x$ 情况

还应当指出，如果切应力 τ_{xy} 方向与图 8-25 和图 8-26 中相反，则以上结论正好相反。

3. 主应力 σ_1 和 σ_2 的确定

根据 $\sigma_x + \sigma_y = \sigma_1 + \sigma_2$，得

$$\sigma_1=\frac{(\sigma_x+\sigma_y)+(\sigma_1-\sigma_2)}{2}=\frac{(\sigma_x+\sigma_y)+\dfrac{nf}{d}}{2} \tag{8-58a}$$

$$\sigma_2=\frac{(\sigma_x+\sigma_y)-(\sigma_1-\sigma_2)}{2}=\frac{(\sigma_x+\sigma_y)-\dfrac{nf}{d}}{2} \tag{8-58b}$$

习　　题

8-1　与应变电测方法相比，光弹性方法有哪些特点？

8-2　平面偏振光场和圆偏振光场有何不同？各有什么用处？

8-3　什么是等差线？什么是等倾线？试说明等差线的形成机理与等倾线的形成机理有何不同，以及如何区别等差线和等倾线？

8-4　各向同性点表示什么意思？如何辨认各向同性点？如何判定各向同性点的正负？

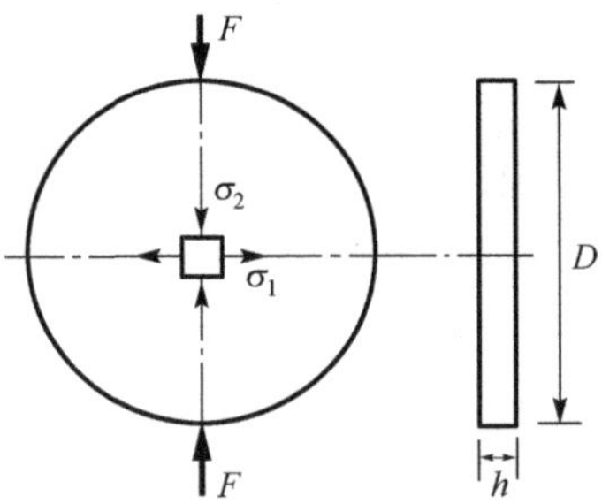

习题 8-5 图

8-5　如图所示光弹性对径受压圆盘模型试件，其圆心处的应力为 $\sigma_1=\dfrac{2F}{\pi Dh}$，$\sigma_2=-\dfrac{6F}{\pi Dh}$，$D$ 为圆盘直径，h 为圆盘厚度，在对径压力 F 作用下，根据光弹性实验测得圆心处的等差线条纹级数为 n_1，则该光弹性材料的材料条纹值 f 为多少？

8-6　如图所示光弹性纯弯曲梁模型试件，模型的宽度为 b，高度为 h，根据平面光弹性实验测得在弯矩 M 作用下梁上表面的等差线条纹级数为 n_1，则该光弹性材料的材料条纹值 f 为多少？

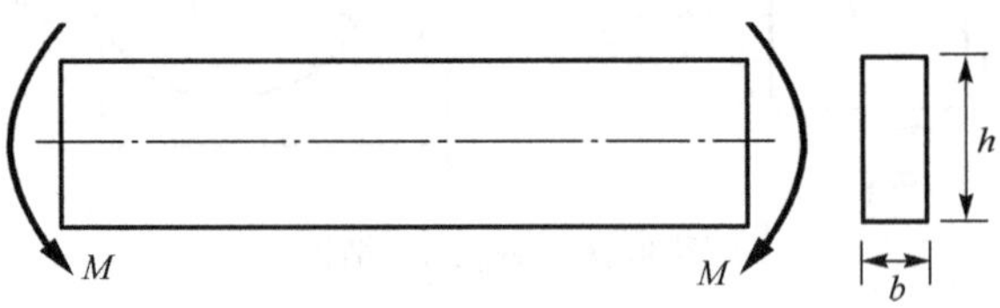

习题 8-6 图

8-7　矩形截面光弹性模型梁及其加载如图(a)所示，梁中段为纯弯曲，在圆偏振光场中，梁中段的等差线条纹图如图(b)所示，现测得距中性轴为 h_1 处测点的等差线条纹级数为 n_1，则该光弹性材料的材料条纹值 f 为多少？(其中 F、a、b、h、h_1 均已知)

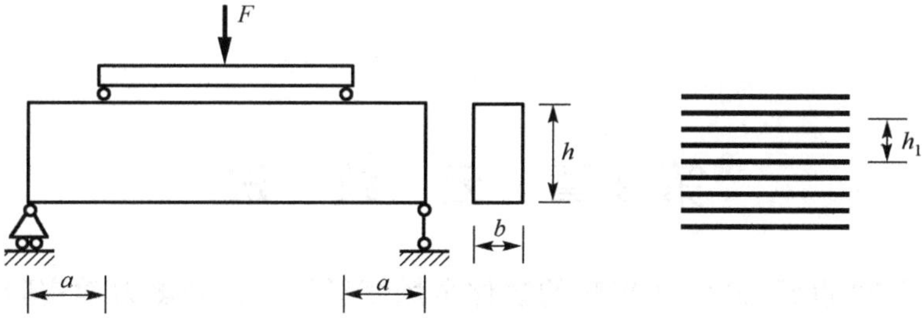

习题 8-7 图

第 9 章　云　纹　法

云纹法是 20 世纪 60 年代兴起的物体全场变形的一种光测力学实验方法，在国外称为 Moiré(莫尔)法。相传法国人把古代中国丝绸上的花纹图案称为莫尔，故由此得名。该方法是利用两个几何条案图形(光栅)叠加时因挡光不同而产生明暗相间的条纹，根据条纹间距确定物体表面几何变形的一种实验方法。

9.1　概　　述

云纹法测量的基本元器件是光栅，云纹光栅是由透明和不透明相间的平行等距线条所组成，组成光栅的不透明线条称为栅线，两栅线之间的间隙称为栅缝。其中两相邻栅线的中线距离称为节距 p，单位长度包含的栅线数目称为栅线密度(图 9-1)。

图 9-1　云纹光栅示意图

常用的光栅有平行栅、正交栅、三角形栅、射线栅、曲面栅等。

实验时，一般采用机械或光学方法同时制备两个完全相同的平行光栅，其中一个光栅置于试件表面，称为试件栅，试件栅随试件一起变形；另一个不发生变形的光栅称为基准栅(或分析栅)。当试件栅发生栅线节距增大或减小，或两栅的栅线发生相对转动时，会形成图 9-2 所示明暗相间的条纹，这些条纹称为云纹。显然由此而产生的云纹图像和节距的变化及栅线的相对转动角度存在着几何关系。

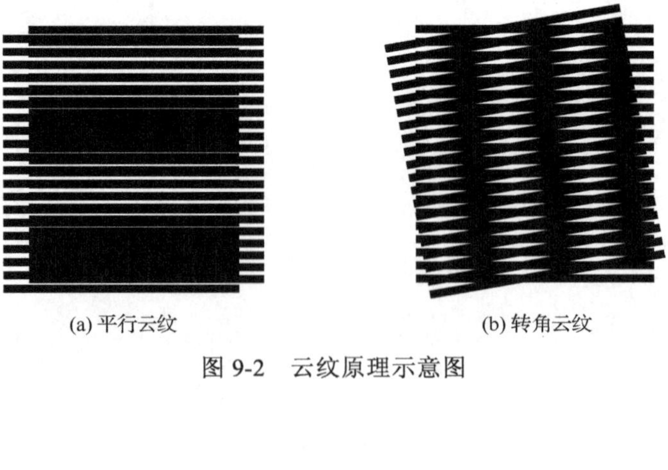

(a) 平行云纹　　(b) 转角云纹

图 9-2　云纹原理示意图

9.2　云纹法应变测量基本原理

用云纹法测量应变时，首先建立云纹与应变之间的基本关系式，然后对试件变形而产生的云纹图像进行测量，利用这些关系式来确定试件的应变。建立云纹与应变之间的关系有两种方法：一种称为几何法，另一种称为位移导数法。前一种是利用几何关系从云纹图像中求应变，后一种是利用云纹所表示的等位移线求应变。

9.2.1　几何法

在几何法中，应变分析的方法是以几何量分析为基础的，可以得到线应变和切应变，直观、简单，用于均匀应变场的测试是非常方便的。

1. 轴向拉伸(或压缩)时的线应变测量

可采用平行云纹法或转角云纹法来测量轴向拉伸或压缩时的线应变。

1) 平行云纹法

将试件栅和基准栅的栅线与被测线应变(拉伸或压缩)方向垂直放置，设基准栅和试件栅的节距相等。当线应变为零时，无云纹条纹产生。当试件产生轴向拉伸或压缩线应变时，则会出现明暗相间的条纹(图 9-2(a))。

当拉伸试件时，试件栅的节距增加，由 p 变为 p'，于是试件栅相对于基准栅产生了相对的位移，如图 9-3 所示。假设试件变形后，d 位置的试件栅的栅线 0′与基准栅的栅线 0 重合。那么，试件栅的栅线 1′将相对于基准栅向右移动一段距离 Δp；试件栅的栅线 2′将相对于基准栅向右移动 $2\Delta p$。同理栅线 6′相对于基准栅向右移动了 $6\Delta p$。如果 $6\Delta p=p$，则试件栅与基准栅在 e 位置处重合。于是，试件栅的栅线 3′相对于基准栅的栅线向右移动了 $3\Delta p=p/2$，故知试件栅的栅线 3′正落在基准栅的两栅线之间(图中 a、b、c 位置都属于这种情况)。在 a、b、c 位置附近，入射光被基准栅和试件栅阻光最多，于是在此处形成暗条纹。从 a 到 d 的各位置，入射光通过基准栅和试件栅的光逐渐增加。在 d、e 位置，入射光被基准栅和试件栅阻光最少，于是形成明条纹。

设两条相邻明条纹之间的距离为 f，则在变形前试件上 $f-p$ 的距离内，试件伸长了一个节距的长度 p，故试件的拉应变为

$$\varepsilon=\frac{p}{f-p} \tag{9-1}$$

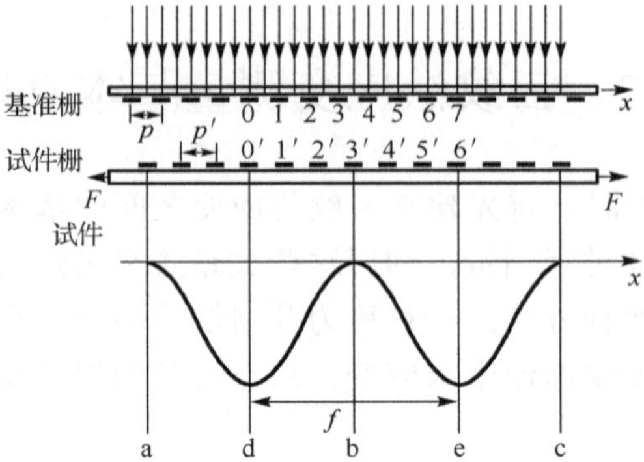

图 9-3　平行云纹法

对于试件压缩变形时，类似地可得到压应变为

$$\varepsilon = \frac{p}{f+p} \tag{9-2}$$

由于 $p \ll f$ ，因此式(9-1)和式(9-2)可简化为

$$\varepsilon \approx \frac{p}{f} \tag{9-3}$$

注意：如果是非均匀拉伸(或压缩)变形，则表示的是两相邻云纹之间长度上的平均线应变。

无论试件在拉伸或压缩时，p 和 f 均为正值，因此从式(9-3)无法判断该应变是拉应变还是压应变。可以采用微转基准栅的方法，根据云纹条纹的转向判断应变的正负(图 9-4)。

在两栅栅线平行时，所得云纹为平行云纹；转动基准栅时，则两栅栅线互相交叉，交叉点的连线形成明条纹，则由原来的平行云纹转变为倾斜的转角云纹，如图 9-4 所示。

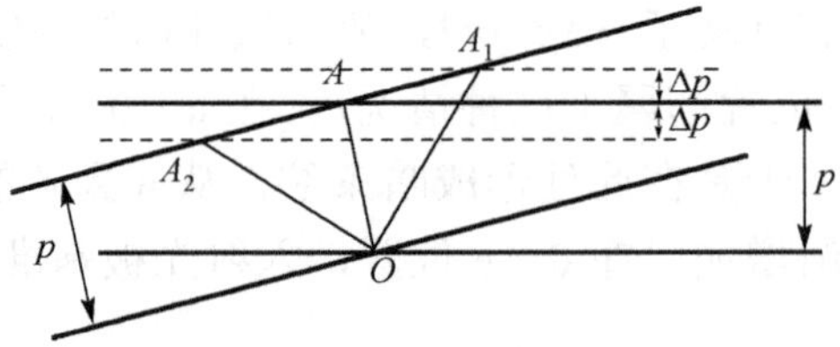

图 9-4　轴向应变正负判断的几何分析示意图

当 $\varepsilon = 0$(即 $p' = p$)时，当基准栅作微小转动时，栅线交叉点形成的云纹 OA 不发生转动，云纹之间仅有稀密的平行移动。

当 $\varepsilon > 0$(即 $p' = p + \Delta p$)时，当基准栅作微小转动时，栅线交叉点形成的云纹 OA_1 发生转动，其转动方向与基准栅转动方向一致。

当 $\varepsilon<0$（即 $p'=p-\Delta p$）时，当基准栅作微小转动时，栅线交叉点形成的云纹 OA_2 发生转动，其转动方向与基准栅转动方向相反。

因此，只要转动基准栅，便可判断应变的正负。

2）转角云纹法

将试件栅与拉伸或压缩方向相互垂直放置，基准栅与试件栅交叉放置，两栅之间夹角为 θ，$\theta\approx0.2°\sim0.35°$。从图 9-2（b）中可以看出，两栅栅线交叉点连线形成明条纹，明条纹之间为暗条纹。设试件栅未变形前云纹条纹为 AB，节距为 p，试件拉伸变形后云纹条纹为 AB'，节距为 p'，如图 9-5 所示。云纹条纹与基准栅的栅线夹角为 φ，并令 θ 和 φ 逆时针方向为正，顺时针方向为负，根据图 9-5 几何关系可得

$$\varepsilon=\frac{p'-p}{p}=\frac{p'}{p}-1 \tag{9-4}$$

在 $\triangle AB'C$ 和 $\triangle AB'D$ 中，$\sin(\varphi+\theta)=\dfrac{B'C}{AB'}=\dfrac{p'}{AB'}$，$\sin\varphi=\dfrac{B'D}{AB'}=\dfrac{p}{AB'}$，则

$$\frac{p'}{p}=\frac{\sin(\varphi+\theta)}{\sin\varphi} \tag{9-5}$$

将式（9-5）代入式（9-4），得

$$\varepsilon=\frac{\sin(\varphi+\theta)}{\sin\varphi}-1 \tag{9-6}$$

式（9-6）为转角云纹与应变的关系式，θ 为已知，因此只要测出 φ 角，便可求得 ε 值。与平行云纹法不同，只要按照上述规定，θ 和 φ 逆时针方向为正，顺时针方向为负，求得的应变正号即为拉应变，负号即为压应变。

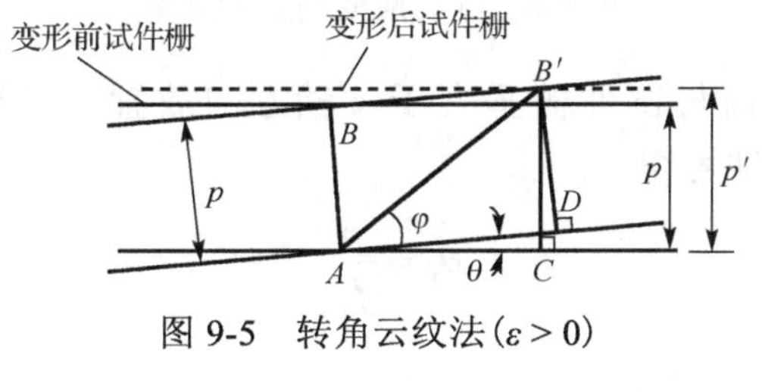

图 9-5　转角云纹法（$\varepsilon>0$）

2. 纯切应变的测量

根据切应变的定义，在试件中原来相交成直角两线段的夹角改变量为切应变，即 $\gamma_{xy}=\theta_x+\theta_y$，$\theta_x$ 和 θ_y 使直角变小为正，反之为负。云纹方法是先将 θ_x 和 θ_y 分别测出后再相加求得切应变 γ_{xy}。

在测量纯切应变时，分两步进行。第一步，将基准栅与试件栅平行于 x 轴方向放置，当试件栅发生剪切变形时(图 9-6(a))，θ_y 仅使试件栅沿 x 方向移动而不产生云纹。θ_x 使试件栅栅线相对于基准栅发生倾斜，因此产生云纹。由图 9-6(a)可知，栅线交点连线形成明条纹，设此时两栅节距都为 p，AC 垂直于 BC，$\angle BAC=\theta_x$，则可得出

$$\sin\theta_x=\frac{BC}{AB}=\frac{p}{f_x} \tag{9-7}$$

如果 θ_x 很小，则式(9-7)可写成

$$\theta_x=\frac{p}{f_x} \tag{9-8}$$

式中，f_x 为水平栅线方向上两相邻云纹间的截距。

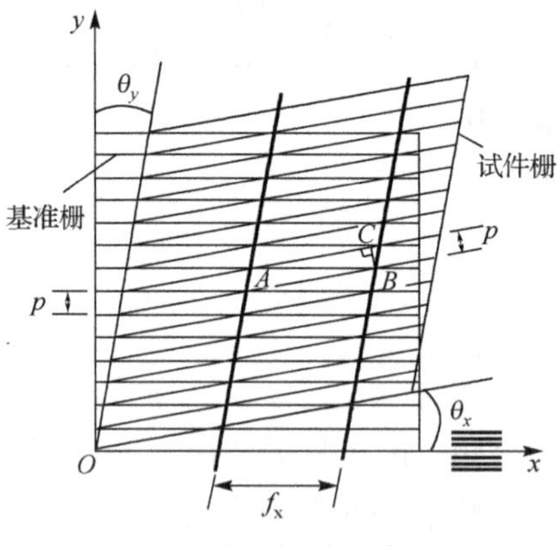

(a) 基准栅线平行于x轴

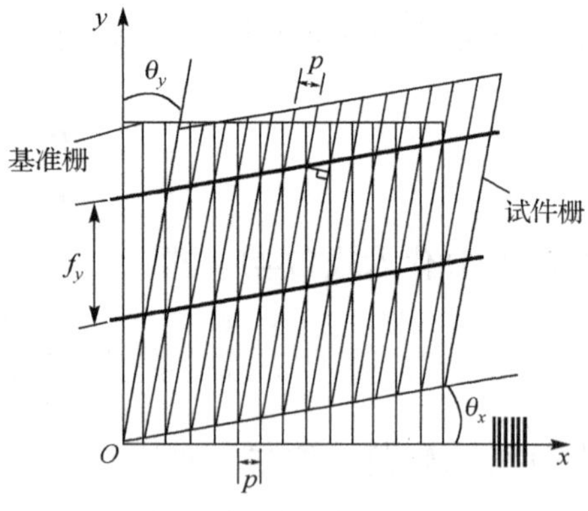

(b) 基准栅线垂直于x轴

图 9-6　纯切应变测量示意图

第二步，将基准栅与试件栅垂直于 x 轴方向放置，当试件栅发生剪切变形时(图 9-6(b))，类似地可得

$$\theta_y=\frac{p}{f_y} \tag{9-9}$$

因此，切应变为

$$\gamma_{xy}=\theta_x+\theta_y=p\left(\frac{1}{f_x}+\frac{1}{f_y}\right) \tag{9-10}$$

式中，f_y 为垂直栅线方向上两相邻云纹间的截距。

3. 拉伸(或压缩)线应变和切应变同时存在时的应变测量

一般平面应变试件同时存在 ε_x、ε_y 和 γ_{xy}，测量时应分两步进行。

第一步，试件变形前将试件栅和基准栅的栅线平行于 x 轴方向放置，如图 9-7(a)所示。ε_x 仅引起试件栅的栅线伸长或缩短；θ_y 仅引起试件栅的栅线沿 x 方向的移动，所以 ε_x 和 θ_y 不产生云纹。而 ε_y 使试件栅节距增大或减小，θ_x 使试件栅栅线相对于基准栅发生倾斜，因此 ε_y 和 θ_x 产生云纹。

设变形前试件栅和基准栅的节距为 p，变形后试件栅的节距变为 p'，如图 9-7(a)所示。

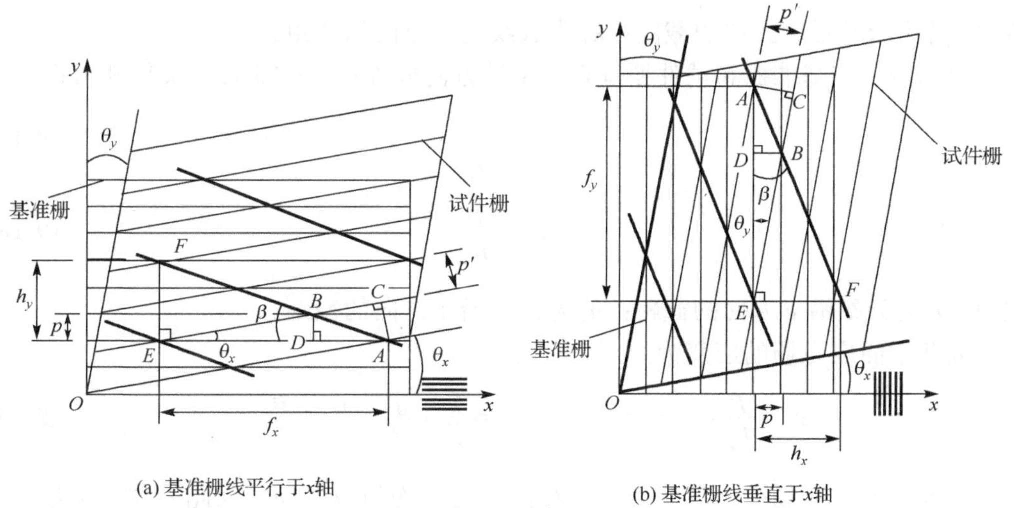

图 9-7　平面应变测量示意图

在直角△ACE 中

$$\sin\theta_x = \frac{p'}{f_x} = \frac{p + p\varepsilon_y}{f_x} \tag{9-11}$$

因为 θ_x 很小，且 $\varepsilon_y \ll 1$，则式(9-11)可简化为

$$\theta_x = \frac{p}{f_x} \tag{9-12}$$

在直角△AEF 和△ADB 中

$$\tan\beta = \frac{h_y}{f_x} = p\Bigg/\left(f_x - \frac{p}{\tan\theta_x}\right) \tag{9-13}$$

所以

$$h_y = p\bigg/\left(1-\frac{p}{\tan\theta_x}\frac{1}{f_x}\right) \tag{9-14}$$

将式(9-11)代入式(9-14)，因为 θ_x 很小，所以 $\cos\theta_x \approx 1$，则

$$h_y = \frac{p}{1-\dfrac{p}{p'}\cos\theta_x} \approx \frac{p'}{\dfrac{p'-p}{p}} = \frac{p'}{\varepsilon_y} \tag{9-15}$$

故

$$\varepsilon_y = \frac{p'}{h_y} \approx \frac{p}{h_y} \tag{9-16}$$

式中，f_x 为云纹沿 x 方向的截距；h_y 为云纹沿 y 方向的截距。

第二步，将基准栅和试件栅垂直于 x 轴方向放置(图 9-7(b))，类似地可得

$$\theta_y = \frac{p}{f_y} \tag{9-17}$$

$$\varepsilon_x = \frac{p}{h_x} \tag{9-18}$$

式中，f_y 为云纹沿 y 方向的截距；h_x 为云纹沿 x 方向的截距。

因此平面应力场的应变为

$$\varepsilon_x = \frac{p}{h_x},\quad \varepsilon_y = \frac{p}{h_y},\quad \gamma_{xy} = \theta_x + \theta_y = \frac{p}{f_x} + \frac{p}{f_y} \tag{9-19}$$

一般平面应变场中，各点应变不相同，是非均匀应变场，因此云纹图像是一个曲线族，用上述公式计算所得应变为云纹间距内平均应变。云纹间距越小，越接近于真实应变，但云纹间距太小，将引起测量困难，测量精确度差，因此云纹间距的大小要恰当。

9.2.2　位移导数法

在云纹分析中，除了用上述几何方法求应变外，还可以采用位移导数方法来计算应变。

将试件栅和基准栅的栅线重合放置，试件栅在非均匀变形的平面问题中，栅线之间不仅伸长(或缩短)，而且发生相对转动，栅线由原来的平行直线变成曲线，并与基准栅发生相对移动。

为分析方便，对两栅线进行编号。在图 9-8(a)中，将基准栅和试件栅的栅线分别以…，a_{-3}，a_{-2}，a_{-1}，a_0，a_1，a_2，a_3，…和…，b_{-3}，b_{-2}，b_{-1}，b_0，b_1，b_2，b_3，…表示。试件栅变形前与基准栅完全重合，变形后两栅的交点处，由于遮挡最少，这

里透光最多，形成明条纹。如图 9-8(d)所示，编号相同两栅栅线的交点，如 a_0 与 b_0，a_1 与 b_1，a_2 与 b_2，a_3 与 b_3，…交点，尽管试件栅发生了变形，但在垂直于基准栅方向没有位移，因此这些交点形成的云纹上的各点在垂直于基准栅方向没有位移，称为零级条纹或零级 v 等位移线（v 表示试件沿 y 方向位移）。在基准栅线 a_1 与试件栅线 b_0，以及 a_2 与 b_1，a_3 与 b_2，…交点，试件栅栅线在垂直基准栅方向向上移动一节距 p，同样，在这些交点形成的云纹上的各点，垂直向上的位移均为 p，称为 1 级条纹或 1 级 v 等位移线。同理，在基准栅栅线 a_0 与试件栅栅线 b_1，以及 a_1 与 b_2，a_2 与 b_3，…交点形成的云纹，在云纹上的各点均垂直向下移动一节距 p，称为−1 级条纹或−1 级 v 等位移线。如此可得$-n$、…、−2、−1、0、1、2、3、…、n 各级条纹或各级 v 等位移线，同级条纹上各点的垂直方向位移相同，其级数表示位移量的大小。例如，n 级条纹表示垂直于基准栅方向移动 n 个节距(相对于零级条纹)，两个相邻条纹，如 $n-1$ 与 n 级条纹之间相对位移增量为一个节距 p。由此可见，每一云纹条纹，表示试件变形后垂直于栅线方向的等位移迹线。

这样在力学计量中云纹条纹获得了重要物理意义：云纹条纹是垂直于基准栅栅线方向位移分量相等的点之轨迹，云纹图给出的是等位移线的全场分布。

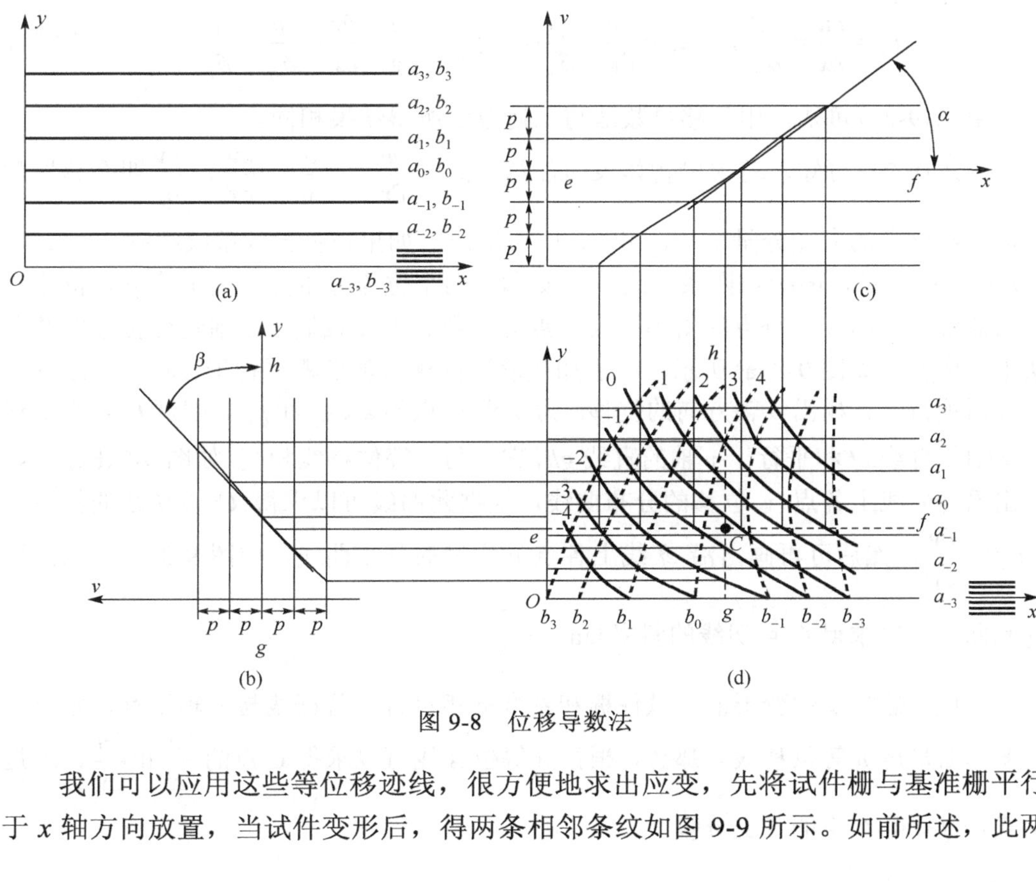

图 9-8 位移导数法

我们可以应用这些等位移迹线，很方便地求出应变，先将试件栅与基准栅平行于 x 轴方向放置，当试件变形后，得两条相邻条纹如图 9-9 所示。如前所述，此两

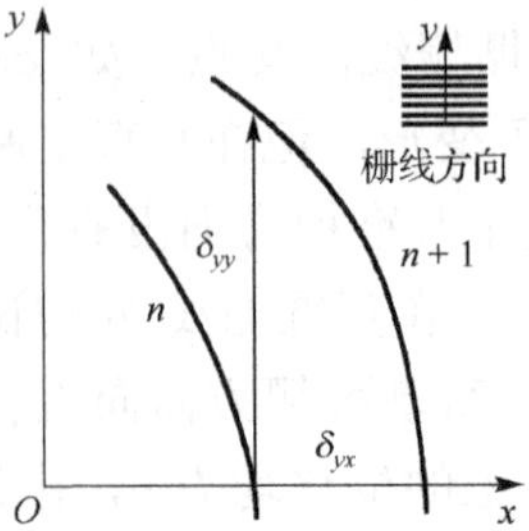

图 9-9　应变与位移间的导数关系

条云纹在垂直于栅线方向(即 y 方向)的相对位移增量为一节距 p，即 y 方向位移增量 $\Delta v=p$，若设 δ_{yx} 为云纹沿 x 方向间距，δ_{yy} 为云纹沿 y 方向间距(即相当于几何方法中的 f_x 与 h_y)，则可看成在 δ_{yy} 或 δ_{yx} 距离长度上 y 方向位移增量 $\Delta v=p$，可表示为

$$\frac{\Delta v}{\Delta y}=\frac{p}{\delta_{yy}},\quad \frac{\Delta v}{\Delta x}=\frac{p}{\delta_{yx}} \tag{9-20}$$

当 δ_{yy} 和 δ_{yx} 足够小时，式(9-20)可近似表示为导数形式

$$\frac{\partial v}{\partial y}=\frac{p}{\delta_{yy}},\quad \frac{\partial v}{\partial x}=\frac{p}{\delta_{yx}} \tag{9-21}$$

如果将试件栅和基准栅平行于 y 轴放置，以符号 u 表示试件沿 x 方向位移，则根据变形后所得云纹，类似可得

$$\frac{\partial u}{\partial x}=\frac{p}{\delta_{xx}},\quad \frac{\partial u}{\partial y}=\frac{p}{\delta_{xy}} \tag{9-22}$$

如果试件为小变形，可按下列公式求得应变：

$$\varepsilon_x=\frac{\partial u}{\partial x}=\frac{p}{\delta_{xx}},\quad \varepsilon_y=\frac{\partial v}{\partial y}=\frac{p}{\delta_{yy}},\quad \gamma_{xy}=\frac{\partial u}{\partial y}+\frac{\partial v}{\partial x}=\frac{p}{\delta_{xy}}+\frac{p}{\delta_{yx}} \tag{9-23}$$

由式(9-23)可知，用位移导数法与几何方法所得结果相同。

由式(9-23)可知，若求出物体表面任意一点的 $\frac{\partial u}{\partial x}$、$\frac{\partial u}{\partial y}$、$\frac{\partial v}{\partial x}$、$\frac{\partial v}{\partial y}$ 四个偏导数的值，则该点的应变分量 ε_x、ε_y 和 γ_{xy} 即可解出。如果根据云纹条纹绘制 $u=f(x)$，$u=f(y)$，$v=\varphi(x)$，$v=\varphi(y)$ 四条曲线，即 u 和 v 两个位移分量分别随 x 或 y 轴位置变化的曲线，则曲线上每点的斜率即为该点的导数。因此我们可以通过作位移图的方法来求应变。如图 9-8(a)所示，由于加载前试件栅与基准栅平行于 x 轴方向放置，加载后测得试件栅沿 y 轴方向的位移。为了求 C 点的 ε_x、ε_y 和 γ_{xy}，则过 C 点作平行于 x 轴的直线 ef 和平行于 y 轴的直线 gh，它们与 v 等位移线相交。如图 9-8(b)所示，画出沿 gh 线上各点 v 位移的分布曲线，根据此曲线可以求得 C 点切线的斜率，$\tan\beta=\frac{\partial v}{\partial y}$。然后可再画出沿 ef 线上各点 v 位移的分布曲线，如图 9-8(c)所示。根据此曲线可以求得 C 点切线的斜率 $\tan\alpha=\frac{\partial v}{\partial y}$。

同理，假如试件变形前使试件栅和基准栅相重合，且栅线与 y 轴平行，则当试件变形后形成 u 等位移线。那么，根据 u 等位移线可以求得 C 点的 $\frac{\partial u}{\partial x}$ 和 $\frac{\partial u}{\partial y}$，于是由式(9-23)得 C 点的应变分量。

9.3　测量离面位移——投影云纹法

云纹方法不仅可以用来测定试件的面内位移 u、v 和应变 ε_x、ε_y、γ_{xy}，还可以采用投影云纹法测定离面位移和物体表面等高线。这在形状测量方面是很有价值的。其测量原理介绍如下。

如图 9-10 所示，在被测试件前放一基准栅，在垂直于栅线的方向上，用一束与基准栅法线成 α 角的平行光照射(入射光线)，使栅线投影在试件的表面上。设观测方向与光栅表面法线夹角为 β。在远处进行观察，从 m 点入射的光线(假想 m 点为光栅透光量最大点)，由物体表面 m'点反射，经 m''点(即光栅上透光量最大点)被观察者接收，则形成亮点，一系列这样的亮点形成了明条纹。则 mm'' 的长度 f 一定是基准栅节距 p 的整数倍，即

$$f = np \tag{9-24}$$

式中，n 为明条纹的级数，$n = 0，1，2，\cdots$。

设基准栅到 m'点的距离为 w，从图 9-10 中可以看出

$$f = w\tan\alpha + w\tan\beta = w(\tan\alpha + \tan\beta) \tag{9-25}$$

将式(9-24)代入式(9-25)，整理可得

$$w = \frac{np}{\tan\alpha + \tan\beta} \tag{9-26}$$

式中，α、β 及 p 为已知。如果从云纹图中得到条纹级数 n 后，则由式(9-26)可求得基准栅到 m'点的距离 w。如果采用平行光源，当观察距离很远时，对曲面上各点 $\tan\alpha$ 和 $\tan\beta$ 均为常数，因此用等节距的基准栅所得的各同级云纹，表示曲面上的等高线。如果试件变形前测出 w_0，试件变形后测出 w_1，则 w_1-w_0 即为试件对应变形的离面位移。

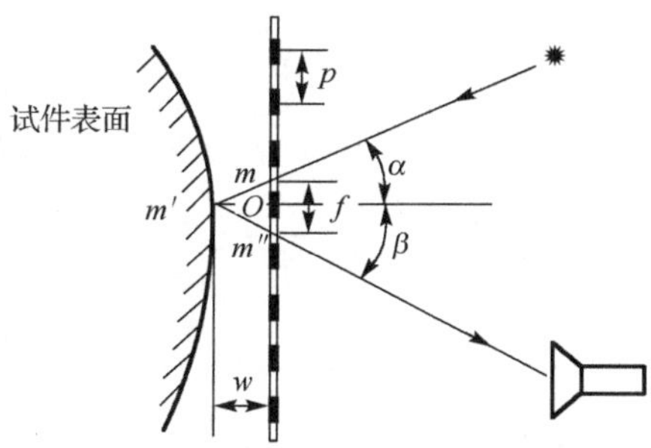

图 9-10　投影云纹法

习 题

9-1 试简述云纹形成的原因。

9-2 一简单拉伸试件，采用 50 线/mm 光栅，若加载后形成的平行云纹间距为 15mm，求试件上的拉应变值。

9-3 试简述如何利用平行云纹法和转角云纹法测量试件轴向拉伸(或压缩)线应变。

9-4 试简述如何利用几何云纹法测量平面应变下试件的 ε_x、ε_y 和 γ_{xy}。

9-5 试简述如何利用投影云纹法测量试件的离面位移。

第 10 章　模型相似理论

有些情况下工程力学实验往往无法实现对实物进行直接测量，例如，在分析建筑物能承受几级地震时，不可能按实际尺寸先建造一建筑物，然后在实际地震作用下进行破坏性实验，这时只能开展模型实验以及模拟加载。那么既然进行的是模型而非实物实验，于是便产生这样的问题：模型实验能否反映实物原型的真实应力状态？模型与原型的几何尺寸是否要相似？模型材料如何选择？模型上的载荷按什么比例选择？模型与原型两者的应力或应变如何换算？

相似理论就是用来解决上述问题的。所谓相似理论，是用来研究两个物理现象符合哪些条件则是相似的，相似现象具有什么性质和怎样利用相似现象的性质，把对一个相象的研究结果，推广到一系列相似现象中去的方法。

10.1　相 似 理 论

10.1.1　相似概念

在模型实验时，我们要求模型能替代实物(原型)，并且从模型实验测得的数值可按一定比例换算为实际问题所需的相应数值，这就必须使模型实验与实际问题具有相同的物理量，并且用同一关系方程式来表示，其相对应的同类量成常数比。因此，模型实验中的每一个同类量按一定常数比进行转变，转变后仍保持原有的关系方程，这样就可获得实际问题所需的数值。

相似的概念源于几何学中几何图形的相似，是研究自然界相似现象的性质和鉴别相似现象的基本原理。如果两几何图形对应的空间位置和几何尺寸有同一比例常数，这两个几何图形就是相似的。例如，图 10-1 所示两个三角形的相似条件是指它们的对应角大小相等或对应边长成比例，即$\angle A=\angle A'$，$\angle B=\angle B'$，$\angle C=\angle C'$或$\dfrac{l_{A'B'}}{l_{AB}}=\dfrac{l_{B'C'}}{l_{BC}}=\dfrac{l_{C'A'}}{l_{CA}}=k_l$。其中，$k_l$称为几何相似系数。

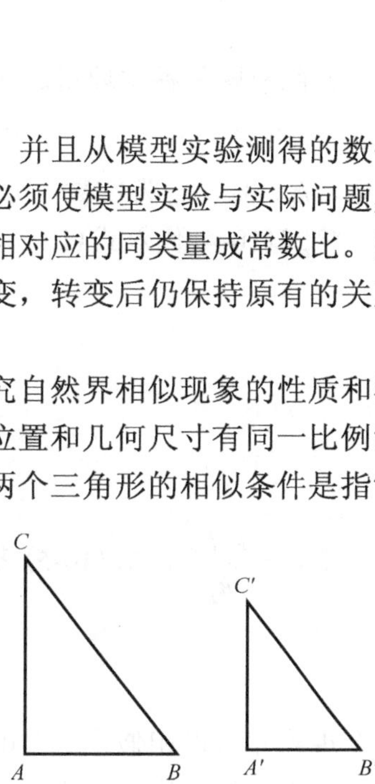

图 10-1　几何图形的相似

可见相似条件是相似系数为常数。如果按照原型尺寸用同一比例常数把模型对应的尺寸确定出来，则此模型与原型为几何完全相似。要使两个现象相似，除了几何相似外，还要使参加于该现象中的所有物理量都相似，并且保持原有的关系方程，因此各物理量彼此有关，并互相制约，保持一定的关系。

10.1.2 相似第一定理

相似第一定理主要是阐明两个相似现象中同类物理量成常数比，其比值称为相似系数，不同类物理量的相似系数可以不同，但是由于相似现象具有相同的关系方程，相似系数之间存在一定的关系。现举例说明。

例 10-1 假设两个彼此相似的现象，可用同一个方程式表示。如轴向拉伸杆件，横截面上的正应力 σ 的计算公式为

$$\sigma=\frac{F}{A} \tag{10-1}$$

式中，A 为杆件的横截面面积；F 等于杆件横截面上的轴力。

对于第一现象，有

$$\sigma_1=\frac{F_1}{A_1} \tag{10-2}$$

对于第二现象，有

$$\sigma_2=\frac{F_2}{A_2} \tag{10-3}$$

若此两现象各物理量之间存在下列关系：

$$\sigma_2=k_\sigma\sigma_1,\quad F_2=k_F F_1,\quad A_2=k_A A_1 \tag{10-4}$$

其中，k_σ、k_F、k_A 为常数，分别为应力、轴力和横截面面积的相似系数。

将式(10-4)代入式(10-3)，得

$$k_\sigma\sigma_1=\frac{k_F F_1}{k_A A_1}$$

或

$$\left[\frac{k_\sigma k_A}{k_F}\right]\sigma_1=\frac{F_1}{A_1} \tag{10-5}$$

令 $k_i=\dfrac{k_\sigma k_A}{k_F}$。式(10-5)表明，若两现象转变时不破坏原有方程式，则必须使

$$k_i=\frac{k_\sigma k_A}{k_F}=1 \tag{10-6}$$

两个现象才可以相似。式(10-6)表明其中两个相似系数任意选定后，第三个相似系数则必须由该式决定。因此式(10-6)是判别现象相似的条件，又称为相似指标。显然，若现象相似，则相似指标等于 1。

另外，将式(10-4)代入式(10-6)，可得到另一种形式的表达式，即

$$\frac{\sigma_1 A_1}{F_1}=\frac{\sigma_2 A_2}{F_2} \tag{10-7}$$

式(10-7)表示彼此相似现象中的各物理量之间有一定的关系，如去掉式(10-7)的下标写成一般式，并记为 π，则有

$$\pi=\frac{\sigma A}{F} \tag{10-8}$$

式(10-8)称为相似判据。从式(10-8)可以看出，对于所有相似现象，其相似判据是相同的，它是一个不变量。相似第一定理也可以表述为：对于彼此相似的现象，其相似指标为 1，或其相似判据为一不变量。

相似判据是把两个相似现象中的物理量联系起来的依据。相似理论研究的主要目的之一，是寻求所研究的物理现象有几个相似判据，以及每一个相似判据的具体形式，以便指导模型实验。

10.1.3　量纲分析和相似第二定理

1．量纲的概念

在科学研究中，常常要测量和分析各种物理量。在测量或描述具体物理量时，需要选用适当的单位。不言而喻，单位既有大小的含义，也有物理量类型的含义，后者即为量纲。例如，模型的长、宽、高可用 m、cm、mm 等不同单位表示，但这些单位的类型是“长度”，因而长度就是一个量纲并记为[L]。一般称基本单位的量纲为基本量纲，导出单位的量纲为导出量纲。基本量纲是相互独立的，并能导出所研究问题的其余全部量纲。在工程力学上常采用长度、时间和力作为基本单位，它们的量纲分别用[L]、[T]、[F]。表 10-1 中列出了工程力学中经常遇见的国际单位制量纲系统中的一些物理量的量纲。

表 10-1　常见力学量的量纲[$F^pL^qT^r$]

物理量	符号	p	q	r
力	F	1	0	0
长度	L	0	1	0
时间	t	0	0	1
质量	m	1	–1	2
加速度	a	0	1	–2
速度	v	0	1	–1
角速度	ω	0	0	–1
角加速度	ε	0	0	–2

续表

物理量	符号	p	q	r
面积	A	0	2	0
密度	ρ	1	−4	2
弹性模量	E	1	−2	0
剪切模量	G	1	−2	0
泊松比	μ	0	0	0
应力	σ或τ	1	−2	0
力矩或力偶	M	1	1	0
转动惯量	I	1	1	2
截面惯性矩	J	0	4	0
弹簧常数	C	1	−1	0
阻尼系数	R	1	−1	1
周期	T	0	0	1
频率	f	0	0	−1
功率	N	1	1	−1
功	W	1	1	0
压强	p	1	−2	0
容重	γ	1	−3	0

2. 物理方程量纲的均匀性和齐次性

对物理现象建立物理方程就是在选定某一单位系统下，求出反映该物理现象客观规律的各物理量间的关系式。一个物理方程可能包括若干项的相加减，每项的量纲都可以用基本物理量表示。每项的量纲应该相同，否则无法加减，并且各基本物理量应采用同一度量单位，如同一方程中长度单位均采用米，这称为物理方程量纲的均匀性。

当变更某一基本单位时，物理方程中包含该基本单位的各项应按其量纲公式同时变化，从而保证物理方程形式不变，这称为物理方程量纲的齐次性。

物理方程量纲的均匀性是建立相似判据的理论基础，而齐次性是确保利用量纲方法建立相似判据的保证。

3. 相似第二定理

如前所述，描写物理现象的方程式必须是量纲的齐次方程，因此用方程各项相同量纲去除以方程的各项，则该方程式可变为无量纲的方程形式。相似第二定理指出互相相似的现象中，其相似判据可不必利用相似指标来导出，只要将方程转化为无量纲方程形式，无量纲方程各项即为相似判据。现举例说明。

例 10-2　设有一等截面直杆，两端受偏心拉力 F，偏心距为 e(图 10-2)。已知

杆中最大拉应力为

$$\sigma = \frac{Fe}{W} + \frac{F}{A} \tag{10-9}$$

式中，W 为杆件横截面的弯曲截面系数；A 为杆件横截面面积。

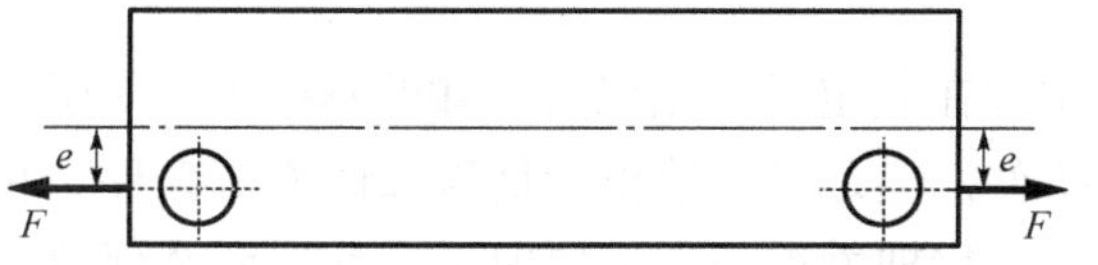

图 10-2　偏心拉伸试件

用 σ 去除式(10-9)中各项，得到无量纲方程为

$$\frac{Fe}{\sigma W} + \frac{F}{\sigma A} = 1 \tag{10-10}$$

显然，模型实验中各物理量也应满足式(10-10)，于是有

$$\frac{F'e'}{\sigma' W'} + \frac{F'}{\sigma' A'} = 1 \tag{10-11}$$

按照相似系数定义有

$$k_\sigma = \frac{\sigma'}{\sigma}, \quad k_e = \frac{e'}{e}, \quad k_F = \frac{F'}{F}, \quad k_W = \frac{W'}{W}, \quad k_A = \frac{A'}{A} \tag{10-12}$$

将式(10-12)代入式(10-11)得

$$\frac{k_F k_e}{k_\sigma k_W}\frac{Fe}{\sigma W} + \frac{k_F}{k_\sigma k_A}\frac{F}{\sigma A} = 1 \tag{10-13}$$

将式(10-13)与式(10-10)相比较可知，若要两现象相似，必须使

$$\frac{k_F k_e}{k_\sigma k_W} = 1, \quad \frac{k_F}{k_\sigma k_A} = 1 \tag{10-14}$$

式(10-14)可作为相似条件，和相似第一定理一样可表达为彼此相似的现象，其相似指标为 1。将式(10-12)代入式(10-14)，得相似判据为

$$\frac{Fe}{\sigma W} = \frac{F'e'}{\sigma' W'}, \quad \frac{F}{\sigma A} = \frac{F'}{\sigma' A'} \tag{10-15}$$

去掉上标写成一般形式，则有

$$\pi_1 = \frac{Fe}{\sigma W}, \quad \pi_2 = \frac{F}{\sigma A} \tag{10-16}$$

式(10-16)表明无量纲方程的各项就是相似判据，彼此相似现象的判据为不变量。

由此，相似第二定理可表述如下：表示一现象各物理量之间的关系方程式，都可转换成无量纲方程，无量纲方程的各项即是相似判据。因此表示一现象各物理量之间的关系方程式，都可写成相似判据方程。相似理论第二定理，又称为π定理。

10.1.4 相似第三定理

相似第一、第二定理在假定现象相似为已知的基础上，明确了相似现象的性质，给出了相似现象的必要条件，但是没有给出相似现象的充分条件。相似第三定理补充了前面两个定理，它指出，在物理方程相同的情况下，如果两个现象的单值条件相似，即从单值条件下引出的相似判据若与现象本身的相似判据相同，则这两个现象一定相似。

所谓单值条件，是指一个现象区别于一群现象的那些条件。它在一定实验条件下，只有唯一的实验结果。属于单值条件的因素有系统的几何特性、对所研究的对象有重大影响的介质特性、系统的初始状态和边界条件等。

在工程力学实验中，单值条件主要指几何条件、载荷条件、约束条件和泊松比条件等。

10.2 方程分析法求相似判据

当所研究的物理现象中各物理量之间的关系方程式为已知时，通过对关系方程的分析，以导出相似判据，称为方程分析法。下面以例题来说明如何用方程分析法求相似判据。

例 10-3 利用相似理论求图 10-3 所示矩形截面简支梁应力的相似判据。若模型与原型的几何相似系数为 k_l=1/10，在模型应力和原型应力相等的条件下，即应力相似系数 k_σ=1 的条件下，若原型上的载荷为 F、q，问实验时加在模型上的载荷 F'、q'应为多少？

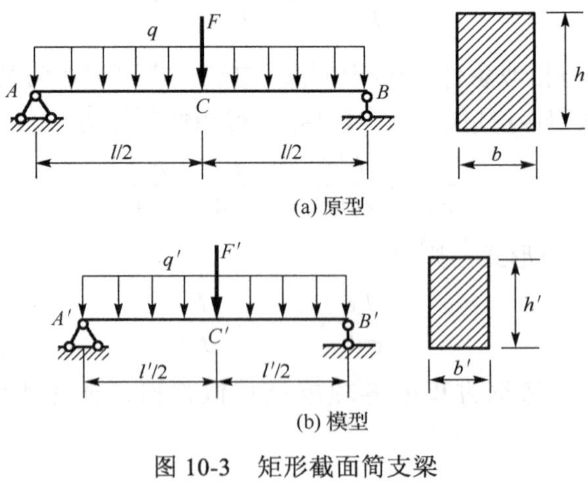

图 10-3 矩形截面简支梁

解：由材料力学可知，原型和模型上最大正应力的计算公式分别为

$$\sigma_{\max}=\frac{Fl}{4W}+\frac{ql^2}{8W} \tag{10-17}$$

$$\sigma'_{\max}=\frac{F'l'}{4W'}+\frac{q'l'^2}{8W'} \tag{10-18}$$

按照相似系数定义有

$$k_\sigma=\frac{\sigma'_{\max}}{\sigma_{\max}},\quad k_l=\frac{l'}{l}=\frac{b'}{b}=\frac{h'}{h},\quad k_F=\frac{F'}{F},\quad k_q=\frac{q'}{q} \tag{10-19}$$

矩形梁弯曲截面系数的相似系数为

$$k_W=\frac{W'}{W}=\frac{\frac{1}{6}b'h'^2}{\frac{1}{6}bh^2}=k_l^3 \tag{10-20}$$

将式(10-19)和式(10-20)代入式(10-18)，整理得

$$\sigma_{\max}=\frac{k_F}{k_\sigma k_l^2}\frac{Fl}{4W}+\frac{k_q}{k_\sigma k_l}\frac{ql^2}{8W} \tag{10-21}$$

由式(10-17)和式(10-21)比较可求得相似指标为

$$\frac{k_F}{k_\sigma k_l^2}=1,\quad \frac{k_q}{k_\sigma k_l}=1 \tag{10-22}$$

将式(10-19)代入式(10-22)整理，可求得两个相似判据为

$$\pi_1=\frac{F}{\sigma l^2},\quad \pi_2=\frac{q}{\sigma l} \tag{10-23}$$

由 $\pi_1'=\pi_1$，即 $\dfrac{F'}{\sigma' l'^2}=\dfrac{F}{\sigma l^2}$，可得

$$F'=\frac{\sigma' l'^2}{\sigma l^2}F=k_\sigma k_l^2 F=\left(\frac{1}{10}\right)^2 F=\frac{1}{100}F$$

同理可得

$$q'=\frac{\sigma' l'}{\sigma l}q=k_\sigma k_l q=\frac{1}{10}q$$

即根据相似第一定理求得实验时模型上所加载荷，集中力为原型的 1/100，均布载荷为原型的 1/10。因此，进行模型实验时，施加在模型上的载荷大小不是任意的，必须由相似判据决定。

10.3　量纲分析法确定相似判据

若一个问题中诸物理量之间的关系方程式未知，而只知道参与该问题现象有哪些物理量，此时要采用量纲分析的方法，来求模型与原型物理量之间的关系式。

下面先介绍量纲分析中的π定理。其简述如下：一个物理现象可用 n 个物理量构成的物理方程描述，其中 k 个独立物理量，即有 k 个基本物理量，则该物理现象也可用这些物理量组成的 $n-k$ 个无量纲的关系式描述，可以建立 $n-k$ 个相似判据。π定理主要用来确定对于一个物理方程，到底有多少个相似判据。下面介绍利用量纲分析法确定力学问题的相似判据。

例 10-4　在图 10-4 中，图(a)所示为 AD 端固定，BC 端简支的矩形截面梁(原型)，其上作用有集中力 P_1，P_2，…。图(b)表示模型，其边界条件与原型相同，几何尺寸和载荷作用方式与原型相似。试确定应力的换算关系。

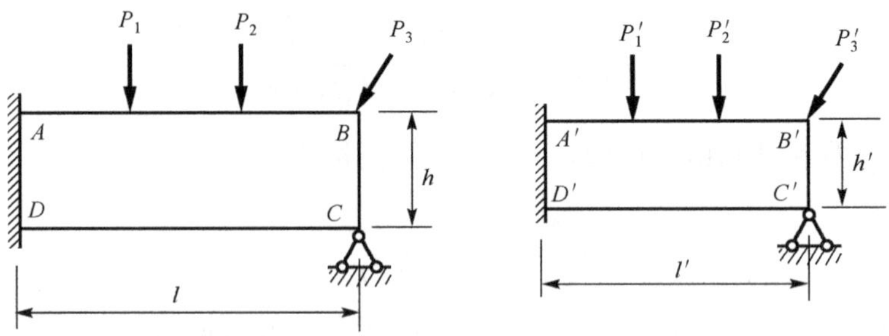

图 10-4　矩形截面梁

解：设原型上任一点的正应力为 σ，影响 σ 的物理量有载荷 P、结构尺寸 l(包括梁的长度、宽度和高度)、结构材料的弹性模量 E 和泊松比 μ，于是

$$\sigma = f(P,l,E,\mu) \tag{10-24}$$

式中，各物理量的量纲关系表示为

$$[\sigma]=[P^a l^b E^c \mu^d] \tag{10-25}$$

以 $[\sigma]=[FL^{-2}]$，$[P]=[F]$，$[l]=[L]$，$[E]=[FL^{-2}]$，$[\mu]=[0]$ 代入式(10-25)，得

$$[FL^{-2}]=[F^{a+c}L^{b-2c}] \tag{10-26}$$

因此可得

$$a+c=1,\quad b-2c=-2$$

即

$$a = 1 - c, \quad b = -2 + 2c$$

于是量纲关系为

$$[\sigma] = [P^{1-c} L^{-2+2c} E^{c} \mu^{d}] = \left[\left(\frac{P}{l^2} \right) \left(\frac{P}{El^2} \right)^{-c} \mu^{d} \right] \tag{10-27}$$

无量纲化移项，得

$$\left[\frac{\sigma l^2}{P} \right] = \left[\left(\frac{P}{El^2} \right)^{-c} \mu^{d} \right] \tag{10-28}$$

即

$$\frac{\sigma l^2}{P} = \phi \left(\frac{P}{El^2}, \mu \right) \tag{10-29}$$

式中，各项都是无量纲的，所以该式为无量纲方程。

令

$$\pi_1 = \frac{\sigma l^2}{P}, \quad \pi_2 = \frac{P}{El^2}, \quad \pi_3 = \mu$$

式(10-29)可改写为

$$\pi_1 = \phi(\pi_2, \pi_3) \tag{10-30}$$

式(10-30)为判据方程，其中 π_2、π_3 为决定判据。

为了求原型的应力，做一个与原型完全相似的模型，于是可得

$$\frac{\sigma' l'^2}{P'} = \phi \left(\frac{P'}{E' l'^2}, \mu' \right) \tag{10-31}$$

根据相似第二定理，如果

$$\frac{P'}{E' l'^2} = \frac{P}{El^2} \tag{10-32a}$$

$$\mu' = \mu \tag{10-32b}$$

得到满足，则 $\dfrac{\sigma' l'^2}{P'} = \dfrac{\sigma l^2}{P}$ 成立。

式(10-32a)称为胡克相似判据，式(10-32b)称为泊松比相似判据。因此弹性静力学问题的相似条件要求模型与原型的胡克数和泊松比分别相等。

若令 $k_P = \dfrac{P'}{P}$， $k_E = \dfrac{E'}{E}$， $k_l = \dfrac{l'}{l}$， $k_\mu = \dfrac{\mu'}{\mu}$， $k_\sigma = \dfrac{\sigma'}{\sigma}$，则相似条件变为

$$k_P = k_E k_l^2 \tag{10-33a}$$

$$k_\mu = 1 \tag{10-33b}$$

$$k_\sigma = \frac{k_P}{k_l^2} = k_E \tag{10-33c}$$

式(10-33b)表示要求模型材料的泊松比和原型的泊松比相同。式(10-33a)表示当模型材料选定后，即 k_E 已定，因而 k_l 和 k_P 这两个相似系数不能任意选择。

不同载荷下的应力、应变和位移换算公式可查阅相关资料。

需要指出，进行模型实验时，满足几何相似、载荷相似和边界条件相同一般不难做到，但要求泊松比相等和 k_E、k_l、k_P 三者满足一定的关系却非常难，因而会给实验带来一定的误差。室温下实验时，由于环氧树脂塑料的泊松比 μ' 和金属材料的泊松比 μ 相差不大，可以不考虑其影响。但对于三向光弹性实验采用冻结法时，常会带来相应的误差。

习　　题

10-1　何谓相似判据？相似判据有什么特点？

10-2　有一矩形截面悬臂梁，在自由端作用一集中力 F，如图所示。现选用某种光弹性材料制作模型，实验要求模型梁自由端挠度与原型梁相等。若模型与原型的几何相似系数为 $k_l = \frac{l'}{l} = \frac{b'}{b} = \frac{h'}{h} = \frac{1}{10}$，载荷相似系数 $k_F = \frac{F'}{F} = \frac{1}{10}$。如果原型梁材料的弹性模量为 E，问应选用弹性模量为多少的光弹性材料制作模型？

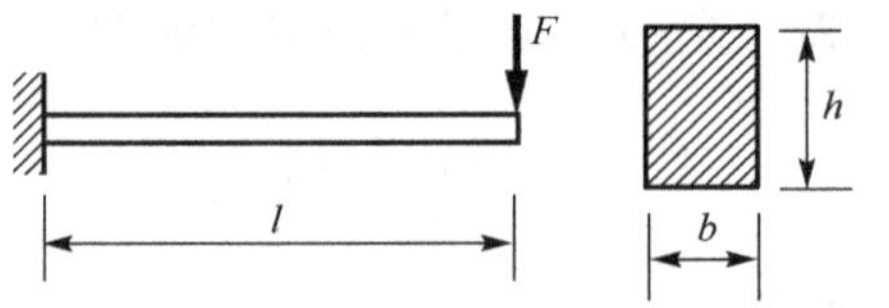

习题 10-2 图

10-3　有一矩形截面简支梁，跨中作用有集中力 F，如图所示。现用同一种材料制作模型，实验要求模型跨中挠度与原型相同，若载荷相似系数 k_F=1/10，梁长相似系数 k_l=1/10，梁宽相似系数 k_b=1/10，试求梁高相似系数 k_h。

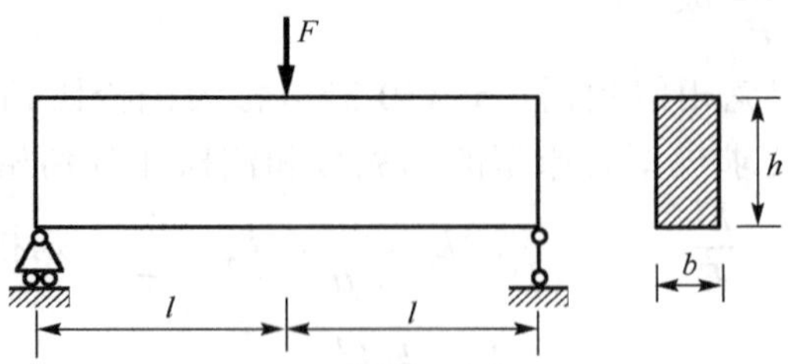

习题 10-3 图

10-4　有一悬臂梁如图所示。图(a)是原型，图(b)是模型。模型与原型用同一种材料制成。若模型与原型的几何相似系数为 $k_l=\dfrac{l'}{l}=\dfrac{b'}{b}=\dfrac{h'}{h}=\dfrac{1}{5}$。实验要求模型梁自由端挠度与原型相等，如果原型上的集中力和力矩分别为 F、M，问实验时加在模型上的集中力 F'和力矩 M'应为原型的多少倍？

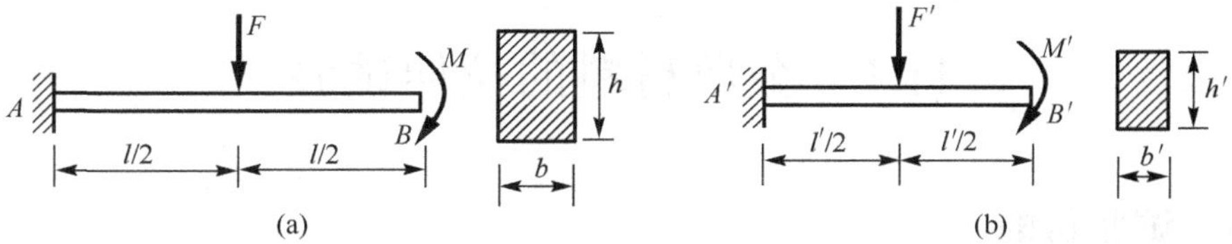

习题 10-4 图

10-5　一个自由度并考虑阻尼的振动系统，设振体质量为 m，弹簧常数为 c，液体的阻尼系数为 R，弹簧本身质量不计，试用量纲分析法求这个阻尼振动的振幅减缩比 x_2/x_1。

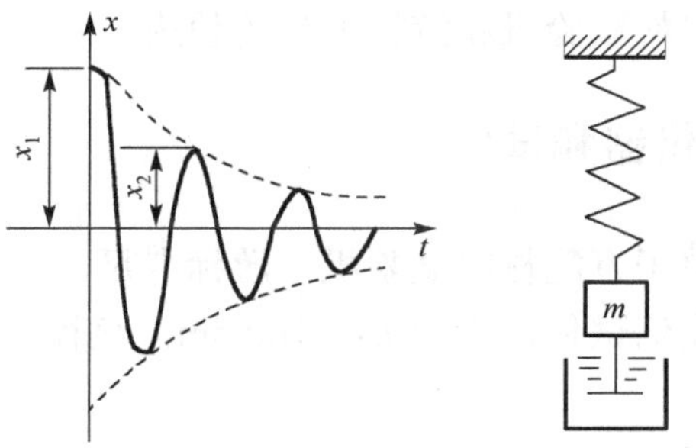

习题 10-5 图

第 11 章　工程力学实验项目

11.1　金属材料的拉伸试验

11.1.1　试验目的

(1) 测定低碳钢材料拉伸时的上屈服强度 R_{eH}、下屈服强度 R_{eL}、抗拉强度 R_m、断后伸长率 A 和断面收缩率 Z。

(2) 测定铸铁材料拉伸时的抗拉强度 R_m。

(3) 观察比较低碳钢和铸铁的拉伸过程和破坏特征。

(4) 熟悉电子万能材料试验机和游标卡尺的使用。

11.1.2　试验设备、仪器和试件

(1) 设备和仪器：电子万能材料试验机、游标卡尺。

(2) 试件：圆形长比例试件，标距 $L_0 = 100\text{mm}$，直径 $d_0 = 10\text{mm}$。

11.1.3　试验原理

1. 低碳钢拉伸试验

将试件装夹在试验机的上下夹头之间，启动试验机对试件加载，试验机将自动绘制出拉伸图(F-ΔL 曲线)，如图 11-1 所示。观察试件受力、变形直至破坏的全过程，可以看到低碳钢拉伸过程中的四个阶段：弹性阶段、屈服阶段、强化阶段和局部变形阶段。

弹性阶段Ⅰ：这一阶段包括线弹性和非线性弹性两部分，若在该阶段卸载，变形能够完全恢复，且在线弹性阶段满足单向应力胡克定律 $\sigma = E\varepsilon$，由此可以测定材料的弹性模量 E。

屈服阶段Ⅱ：该阶段的显著特点是变形增大，$F-\Delta L$ 曲线呈锯齿状波动，在该段卸载会有残余塑性变形。若试件抛光，则在试件表面可以看到大约与轴线成45°方向的滑移线，这是由于材料沿试件的最大切应力面发生滑移而形成的。材料发生屈服而力首次下降前的最大力为上屈服力 F_{eH}，屈服期间不计初始瞬时效应的最小力

或屈服平台的恒定力为下屈服力 F_{eL}，材料的上、下屈服强度 R_{eH} 和 R_{eL} 分别由以下公式计算：

$$R_{eH}=\frac{F_{eH}}{S_0} \tag{11-1}$$

$$R_{eL}=\frac{F_{eL}}{S_0} \tag{11-2}$$

式中，S_0 为试件的原始横截面面积。

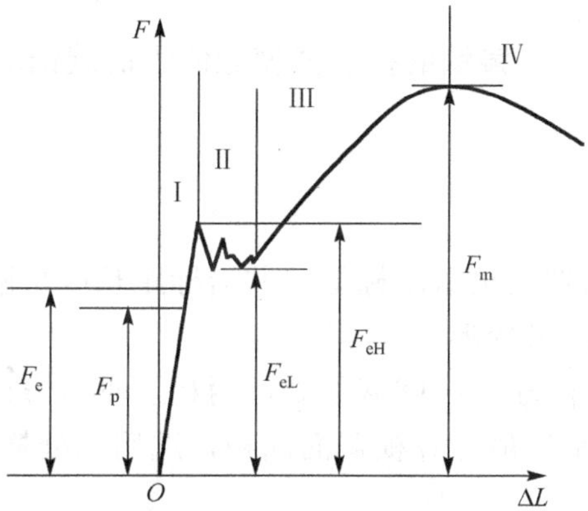

图 11-1　低碳钢拉伸图

强化阶段Ⅲ：屈服阶段过后，材料又恢复了抵抗变形的能力，要使它继续变形必须增加载荷，载荷在这一阶段达到最大值 F_m。在强化阶段的任一时刻卸载，再加载，可以观察到加载、卸载规律和冷作硬化现象。材料的抗拉强度 R_m 由式(11-3)计算：

$$R_m=\frac{F_m}{S_0} \tag{11-3}$$

局部变形阶段(颈缩阶段)Ⅳ：载荷达到最大值 F_m 后，随着变形的增加，试件会在某一部位产生颈缩，而且发展很快，载荷也随之下降，直至断裂。试件断口呈杯锥状，这是塑性材料拉伸破坏的典型特征。

试件断裂后，弹性变形消失，塑性变形则永久保留在试件上。将试件断后的两段紧密对接在一起，测量断后标距长度 L_u 和断后最小横截面面积 S_u，二者的具体测量方法见 3.1.4 节。则断后伸长率 A 和断面收缩率 Z 的表达式分别为

$$A=\frac{L_u-L_0}{L_0}\times 100\% \tag{11-4}$$

$$Z=\frac{S_0-S_u}{S_0}\times 100\% \tag{11-5}$$

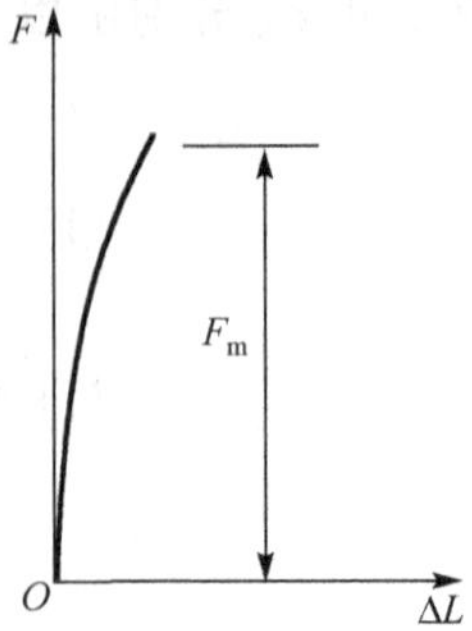

图 11-2　铸铁拉伸图

2. 铸铁拉伸试验

铸铁是典型的脆性材料，其拉伸图如图 11-2 所示。铸铁拉伸时 $F\text{-}\Delta L$ 稍微弯曲，载荷和变形关系可近似用胡克定律来描述。没有屈服和颈缩阶段，在变形很小的情况下即断裂，断口平齐。因此对铸铁只能测得抗拉强度 R_m，即

$$R_m = \frac{F_m}{S_0} \tag{11-6}$$

铸铁的抗拉强度远低于低碳钢的抗拉强度。

11.1.4　试验步骤

(1) 试件准备。

① 将标距段长度用划线机做出标记，并沿标距长度每隔 10mm 划标记线，以便于观察断口的位置和测量变形。

② 在试件标距段的两端及中间截面处沿两相互垂直方向测量直径各一次，并对每个截面求直径的算术平均值计算横截面面积，选用三处横截面面积的平均值为原始横截面面积 S_0。

(2) 试验机准备。

① 估计载荷，确定载荷在试验机量程范围之内。

② 打开试验机钥匙开关；打开计算机主机及显示屏。

③ 打开控制主程序，联机。

(3) 装夹试件。

① 将试件轻夹于上、下夹头之间，使试件轴线与夹头轴线重合。

② 松开上夹头，拧紧下夹头，在微机控制界面中选中试验力清零。

③ 拧紧上夹头，将试件夹好。

(4) 录入试验参数。

① 单击“试件录入”，录入试验信息和试件参数，并保存。

② 选择已录入的“试验编号”，选择需要输出和观察的试验曲线。

③ 单击“参数设置”，设置横梁移动速度、横梁移动方向、初始试验力、试验结束条件及计算结果选项。

④ 变形清零，位移清零。

(5) 进行试验。

单击“试验开始”开始试验，要仔细观察试件在试验过程中的各种现象，当出现异常情况时，应及时中断试验。低碳钢材料屈服后，可加快试验速度。试件断裂

后，试验机自动停止试验，要注意及时记录并保存试验数据和试验曲线，计算材料的屈服强度和抗拉强度。

(6) 断后试件的观察和测量。

试件断裂后，从试验机上取下试件，注意观察试件的断口形状。测量断后标距长度和颈缩处的直径，计算断后伸长率和断面收缩率。

(7) 结束试验。

试验结束后，单击“脱机”，关闭试验软件、计算机和试验机。

11.1.5　注意事项

(1) 试验前，要仔细阅读试验机操作规程，试验时严格按操作规程进行操作。

(2) 试件装夹必须正确，防止偏斜和夹持部分过短。

(3) 试验过程中要慢速均匀加载，低碳钢材料屈服后，可加快试验速度。

(4) 试验中如果出现异常，应马上停机。

11.1.6　思考题

(1) 比较低碳钢和铸铁的拉伸力学性能。

(2) 根据试件的断口形状，解释低碳钢与铸铁发生拉伸破坏的力学原因(因素)。

(3) 低碳钢拉伸试验的载荷-变形曲线显示，其断裂时的载荷 F_d 比最大载荷 F_m 小，若按公式 $R_d=\dfrac{F_d}{S_0}$ 计算断裂时的应力，则计算得到的应力比抗拉强度 R_m 小，为什么应力减小后试件反而断裂？

(4) 为什么铸铁拉伸试件的断口位置大多发生在根部？

11.2　金属材料的压缩试验

11.2.1　试验目的

(1) 测定铸铁材料的抗压强度 R_{mc}。

(2) 观察比较低碳钢和铸铁在压缩过程中的各种现象。

(3) 熟悉电子万能材料试验机和游标卡尺的使用。

11.2.2　试验设备、仪器和试件

(1) 设备和仪器：电子万能材料试验机、游标卡尺。

(2) 试件：圆柱体试件，标距 L_0=30mm，直径 d_0=15mm。

11.2.3　试验原理

压缩试验一般采用两端平压法，即将试件对中置于试验机的上下承垫之间做压缩试验。为了克服试件的两端面不平行造成的压力不均，保证承垫和试件端面紧密接触，下承垫为一球形座，如图 11-3(a)所示。

低碳钢试件的压缩过程和压缩图如图 11-3 所示。在屈服阶段以前压缩图和拉伸图几乎重合，压缩时的弹性模量和屈服强度与拉伸时基本相同。屈服过后，随着变形的增加，试件的横截面面积逐渐增大，增大了的横截面面积又能承受更大的载荷，因此，随着变形的增加，F-ΔL 曲线上升，试件越压越扁，甚至可以压成薄饼形状而不破裂，因此测不出抗压强度。

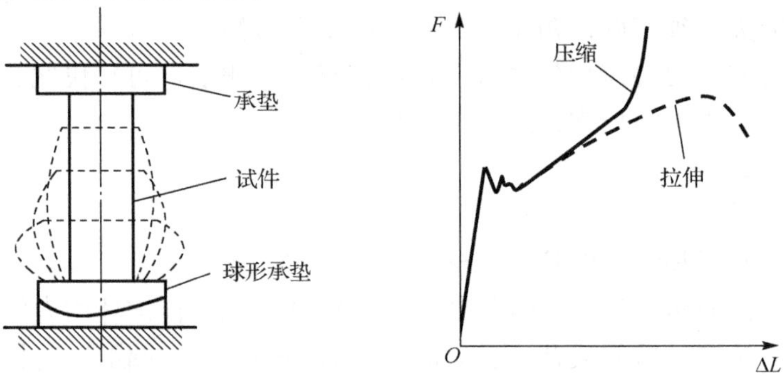

(a) 压缩过程　　(b) 压缩图

图 11-3　低碳钢压缩

铸铁试件的压缩图和破坏形式如图 11-4 所示。压缩图无明显的直线段和屈服阶段，载荷达到最大值 F_{mc} 后稍有下降，然后试件破裂。压缩过程中试件会产生较大的变形，直至被压成“微鼓形”。试件破坏面为斜截面，破坏面与试件轴线成 45°～55°。铸铁材料的抗压强度为抗拉强度的 3～5 倍，其抗压强度由式(11-7)计算：

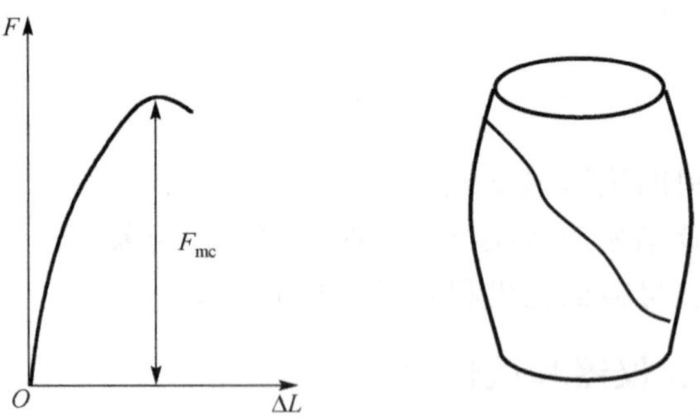

(a) 压缩图　　(b) 破坏形式

图 11-4　铸铁压缩

$$R_{mc} = \frac{F_{mc}}{S_0} \tag{11-7}$$

式中，S_0 为试件的原始横截面面积。

11.2.4　试验步骤

试验步骤包括：①试件准备；②试验机准备；③装夹试件；④录入试验参数；⑤进行试验；⑥结束试验。下面仅对试件准备和装夹试件进行说明，其他步骤和拉伸试验相同。

试件准备：在试件中部截面测量两互相垂直方向的直径，并取其算术平均值计算横截面面积 S_0。

装夹试件：将试件放置在试验机承压平台上下承垫的中心位置，并做好防护措施。

11.2.5　注意事项

(1) 铸铁压缩试验时，要设置好试验机的有机玻璃(或铁纱)防护罩，将试件罩在里面，防止试件碎片飞出伤人或损坏仪器。

(2) 其他注意事项参见拉伸试验。

11.2.6　思考题

(1) 为什么低碳钢压缩时测不出抗压强度？

(2) 为什么铸铁压缩时沿着与试件轴线成 45°～55° 的斜截面破坏？

(3) 由低碳钢拉伸和铸铁的拉伸、压缩试验结果，比较塑性材料与脆性材料的力学性能。

11.3　金属材料的扭转试验

11.3.1　试验目的

(1) 测定低碳钢材料扭转时的上屈服强度 τ_{eH}、下屈服强度 τ_{eL} 和抗扭强度 τ_m。

(2) 测定铸铁材料扭转时的抗扭强度 τ_m。

(3) 观察比较低碳钢和铸铁的扭转过程和破坏特征。

(4) 熟悉电子扭转材料试验机的使用。

11.3.2　试验设备、仪器和试件

(1) 设备和仪器：电子扭转材料试验机、游标卡尺。

(2) 试件：圆柱形标准试件，标距 L_0=100mm，直径 d_0=10mm。

11.3.3　试验原理

低碳钢的扭转变形图(扭矩 T-扭角 ϕ 曲线)如图 11-5 所示。在线弹性阶段，扭矩 T 和扭角 ϕ 之间满足剪切胡克定律。在屈服阶段，上、下屈服扭矩的测定方法与拉伸试验类似，即首次下降前的最大扭矩为上屈服扭矩 T_{eH}，屈服阶段中不计初始瞬时效应的最小扭矩为下屈服扭矩 T_{eL}，分别由式(11-8)和式(11-9)计算上屈服强度 τ_{eH} 和下屈服强度 τ_{eL}，即

$$\tau_{eH} = \frac{T_{eH}}{W_p} \tag{11-8}$$

$$\tau_{eL} = \frac{T_{eL}}{W_p} \tag{11-9}$$

式中，$W_p = \pi d_0^3 / 16$ 为试件横截面的扭转截面系数。

当测出屈服扭矩后，可加快试验速度，直至试件破坏。试验机记录下最大扭矩 T_m，由式(11-10)和式(11-11)分别计算抗扭强度 τ_m 和真实抗扭强度 τ_{tm}(具体详见 3.4.6 节)，即

$$\tau_m = \frac{T_m}{W_p} \tag{11-10}$$

$$\tau_{tm} = \frac{3T_m}{4W_p} \tag{11-11}$$

低碳钢试件的断面为横截面，表明破坏是由最大切应力引起的。

铸铁的扭转变形图如图 11-6 所示。铸铁破坏前的变形很小，破坏具有突发性，其 T-ϕ 曲线可近似看成线弹性的。断面沿着螺旋线方向与轴线大约成 45°，表明破坏是由最大拉应力引起的。据破坏前的最大扭矩 T_m，抗扭强度由式(11-12)计算：

$$\tau_m = \frac{T_m}{W_p} \tag{11-12}$$

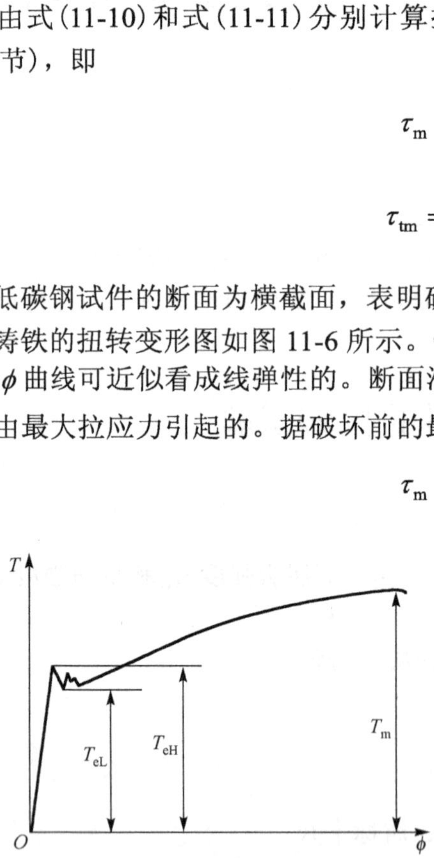

图 11-5　低碳钢扭转变形图

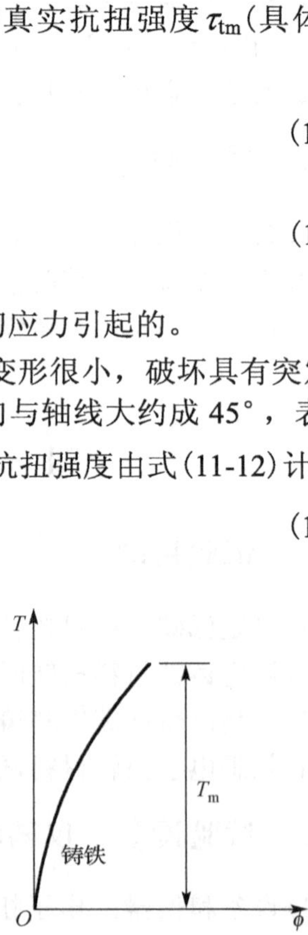

图 11-6　铸铁扭转变形图

11.3.4　试验步骤

(1) 试件准备。

在试件标距段的两端及中间截面处，沿两相互垂直方向测量直径各一次，并计算各截面直径的算术平均值。选用三个截面中平均直径的最小值计算试件的扭转截面系数 W_p。

(2) 试验机准备。

① 估计载荷，确定载荷在试验机的量程范围之内。

② 接通电源，依次打开试验机电源开关，开启控制电脑主机及显示屏。

③ 打开 SmartTest 扭转试验软件程序。

(3) 装夹试件。

① 将试件一端装入试验机从动夹头的夹槽内，并推动从动夹头向主动夹头靠拢，同时单击“左旋”或“右旋”按钮转动主动夹头的夹槽，使试件的另一端装入主动夹头的夹槽内，固定好试件。

② 扭矩、扭角清零。

(4) 录入试件信息，选择试验方式。

(5) 开始试验。

① 单击控制板的“开始”按钮，选择输出观察的试验曲线(一般选择扭矩-转角曲线)。

② 低碳钢扭转时，进入屈服阶段后可以逐渐加快试验速度。

③ 试件断裂后单击“试验结束”，系统会自动分析试验曲线，并将分析结果发送到数据板。

(6) 结束试验。

拆除断裂试件，进行下一次试验或脱机退出程序，使试验机恢复原样。

11.3.5　注意事项

(1) 试验前，要仔细阅读试验机操作规程，试验时严格按操作规程进行操作。

(2) 低碳钢屈服前加载速度保持慢速，屈服过后适当加快试验速度。

(3) 试验中如果出现异常，应马上停机。

11.3.6　思考题

(1) 为什么低碳钢试件扭转破坏断面是横截面，而铸铁试件扭转破坏断面是与试件轴线成 45° 的螺旋断裂面？

(2) 根据低碳钢和铸铁拉伸、压缩、扭转试验的强度指标和断面形貌，分析总结两类材料的抗拉、抗压、抗剪能力。

11.4 金属材料剪切模量的测定

11.4.1 试验目的

(1)测定低碳钢材料的剪切模量 G。

(2)验证圆轴扭转变形的胡克定律。

11.4.2 试验设备、仪器和试件

(1)设备和仪器：小型扭角试验台、扭角仪、百分表(或千分表)、游标卡尺、砝码。

(2)试件：圆轴扭转试件，直径 d_0=10mm。

11.4.3 试验原理

剪切模量是线弹性范围内切应力 τ 和切应变 γ 之间的比值。圆轴扭转试验中试件上的各点处于纯剪切状态，所以通常用线弹性范围内的圆轴扭转试验来测定低碳钢的剪切模量 G。

由材料力学知，等直圆轴试件受扭转时，其相对扭角的计算公式为

$$\phi = \frac{TL_0}{GI_p} \tag{11-13}$$

式中，T 为扭矩；$I_p = \frac{\pi d_0^4}{32}$ 为圆轴横截面的极惯性矩；L_0 为试件标距长度。

由式(11-13)可推出

$$G = \frac{TL_0}{\phi I_p} \tag{11-14}$$

图 11-7 为试验装置图，图 11-8 为该装置计算简图。低碳钢实心圆轴试件 M 端固定，N 端可绕其轴线自由转动。加力杆 NH 的轴线垂直于圆轴试件的轴线，且互相牢固地联结在一起。当在砝码盘上施加重量为 ΔF 的砝码时，圆轴试件 MN 便受到 $\Delta T = \Delta F \times a$ 的扭矩作用。

由于圆轴试件在线弹性范围内工作，其相对扭角很小，需用扭角仪测出，图 11-9 是扭角仪的构造原理和安装示意图。将扭角仪的 A、B 两个夹箍分别固定在试件标距两端的截面上，试件扭转时，扭角仪的臂杆 AC 和 BDE 就会绕试件轴线转动，臂杆 BDE 将推动百分表(安装在臂杆 AC 上)指针转动，设百分表测出的位移为 δ，百分表顶杆与试件轴线间的距离为 b，则 A、B 两截面间的相对扭角为

$$\phi \approx \tan\phi = \frac{\delta}{b} \tag{11-15}$$

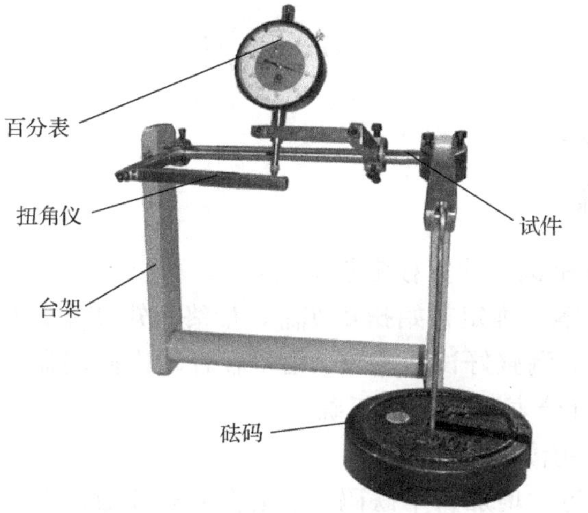

图 11-7　*G* 值测定试验装置

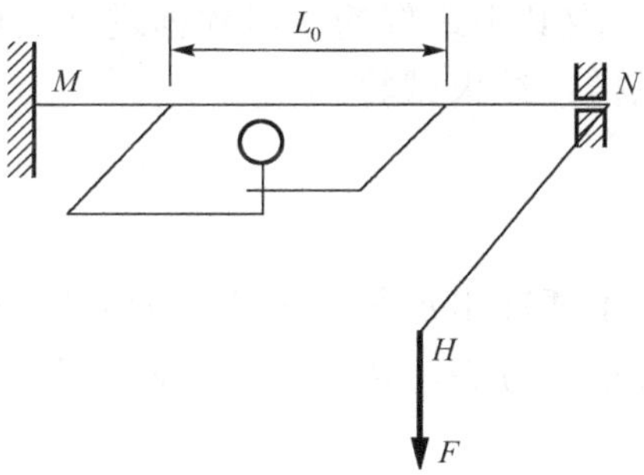

图 11-8　*G* 值测定计算简图

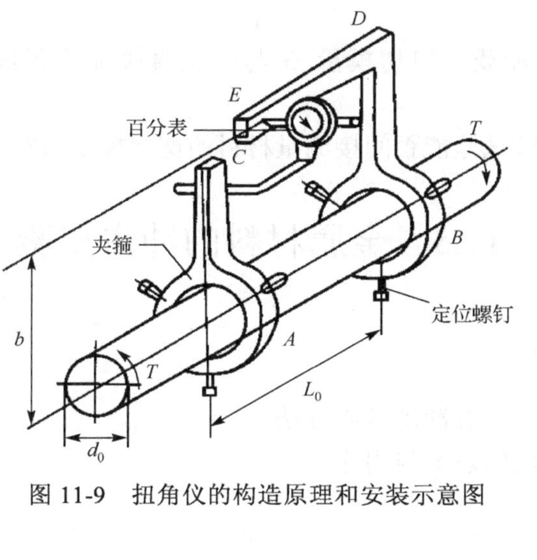

图 11-9　扭角仪的构造原理和安装示意图

试验采用多级等增量加载法，计算出与每级载荷 ΔF_i 相对应的 $\Delta\phi_i$，由式(11-14)计算出 G_i，再取算术平均值作为材料的剪切模量 G，则

$$G=\frac{1}{n}\sum_{i=1}^{n}G_i \tag{11-16}$$

式中，n 为加载级数。

11.4.4　试验步骤

(1)测量试件直径 d_0，计算极惯性矩 I_p。

(2)拟定加载方案，确定初始扭矩 T_{min}、最终扭矩 T_{max}、加载级数 n 等。

(3)安装百分表，调整好试验装置。用手轻轻敲击砝码盘，观察百分表指针是否灵活摆动，以检查百分表装卡是否正确。

(4)记录百分表初读数。

(5)逐级加载。每次增加一个砝码，记录百分表读数，并随时计算出前后两次读数之差 $\Delta\delta_i$，以检验在等量加载条件下，$\Delta\delta_i$ 是否大致相等。

(6)重复试验 2～3 次，取其中最好的一组数据进行处理。

(7)将试验现场恢复原样，结束试验。

11.4.5　注意事项

(1)砝码要轻拿轻放，不要冲击加载，不要在加力杆或砝码盘上施加过大力气。

(2)不要随意拆卸或转动百分表，保证百分表的表杆与扭角仪的臂杆间稳定、良好的接触。

11.4.6　思考题

(1)用等增量法加载测剪切模量 G 与一次直接加载到最终值测得的 G 有何不同？

(2)用拉伸(压缩)试验能否间接测量材料的剪切模量 G？

11.5　金属材料的冲击试验

11.5.1　试验目的

(1)掌握金属材料常温冲击试验方法。

(2)了解冲击试验的意义与用途。

(3) 测定低碳钢和铸铁的冲击吸收能量 K，并观察和比较断口形貌。

(4) 熟悉 JSB 数显摆锤冲击试验机的使用。

11.5.2　试验设备、仪器和试件

(1) 设备和仪器：JSB 数显摆锤冲击试验机、游标卡尺。

(2) 试件：标准尺寸冲击试件，长度为 55mm，横截面为 10mm×10mm 方形截面。

11.5.3　试验原理

试验时，把试件正确定位在冲击试验机上，且缺口处在弯曲受拉侧，冲击载荷作用点在缺口背面。将冲击试验机摆锤(重量 W)提升至一定高度 H(摆锤重心相对于试件中心的高度)，然后使摆锤自由下落冲击试件，摆锤冲断试件后上扬的最大高度为 h。若不计空气阻力及摩擦力，则试件被冲断时吸收的能量 K 应等于冲击过程中摆锤势能的改变量，即

$$K = W(H - h) \tag{11-17}$$

从液晶显示屏上可以直接读出试件的冲击吸收能量 K，试验结果至少应保留两位有效数字。

11.5.4　试验步骤

(1) 测量试件尺寸，包括长、宽、高和缺口处断面尺寸。

(2) 选择冲击能量的开关档位，液晶屏显示对应的锤头重量，并检查摆锤空打时的回零差或空载能耗。

(3) 调节两个支座之间的距离，使其对称于摆锤刀刃中线。

(4) 安装试件。将试件放置在试验机的支座上，使试件缺口背对并对称于摆锤刀刃。

(5) 开始试验。将摆锤挂到挂摆位置，按清零键，按冲击键，摆锤即自动下落冲击试件。

(6) 冲击后液晶屏显示冲击能量最大值 K，做好记录，并观察试件断口形貌。

11.5.5　注意事项

(1) 使用前应检查摆杆、摆杆连杆螺钉是否松动，各部件是否正常。

(2) 试验过程中，根据被测材料的冲击吸收能量的大小选用相应能量级的锤头，避免打死现象，防止摆杆出现弯曲变形影响试验精度。

(3) 开始试验时，在摆锤的摆动范围内禁止有人站立。

11.5.6　思考题

(1)冲击试件为什么要开缺口？

(2)如何判断冲击试验的结果是否有效？

(3)冲击载荷试验与静载荷试验有何不同？

11.6　金属材料弹性模量和泊松比的测定

11.6.1　试验目的

(1)测定低碳钢材料的弹性模量 E 和泊松比 μ 。

(2)验证胡克定理。

(3)熟悉电测法原理和电阻应变仪的使用。

(4)熟悉电子万能材料试验机的操作方法。

11.6.2　试验设备、仪器和试件

(1)设备和仪器：电子万能材料试验机、静态电阻应变仪。

(2)试件：贴有应变计的矩形截面试件。

11.6.3　试验原理

试验采用矩形截面板式轴向拉伸试件(图 11-10)，试件横截面面积 A=384mm^2，为消除载荷偏心影响，在试件中部前后两面对称地粘贴一对轴向应变计 R_1、R_3 和一对横向应变计 R_2、R_4。将这四枚应变计接入静态电阻应变仪，接线方式为单臂工作半桥连接、共用温度补偿计。当试件受到轴向载荷时，利用这四枚应变计可以测出试件上的轴向线应变ε_l和横向线应变ε_t。根据胡克定律，在弹性范围内有

$$E=\frac{\sigma}{\varepsilon_l} \tag{11-18}$$

式中，$\sigma=\dfrac{F}{A}$ 为试件横截面上的正应力。

$$\mu=\left|\frac{\varepsilon_t}{\varepsilon_l}\right| \tag{11-19}$$

为了减少测量误差，试验采用多级等增量加载。数据处理采用拟合法。

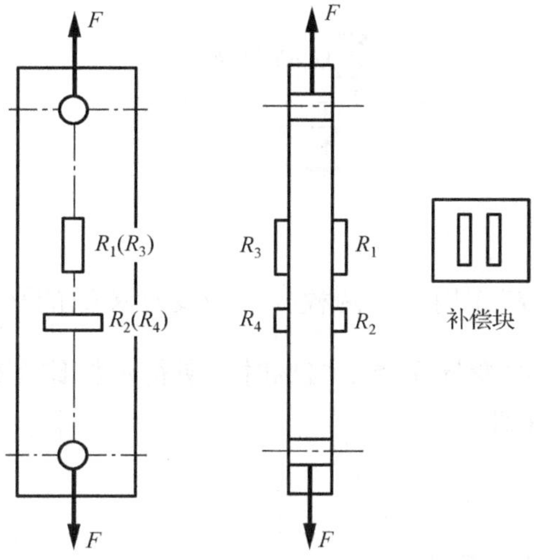

图 11-10　试件及应变计布置图

弹性模量的表达式为

$$E=\frac{\sum_{i=1}^{k}(\varepsilon_{li}\sigma_i)-k\overline{\varepsilon_l}\,\overline{\sigma}}{\sum_{i}^{k}\varepsilon_{li}^2-k\overline{\varepsilon_l}^2} \tag{11-20}$$

式中，ε_{li} 为第 i 级载荷 F_i 作用下，两枚轴向应变计读数的平均值；$\overline{\varepsilon_l}=\frac{\sum_{i=1}^{k}\varepsilon_{li}}{k}$；$\sigma_i$ 为第 i 级载荷 F_i 作用下，试件横截面上的正应力；$\overline{\sigma}=\frac{\sum_{i=1}^{k}\sigma_i}{k}$；$k$ 为加载级数。

只有当拟合直线的斜率变异系数 $\upsilon<2\%$ 时，所得弹性模量 E 有效。斜率变异系数 υ 的表达式为

$$\upsilon=\left[\left(\frac{1}{\gamma^2}-1\right)\Big/(k-2)\right]^{\frac{1}{2}}\times 100\% \tag{11-21}$$

其中

$$\gamma^2=\left[\sum(\varepsilon_{li}\sigma_i)-\frac{\sum\varepsilon_{li}\sum\sigma_i}{k}\right]^2\Bigg/\left\{\left[\sum\varepsilon_{li}^2-\frac{\left(\sum\varepsilon_{li}\right)^2}{k}\right]\left[\sum\sigma_i^2-\frac{\left(\sum\sigma_i\right)^2}{k}\right]\right\}$$

泊松比的表达式为

$$\mu = \frac{\sum_{i=1}^{k}(\varepsilon_{ti}\varepsilon_{li}) - k\overline{\varepsilon}_t\overline{\varepsilon}_l}{\sum_{i=1}^{k}\varepsilon_{li}^2 - k\overline{\varepsilon}_l^2} \tag{11-22}$$

式中，ε_{ti}为第 i 级载荷 F_i 作用下，两枚横向应变计读数的平均值；$\overline{\varepsilon}_t = \frac{\sum_{i=1}^{k}\varepsilon_{ti}}{k}$。

当该拟合直线的斜率变异系数υ<2%时，所得泊松比有效。斜率变异系数的表达式可仿照式(11-21)得到。

11.6.4 试验步骤

(1)打开应变仪电源，预热。

(2)试验机准备。打开试验机钥匙开关，打开计算机主机及显示屏，打开控制主程序并联机。

(3)根据试件尺寸和材料的屈服强度，估计最大载荷，选取适当的初始载荷，分 8 级拟定加载方案。

(4)将试件用销轴夹好，载荷清零。

(5)按单臂工作半桥方式将应变计的测量导线与应变仪连接。设置应变仪的灵敏系数，各通道预调平衡。

(6)开始试验。单击“试验开始”按钮开启试验机，然后逐级加载至终值，并逐级记录应变仪各通道的应变读数。

(7)结束试验。卸载为零，关闭试验机和应变仪，将试验机和应变仪恢复原样。

11.6.5 注意事项

(1)本试验是在线弹性范围内加载，切忌载荷超过比例极限。加载速度要慢，尤其在最初加载时要控制加载速度，避免突然加载的情况发生。

(2)试验开始后，应避免挪动应变仪和触碰测量导线，以免应变读数发生变化。

11.6.6 思考题

(1)测量弹性模量时，为什么要用等增量法进行试验？用等增量法施加载荷求出的弹性模量与一次加载到最终值求出的弹性模量是否相同？

(2)为什么要在试件的两个侧面都粘贴应变计？

(3)可否采用其他桥路接法测量材料的弹性模量和泊松比？试自行设计试验方案。

11.7　偏心拉伸实验

11.7.1　实验目的

(1) 测定低碳钢材料的弹性模量 E、泊松比 μ 和载荷偏心距 e。

(2) 熟悉电测法原理和电阻应变仪的使用。

(3) 熟悉电子万能材料试验机的操作方法。

11.7.2　实验设备、仪器和试件

(1) 设备和仪器：电子式万能材料试验机、静态电阻应变仪。

(2) 试件：贴有应变计的矩形截面试件。

11.7.3　实验原理

实验采用矩形板式偏心拉伸试件(图 11-11)，截面宽度 b=40mm，厚度 t=12.5mm。在试件中部两侧面对称地贴一对轴向应变计 R_1、R_3 和一对横向应变计 R_2、R_4。在偏心力 F 作用下，试件变形为轴向拉伸和弯曲的组合，四枚应变计感应的线应变分别为

$$\varepsilon_1 = \varepsilon_l + \varepsilon_w \tag{11-23a}$$

$$\varepsilon_2 = -\mu\varepsilon_1 = -\mu(\varepsilon_l + \varepsilon_w) \tag{11-23b}$$

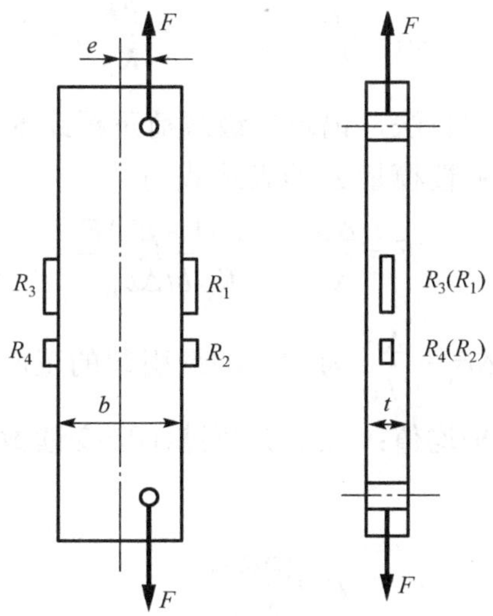

图 11-11　试件及应变计布置图

$$\varepsilon_3=\varepsilon_l-\varepsilon_w \tag{11-23c}$$

$$\varepsilon_4=-\mu\varepsilon_3=-\mu(\varepsilon_l-\varepsilon_w) \tag{11-23d}$$

式中，ε_l 和 ε_w 分别为轴力和弯矩引起的轴向线应变的绝对值。

如图 11-12 所示，采用适当的组桥方式可以将轴向线应变 ε_l 和 ε_w 分别测量出来，进一步计算出材料的弹性模量 E、泊松比 μ 和载荷偏心距 e。

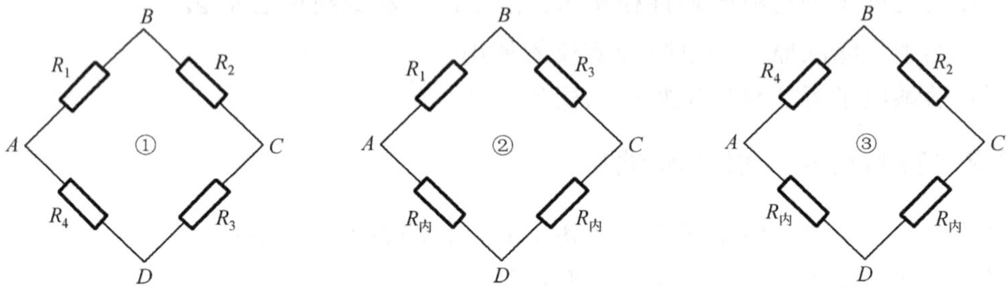

图 11-12 测量桥路

根据电阻应变仪测量原理，桥路①应变读数为

$$\varepsilon_{\mathrm{d1}}=\frac{K}{K_{仪}}(\varepsilon_1-\varepsilon_2+\varepsilon_3-\varepsilon_4)=\frac{2K}{K_{仪}}(1+\mu)\ \varepsilon_l \tag{11-24}$$

桥路②的应变读数为

$$\varepsilon_{\mathrm{d2}}=\frac{K}{K_{仪}}(\varepsilon_1-\varepsilon_3)=\frac{2K}{K_{仪}}\varepsilon_w \tag{11-25}$$

桥路③的应变读数为

$$\varepsilon_{d3}=\frac{K}{K_{仪}}(\varepsilon_4-\varepsilon_2)=\frac{2K}{K_{仪}}\mu\varepsilon_w \tag{11-26}$$

实验采用多级等增量加载法，记录各级载荷下桥路的应变读数，计算各桥路应变读数增量的平均值，则弹性模量 E 的表达式为

$$E=\frac{\Delta\sigma_l}{\overline{\Delta\varepsilon_l}}=\frac{2K(1+\mu)\Delta F}{K_{仪}bt\overline{\Delta\varepsilon_{\mathrm{d1}}}} \tag{11-27}$$

式中，ΔF 为载荷增量；$\Delta\sigma_l=\dfrac{\Delta F}{bt}$ 为轴力增量引起的正应力增量；$\overline{\Delta\varepsilon_l}$ 为轴力增量引起的轴向线应变增量的平均值；$\overline{\Delta\varepsilon_{\mathrm{d1}}}$ 为桥路①应变读数增量的平均值。

泊松比 μ 的表达式为

$$\mu=\left|\frac{\overline{\Delta\varepsilon_{\mathrm{d3}}}}{\overline{\Delta\varepsilon_{\mathrm{d2}}}}\right| \tag{11-28}$$

式中，$\overline{\Delta\varepsilon_{\mathrm{d2}}}$ 和 $\overline{\Delta\varepsilon_{\mathrm{d3}}}$ 为桥路②和桥路③应变读数增量的平均值。

偏心距 e 的表达式为

$$e=\frac{\Delta M}{\Delta F}=\frac{E\overline{\Delta\varepsilon_w}W}{\Delta F}=\frac{K_{仪}Etb^2\overline{\Delta\varepsilon_{d2}}}{12K\Delta F} \tag{11-29}$$

式中，$\Delta M=\Delta F\times e$ 为弯矩增量；$W=\dfrac{tb^2}{6}$ 为矩形截面的弯曲截面系数；$\overline{\Delta\varepsilon_w}$ 为弯矩增量引起的轴向线应变增量的平均值。

11.7.4　实验步骤

(1) 打开应变仪电源，预热。

(2) 试验机准备。打开试验机钥匙开关，打开计算机主机及显示屏，打开控制主程序并联机。

(3) 根据试件尺寸和材料的屈服强度，估计最大载荷，选取适当的初始载荷，分 4～6 级拟定加载方案。

(4) 将试件用销轴夹好，载荷清零。

(5) 按照设计的桥路将应变计的测量导线与应变仪连接，设置应变仪的灵敏系数，各通道预调平衡。

(6) 开始实验。单击“试验开始”按钮开启试验机，然后逐级加载至终值，并逐级记录应变仪各通道的应变读数。

(7) 结束实验。卸载为零，关闭试验机和应变仪，将试验机和应变仪恢复原样。

11.7.5　注意事项

(1) 本实验是在线弹性范围内加载，切忌载荷超过比例极限。加载速度要慢，尤其在最初加载时要控制加载速度，避免突然加载的情况发生。

(2) 实验开始后，应避免挪动应变仪和触碰测量导线，以免应变读数发生变化。

11.7.6　思考题

(1) 可否采用其他桥路接法测量轴力引起的轴向线应变 ε_l 和弯矩引起的轴向线应变 ε_w？试自行设计实验方案。

(2) 当测定偏心拉伸中性轴的位置时，该如何粘贴应变计，如何设计桥路？

11.8　梁的纯弯曲正应力实验

11.8.1　实验目的

(1) 测量弯曲变形时的正应力分布，并与理论值比较以验证弯曲正应力公式。

(2) 进一步熟悉电测法和电阻应变仪的使用。

11.8.2　实验设备、仪器和试件

(1) 设备和仪器：材料力学综合实验台架、静态电阻应变仪、力传感器、辅助工具和量具。

(2) 试件：矩形截面纯弯曲梁。

11.8.3　实验原理

实验采用承受对称载荷作用的低碳钢矩形截面梁(图 11-13)，截面宽度 $b=20\text{mm}$，高度 $h=40\text{mm}$，长度 $l=620\text{mm}$，$a=150\text{mm}$。梁的中段为纯弯曲，在纯弯曲条件下，梁横截面上任一点的正应力公式为

$$\sigma=\frac{My}{I_z} \tag{11-30}$$

式中，$M=\dfrac{Fa}{2}$ 为作用在梁横截面上的弯矩；$I_z=\dfrac{bh^3}{12}$ 为梁横截面对中性轴 z 的惯性矩；y 为所求应力点到中性轴的距离。

在梁的中间截面上沿高度 h 等间距粘贴五枚轴向应变计。将五枚应变计接入静态电阻应变仪，接线方式为单臂工作半桥，共用温度补偿计。当梁承受载荷时，可测得各应变计的读数，然后根据胡克定律计算出各点的应力。

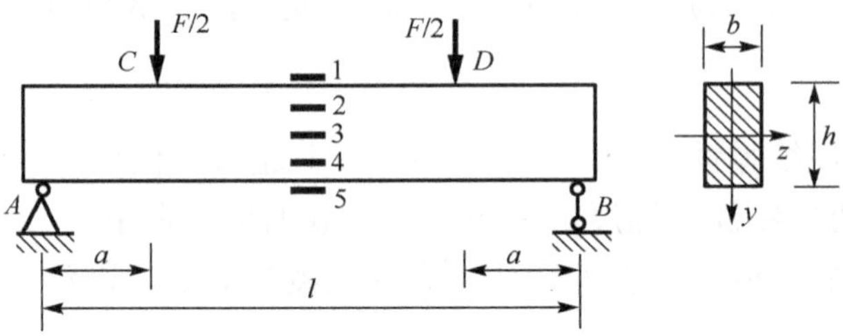

图 11-13　纯弯曲梁及应变计布置示意图

实验加载装置如图 11-14 所示。纯弯曲梁架于支座上，转动手轮，通过涡轮蜗杆施力 F 于辅梁的中点，再通过两个拉杆将载荷 $F/2$ 对称作用于梁上，使梁发生纯弯曲，载荷大小可通过力传感器测出。

实验采用多级等增量加载法，若每次加载增量为 ΔF，第 i 测点的第 j 次加载的应变增量为 $\Delta\varepsilon_{ij}$，根据各次测量结果求出 i 测点的平均应变增量 $\Delta\bar{\varepsilon}_i$，则测点的应力增量为

$$\Delta\sigma_i=E\Delta\bar{\varepsilon}_i \tag{11-31}$$

将实验应力增量值与理论应力增量值进行比较，检验测试误差。

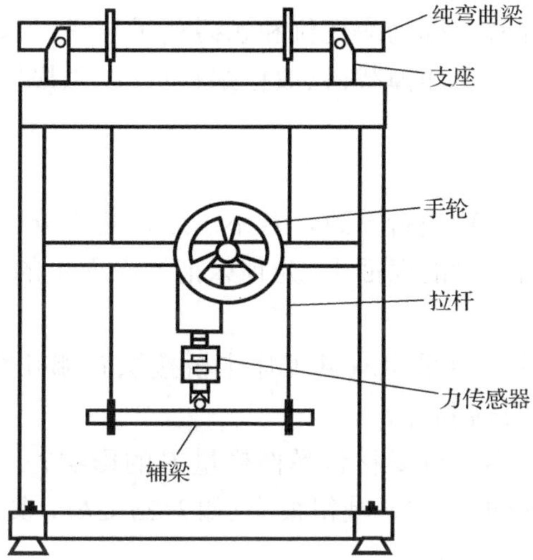

图 11-14　纯弯曲梁加载示意图

11.8.4　实验步骤

(1)打开应变仪电源，预热。

(2)根据实验台架上的标尺，检查纯弯曲梁的安装情况，调整辅梁的两个拉杆的刀架距离对称于中点，尽量使力作用线通过梁的纵向对称面，以保证梁的中部为纯弯曲变形。

(3)用游标卡尺测量实验梁横截面尺寸 b、h，确定各应变计轴线至梁的中性层的距离，用钢尺测量载荷作用点到支座的距离 a。

(4)根据梁的尺寸和材料的屈服强度，估计最大载荷，选取适当的初始载荷，分 4～6 级拟定加载方案。

(5)接好应变计的桥路和测力传感器，调整好仪器和加载装置(应变仪灵敏系数设置、各通道预调平衡、测力输出初始清零等)，检查整个测试系统是否处于工作状态。

(6)均匀缓慢逐级加载。每增加一级载荷，记下各通道的应变读数，并观察应变是否按比例增长，直至加到最大载荷。实验重复 2～3 次，直到结果令人满意，取其中最好的一组作为实验数据。

(7)完成全部实验后，卸掉载荷，关闭电源，拆除应变计测量导线，清理现场，将所有仪器设备复原。

11.8.5　注意事项

(1)加载时，手轮应平稳转动，不易过快，待测力显示数值稳定在指定载荷时，停止转动手轮进行应变测量。

(2) 实验开始后，应避免挪动应变仪和触碰测量导线，以免应变读数发生变化。

(3) 实验完成后，一定要卸掉载荷(放松蜗杆)，以免损坏传感器和试件。

11.8.6 思考题

(1) 实验结果和理论计算是否一致，若不一致，其影响因素是什么？

(2) 电阻应变计粘贴在梁的表面上，为什么把梁表面上的应变看成梁横截面上的应变？其依据是什么？

(3) 该实验的应变计可否采用双臂工作半桥接法？哪几个应变计可以这样接？这样接和单臂半桥相比有何利弊？

(4) 弯曲正应力的大小是否受材料弹性模量 E 的影响？

(5) 若将图加载点的间距 $l-2a$ 减得很小(如 $l-2a<2h$)，其他实验条件不变，能否得到相同的实验结果？

11.9 叠合梁应力分布规律测定

11.9.1 实验目的

(1) 测定叠合梁纯弯曲时横截面上正应力的分布规律，并与理论计算结果进行比较，验证弯曲正应力公式。

(2) 进一步熟悉电子万能材料试验机和静态电阻应变仪的使用。

11.9.2 实验设备、仪器和试件

(1) 设备和仪器：微控电子万能材料试验机、静态电阻应变仪、辅助工具和量具。

(2) 试件：叠合梁纯弯曲试件。

11.9.3 实验原理

在实际结构中，由于工作需要，把单一的梁、板、柱等构件组合起来，形成另一种新的结构形式加以应用。实际结构中的叠合梁的工作状态是复杂多样的，为了便于在实验室进行实验，本实验仅选择两根横截面面积相同的矩形梁，考虑两根梁粘合在一起和自由叠合在一起两种情况，用电测法测定其横截面上的应力分布规律，了解叠合梁与单根梁应力分布的异同点。

1. 两根梁粘合在一起

如图 11-15 所示的叠合梁，由两种不同材料的矩形截面梁粘合在一起，在弯曲变形过程中两根梁之间无相对错动，则叠合梁横截面可视为整体。设上梁的弹性模

量为 E_1，下梁的弹性模量为 E_2，且 $E_1<E_2$，两根梁的横截面尺寸相同。由于两种材料的弹性模量不同，则叠合梁在纯弯曲时，其中性轴的位置不在叠合梁截面的几何形心位置，会偏向弹性模量大的下梁。

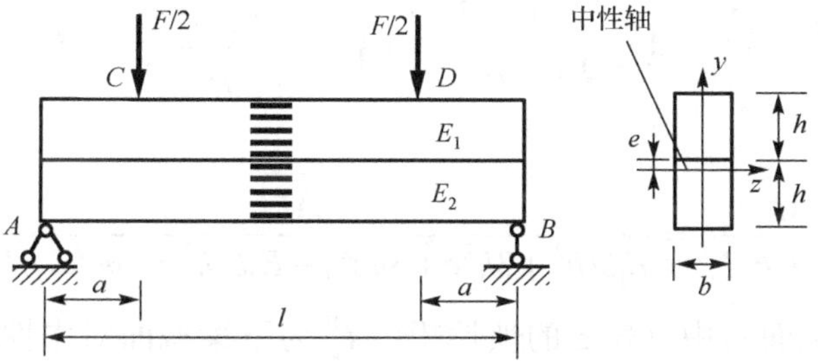

图 11-15 粘合叠合梁及应变计布置示意图

设上梁横截面底端距叠合梁截面中性轴的距离为 e。由平面假设可知，叠合梁横截面上各点处的轴向线应变沿截面高度呈线性规律变化，任一点 y 处的轴向线应变为

$$\varepsilon = \frac{y}{\rho} \tag{11-32}$$

式中，ρ 为中性层的曲率半径。当两种材料均处于线弹性范围时，由单向应力状态下的胡克定律，可得上下梁横截面上的弯曲正应力，它们分别为

$$\sigma_1 = E_1\varepsilon = \frac{E_1 y}{\rho} \tag{11-33a}$$

$$\sigma_2 = E_2\varepsilon = \frac{E_2 y}{\rho} \tag{11-33b}$$

叠合梁横截面上正应力满足下列两个静力学关系：

$$\int_{A_1} \sigma_1 \mathrm{d}A + \int_{A_2} \sigma_2 \mathrm{d}A = 0 \tag{11-34}$$

$$\int_{A_1} y\sigma_1 \mathrm{d}A + \int_{A_2} y\sigma_2 \mathrm{d}A = M \tag{11-35}$$

式中，A_1 为上梁的横截面面积；A_2 为下梁的横截面面积；$M = \dfrac{Fa}{2}$ 为叠合梁横截面上的总弯矩。

由式(11-34)可得

$$-\int_{e}^{h+e} E_1 \frac{y}{\rho} b\mathrm{d}y - \int_{0}^{e} E_2 \frac{y}{\rho} b\mathrm{d}y + \int_{-(h-e)}^{0} E_2 \frac{y}{\rho} b\mathrm{d}y = 0 \tag{11-36}$$

进一步可求得

$$e=\frac{h}{2}\cdot\frac{E_2-E_1}{E_1+E_2} \tag{11-37}$$

由式(11-35)可得

$$\int_e^{h+e}\frac{E_1by^2}{\rho}\mathrm{d}y+\int_0^e\frac{E_2by^2}{\rho}\mathrm{d}y+\int_{-(h-e)}^0\frac{E_2by^2}{\rho}\mathrm{d}y=M \tag{11-38}$$

进一步可求得

$$\frac{1}{\rho}=\frac{M}{E_1I_z^{\mathrm{I}}+E_2I_z^{\mathrm{II}}}=\frac{3M}{E_1b(h^3+3h^2e+3he^2)+E_2b(h^3+3he^2-3h^2e)} \tag{11-39}$$

式中，I_z^{I}为上梁截面对中性轴z的惯性矩；I_z^{II}为下梁截面对中性轴z的惯性矩。

因此上下梁横截面上的正应力表达式为

$$\sigma_1=\frac{ME_1y}{E_1I_z^{\mathrm{I}}+E_2I_z^{\mathrm{II}}}=\frac{3ME_1y}{E_1b(h^3+3h^2e+3he^2)+E_2b(h^3+3he^2-3h^2e)} \tag{11-40a}$$

$$\sigma_2=\frac{ME_2y}{E_1I_z^{\mathrm{I}}+E_2I_z^{\mathrm{II}}}=\frac{3ME_2y}{E_1b(h^3+3h^2e+3he^2)+E_2b(h^3+3he^2-3h^2e)} \tag{11-40b}$$

2. 两根梁自由放置在一起

如图 11-16 所示，若上下梁自由放置在一起，则两根梁绕各自的中性轴发生弯曲，上下梁承担的弯矩M_1和M_2满足

$$M_1+M_2=M \tag{11-41}$$

两根梁的曲率半径ρ_1和ρ_2可认为近似相等。因此有

$$\frac{M_1}{E_1I_{z_1}}=\frac{M_2}{E_2I_{z_2}} \tag{11-42}$$

式中，I_{z_1}为上梁横截面对自身中性轴z_1的惯性矩；I_{z_2}为下梁横截面对自身中性轴z_2的惯性矩。

联立式(11-41)和式(11-42)可得M_1和M_2，进而求出上下梁横截面上的正应力，其表达式为

$$\sigma_1=\frac{M_1y_1}{I_{z_1}}=\frac{ME_1y_1}{E_1I_{z_1}+E_2I_{z_2}} \tag{11-43a}$$

$$\sigma_2=\frac{M_2y_2}{I_{z_2}}=\frac{ME_2y_2}{E_1I_{z_1}+E_2I_{z_2}} \tag{11-43b}$$

式中，y_1为上梁横截面上的任一点距z_1轴的距离；y_2为下梁横截面上的任一点距z_2轴的距离。

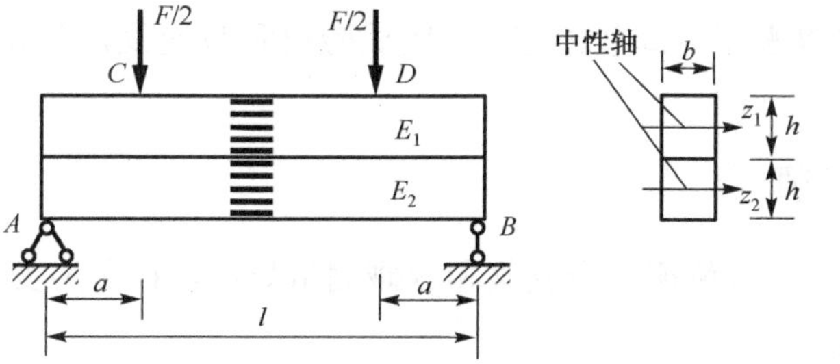

图 11-16　自由叠合梁及应变计布置示意图

本实验只考虑两根矩形梁自由叠合的情况，上下梁均采用低碳钢材料，弹性模量为 210GPa，截面宽度 b=80mm，高度 h=40mm，长度 l=380mm，a=100mm。

为了测定自由叠合梁应力沿横截面高度的变化规律，在上下梁的中间截面上沿轴向各粘贴 5 枚电阻应变计，沿梁高等间距分布，其中梁的上下边缘和中性轴各贴一枚。将 10 枚应变计分别接入静态电阻应变仪，接线方式为单臂工作半桥，共用温度补偿计。当梁承受载荷时，可测得各应变计的读数，然后根据胡克定律计算出各点的应力。

实验采用多级等增量加载法，若每次加载增量为 ΔF，第 i 测点的第 j 次加载的应变增量为 $\Delta\varepsilon_{ij}$，根据各次测量结果求出 i 测点的平均应变增量 $\Delta\overline{\varepsilon}_i$，则测点的应力增量为

$$\Delta\sigma_i = E\Delta\overline{\varepsilon}_i \tag{11-44}$$

将实验应力增量值与理论应力增量值进行比较，检验测试误差。

11.9.4　实验步骤

(1) 打开应变仪电源，预热。

(2) 试验机准备。打开试验机钥匙开关，打开计算机主机及显示屏，打开控制主程序并联机。

(3) 用游标卡尺测量实验梁横截面尺寸 b、h，确定各应变计轴线至梁的中性层的距离，用钢尺测量载荷的作用点到支座的距离 a。

(4) 根据叠合梁的尺寸和材料的屈服强度，估计最大载荷，选取适当的初始载荷，分 4～6 级拟定加载方案。

(5) 采用单臂工作、温度补偿的半桥桥路，将各测点的工作应变计和温度补偿计分别接到应变仪上，调整好电阻应变仪（应变仪灵敏系数设置、各测点预调平衡等）和电子万能材料试验机，检查整个测试系统是否处于工作状态。

(6) 单击“试验开始”开启试验机，均匀缓慢逐级加载。每增加一级载荷，记下各测点的应变读数，并观察应变是否按比例增长，直到加到最大载荷。实验重复 2～3 次，直到结果令人满意，取其中最好的一组作为实验数据。

⑺完成全部实验后，卸载为零，关闭试验机和应变仪，将试验机和应变仪恢复原样。

11.9.5 注意事项

实验开始后，应避免挪动应变仪和触碰测量导线，以免应变读数发生变化。

11.9.6 思考题

⑴矩形截面自由叠合梁如果上下梁材料不同，宽度和高度相同，同一截面处的弯矩如何分配？

⑵矩形截面自由叠合梁如果上下梁材料相同，宽度相同，但高度不同，同一截面处的上下表面的最大正应力的绝对值是否相等？

11.10 薄壁圆筒的弯扭组合变形应力测定

11.10.1 实验目的

⑴测定薄壁圆筒指定点的主应力大小和主方向，并和理论结果进行比较。

⑵测定薄壁圆筒指定点的弯曲正应力和扭转切应力。

⑶学习电阻应变花的应用。

⑷练习桥路的连接方法，进一步掌握电测法的基本原理及电阻应变仪的使用方法。

11.10.2 实验设备、仪器和试件

⑴设备和仪器：材料力学综合实验台架、静态电阻应变仪、力传感器。

⑵试件：贴有三轴 45° 应变花的铝合金薄壁圆筒。

11.10.3 实验原理

1. 测定主应力的大小和方向

薄壁圆筒弯扭组合变形装置如图 11-17 所示。薄壁圆筒为铝合金材料，其弹性模量 E=71GPa，泊松比 μ=0.32，圆筒外径 D = 40mm，内径 d = 34mm，长度 l_1 = 250mm，l_2 = 300mm。在载荷 F 作用下，圆筒的 I-I 截面上产生弯矩 M 和扭矩 T 两种内力，它们在截面上分别引起弯曲正应力和扭转切应力。其中在截面的上下 A、B 两点弯曲正应力和扭转切应力均最大，分别用 σ 和 τ 所示，则

$$\sigma = \frac{M}{W_z} \tag{11-45}$$

$$\tau = \frac{T}{W_p} \tag{11-46}$$

其中，弯矩 $M = Fl_2$；扭矩 $T = Fl_1$；W_z 和 W_p 分别为薄壁圆截面弯曲截面系数和扭转截面系数，表达式为

$$W_z = \frac{\pi D^3}{32}\left[1-\left(\frac{d}{D}\right)^4\right], \quad W_p = \frac{\pi D^3}{16}\left[1-\left(\frac{d}{D}\right)^4\right]$$

进一步由平面应力状态分析可得 A、B 两点主应力的大小及其方向，即

$$\begin{matrix}\sigma_1 \\ \sigma_3\end{matrix} = \frac{\sigma}{2} \pm \sqrt{\left(\frac{\sigma}{2}\right)^2 + \tau^2} \tag{11-47}$$

$$\tan 2\alpha_0 = \frac{-2\tau}{\sigma} \tag{11-48}$$

式中，α_0 表示由正应力 σ 方向转向主应力 σ_1 方向的夹角，逆时针为正。

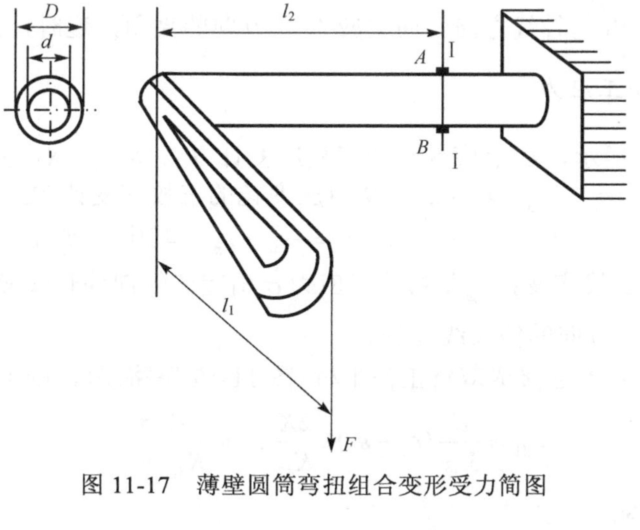

图 11-17　薄壁圆筒弯扭组合变形受力简图

如何由实验来测定 A、B 两点主应力的大小及其方向呢？由平面应变分析和广义胡克定律可知，若某点任意三个方向的线应变已知，就能计算出该点主应力的大小及其方向。因此，要测量某点主应力的大小及其方向，必须在测点布置三枚应变计，工程中常采用应变花测定。如图 11-18 所示，I-I 截面上的 A、B 两点粘贴的是三轴 45° 应变花。

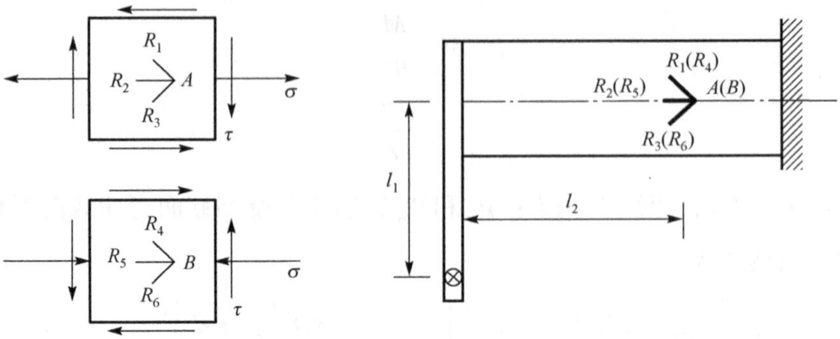

图 11-18　应变花的粘贴

将应变花的三枚应变计接入静态电阻应变仪，接线方式为单臂工作半桥，共用温度补偿计。采用多级等增量加载，在每一级载荷作用下，分别测得三个方向的应变值 ε_1、ε_2 和 ε_3，则 A 点主应力的大小及其方向为

$$\begin{matrix}\sigma_1\\ \sigma_3\end{matrix} = \frac{E}{2}\left[\frac{\varepsilon_1+\varepsilon_3}{1-\mu} \pm \frac{1}{1+\mu}\sqrt{(\varepsilon_1-\varepsilon_3)^2+(\varepsilon_1+\varepsilon_3-2\varepsilon_2)^2}\right] \tag{11-49}$$

$$\tan 2\alpha_0 = \frac{2\varepsilon_2-\varepsilon_1-\varepsilon_3}{\varepsilon_1-\varepsilon_3} \tag{11-50}$$

式中，α_0 表示由 R_1 的轴线方向转向主应力 σ_1 方向的夹角，逆时针为正。

2. 测定弯曲正应力

如图 11-18 所示，A 点应变花的三枚应变计 R_1、R_2 和 R_3 感受的应变分别为 $\varepsilon_1 = \varepsilon'_w + \varepsilon_n$，$\varepsilon_2 = \varepsilon_w$，$\varepsilon_3 = \varepsilon'_w - \varepsilon_n$；$B$ 点应变花的三枚应变计 R_4、R_5 和 R_6 感受的应变分别为 $\varepsilon_4 = -\varepsilon'_w - \varepsilon_n$，$\varepsilon_5 = -\varepsilon_w$，$\varepsilon_6 = -\varepsilon'_w + \varepsilon_n$。其中，$\varepsilon'_w$ 是弯曲正应力 σ 引起的 45° 方向的伸长线应变；ε_w 是弯曲正应力 σ 引起的轴向伸长线应变；ε_n 是扭转切应力 τ 引起的 45° 方向的伸长线应变。

(1) 利用 R_2 和 R_5 连接成双臂工作半桥（图 11-19 桥路①），则电桥的应变读数为

$$\varepsilon_{d1} = \frac{K}{K_{仪}}(\varepsilon_2-\varepsilon_5) = \frac{2K}{K_{仪}}\varepsilon_w = \frac{2K}{K_{仪}}\frac{\sigma}{E} \tag{11-51}$$

弯曲正应力为

$$\sigma = \frac{K_{仪}}{2K}E\varepsilon_{d1} \tag{11-52}$$

(2) 利用 R_1、R_4、R_3 和 R_6 依次连接成四臂工作全桥（图 11-19 桥路②），则电桥的应变读数为

$$\varepsilon_{d2}=\frac{K}{K_{仪}}(\varepsilon_1-\varepsilon_4+\varepsilon_3-\varepsilon_6)=\frac{4K}{K_{仪}}\varepsilon'_w \tag{11-53}$$

由广义胡克定律可知

$$\varepsilon'_w=\frac{1}{E}\left(\frac{\sigma}{2}-\mu\frac{\sigma}{2}\right)=\frac{\sigma}{2E}(1-\mu)=\frac{(1-\mu)}{2}\varepsilon_w \tag{11-54}$$

将式(11-54)代入式(11-53)得

$$\varepsilon_{d2}=\frac{4K}{K_{仪}}\varepsilon'_w=\frac{2K}{K_{仪}}(1-\mu)\varepsilon_w=\frac{2K}{K_{仪}}\frac{(1-\mu)}{E}\sigma \tag{11-55}$$

弯曲正应力为

$$\sigma=\frac{K_{仪}}{2K(1-\mu)}E\varepsilon_{d2} \tag{11-56}$$

3. 测定扭转切应力

(1)利用 R_1 和 R_3 连接成双臂工作半桥(图 11-19 桥路③)，则电桥的读数应变为

$$\varepsilon_{d3}=\frac{K}{K_{仪}}(\varepsilon_1-\varepsilon_3)=\frac{2K}{K_{仪}}\varepsilon_n \tag{11-57}$$

纯剪切应力状态下，切应变 γ 与 ε_n 满足 $\gamma=2\varepsilon_n$ 的关系，故

$$\varepsilon_{d3}=\frac{K}{K_{仪}}(\varepsilon_1-\varepsilon_3)=\frac{K}{K_{仪}}\gamma=\frac{K}{K_{仪}}\frac{\tau}{G} \tag{11-58}$$

扭转切应力为

$$\tau=G\gamma=\frac{K_{仪}}{K}G\varepsilon_{d3}=\frac{K_{仪}}{K}\frac{E}{2(1+\mu)}\varepsilon_{d3} \tag{11-59}$$

(2)利用 R_1、R_3、R_6 和 R_4 依次连接成四臂工作全桥(图 11-19 桥路④)，则电桥的应变读数为

$$\varepsilon_{d4}=\frac{K}{K_{仪}}(\varepsilon_1-\varepsilon_3+\varepsilon_6-\varepsilon_4)=\frac{4K}{K_{仪}}\varepsilon_{\mathrm{n}} \tag{11-60}$$

扭转切应力为

$$\tau=G\gamma=\frac{K_{仪}}{K}G\varepsilon_{d4}=\frac{K_{仪}}{K}\frac{E}{4(1+\mu)}\varepsilon_{d4} \tag{11-61}$$

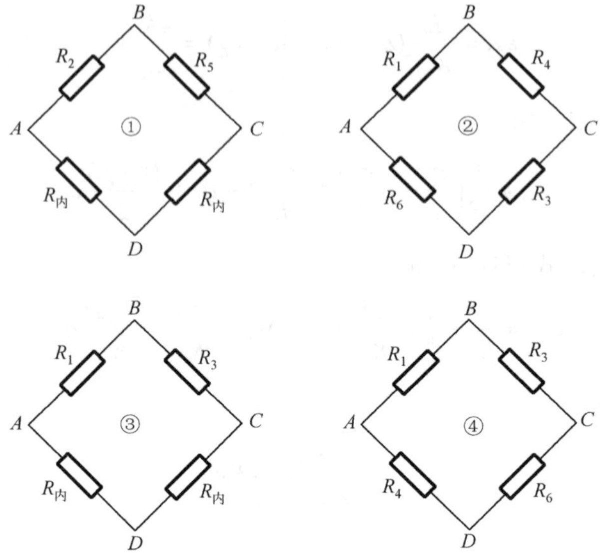

图 11-19　测量桥路

11.10.4　实验步骤

(1) 打开应变仪电源，预热。

(2) 根据薄壁圆筒的尺寸和材料的屈服强度，估计最大载荷，选取适当的初始载荷，分 4～6 级拟定加载方案。

(3) 接好应变计的桥路和测力传感器，调整好仪器和加载装置(应变仪灵敏系数设置、各测量通道预调平衡、测力输出初始清零等)，检查整个测试系统是否处于工作状态。

(4) 均匀缓慢逐级加载。每增加一级载荷，记下各测点的应变读数，并观察应变是否按比例增长，直到加到最大载荷。实验重复 2～3 次，直到结果令人满意，取其中最好的一组作为实验数据。

(5) 完成全部实验后，卸掉载荷，关闭电源，拆除应变计测量导线，清理现场，将所有仪器设备复原。

11.10.5　注意事项

(1) 弯扭组合装置中，圆筒的壁很薄。为避免装置受损，应注意不能超载，不能用力扳动圆筒的自由端和加力杆。

(2) 实验开始后，应避免挪动应变仪和触碰测量导线，以免应变读数发生变化。

(3) 实验完成后，一定要卸掉载荷，以免损坏传感器和试件。

11.10.6　思考题

(1) 本实验中应变花可否沿测点的任意方向布置？为什么？

(2) 本实验的测量误差主要由那些因素引起？分析误差产生的原因。

11.11　薄壁试件拉伸实验

11.11.1　实验目的

(1) 偏心载荷作用下，测定不等边角钢横截面上中性轴的位置。

(2) 测定载荷的偏心距。

11.11.2　实验设备、仪器和试件

(1) 设备和仪器：材料力学综合实验台架、静态电阻应变仪、力传感器、辅助工具和量具。

(2) 试件：薄壁不等边角钢。

11.11.3　实验原理

薄壁试件主要指直角等边或不等边、工字型、槽型、H 型、薄壁圆筒或方筒等钢材或轻质合金材料的型材。这些试件因其具有强度高、重量轻、造价低等特点，在建筑结构和桥梁工程中得到广泛应用。但由于结构的复杂多样性和联结方式的不同，薄壁试件即使作为桁架拉杆使用，也难以做到轴向拉伸，在压缩情况下还有稳定性问题。薄壁试件的拉伸实验可以设置多个加载点，能够做出多种组合的综合性和设计性实验，已在很多高校采用。这里介绍的是不等边角钢的拉伸实验。

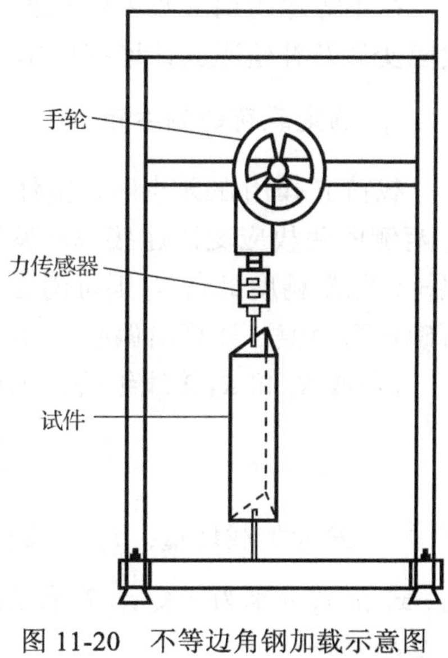

图 11-20　不等边角钢加载示意图

不等边角钢拉伸实验可在材料力学综合实验台架进行，其加载示意图如图 11-20 所示。实验时，转动加载手轮，通过涡轮蜗杆施加拉力 F 于不等边角钢拉伸试件上，载荷大小可通过力传感器测出。

薄壁不等边角钢边长为 40mm×50mm，壁厚为 0.9mm（图11-21），材料的弹性模量 E=200GPa。为便于加载，在其两端焊接两块对称

的连接板，板上分布 4 个螺孔(A、B、C、D)作为加载点，可对试件施加轴向(或偏心)载荷，其中 C 点位于角钢的形心位置，CA 连线为截面的一个形心主轴。实验选择 A 点为加力点。不等边角钢上粘贴 4 枚轴向应变计。

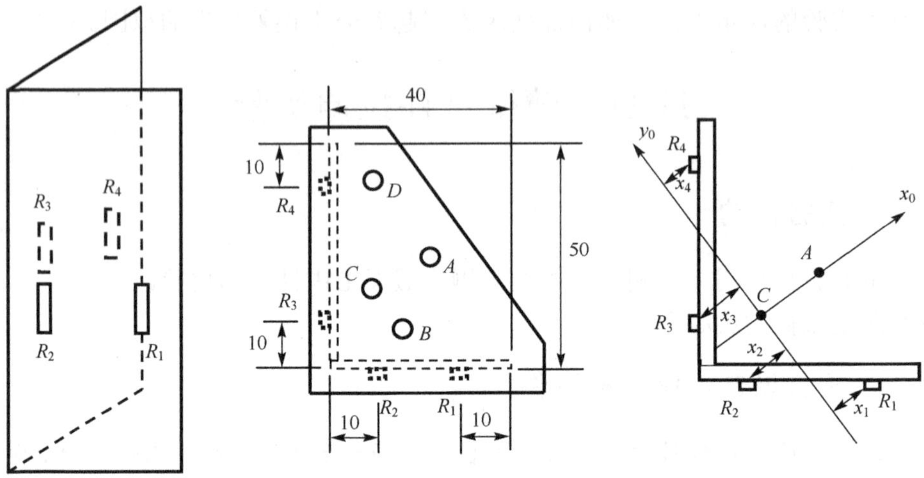

图 11-21　不等边角钢尺寸及应变计布置示意图

1. 确定中性轴位置

中性轴为横截面与中性层的交点，其上各点的正应力为零，根据胡克定律可知，其上各点的线应变亦为零。如果在某一截面上取 4 点测量其线应变，则可以找到该截面上的两个零应变点，两个零应变点的连线即为中性轴的位置。

在不等边角钢形心主轴 y_0 两侧粘贴有 R_1、R_2、R_3、R_4 四枚应变计，分别将这四枚应变计及补偿应变计连接成单臂工作半桥，测出 4 点的应变，即可确定中性轴。

2. 确定载荷的偏心距

载荷 F 作用在 A 点时，试件承受轴向拉伸和平面弯曲的组合变形。将形心主轴 y_0 两侧的两枚应变计连接成双臂工作的半桥(取弯曲线应变差值最大的两测点接线组桥，测量精度最高)，则可消去拉伸应变，测得该两点弯曲线应变的差值，进一步可确定弯矩值，计算出偏心距 $\overline{AC}$ 。

若取 R_1 和 R_3 接线组桥，则偏心距 $\overline{AC}$ 计算如下：

$$\overline{AC} = \frac{EI_{y_0}\overline{\varepsilon_d}}{\Delta F(x_1 + x_3)} \tag{11-62}$$

式中，ΔF 为加载增量；I_{y_0} 为截面对形心主轴 y_0 的惯性矩，其大小和方向需计算求得；x_1 和 x_3 分别为应变计 R_1 和 R_3 到形心主轴 y_0 的距离；$\overline{\varepsilon_d}$ 为各级加载增量下应变读数的平均值。

11.11.4　实验步骤

(1) 打开应变仪电源，预热。

(2) 根据不等边角钢的尺寸和材料的屈服强度，估计最大载荷，选取适当的初始载荷，分 4～6 级拟定加载方案。

(3) 接好应变计的桥路和测力传感器，调整好仪器和加载装置(应变仪灵敏系数设置、各测点预调平衡、测力输出初始清零等)，检查整个测试系统是否处于工作状态。

(4) 均匀缓慢逐级加载。每增加一级载荷，记下各测点的应变读数，并观察应变是否按比例增长，直到加到最大载荷。实验重复 2～3 次，直到结果令人满意，取其中最好的一组作为实验数据。

(5) 完成全部实验后，卸掉载荷，关闭电源，拆除应变计测量导线，清理现场，将所有仪器设备复原。

11.11.5　注意事项

(1) 实验开始后，应避免挪动应变仪和触碰测量导线，以免应变读数发生变化。

(2) 实验完成后，一定要卸掉载荷(放松蜗杆)，以免损坏传感器和试件。

11.11.6　思考题

什么是形心主惯性轴？如何确定不等边角钢的形心主惯性轴？

11.12　等差线条纹图绘制

11.12.1　实验目的

(1) 了解透射式光弹性仪各部分的名称和作用，初步掌握光弹性仪的使用方法，熟悉圆偏振光场的光路布置。

(2) 观察白光下等差线的特点，掌握等差线级数的确定方法。

(3) 掌握手绘等差线明暗场干涉条纹图的方法。

11.12.2　实验设备、仪器和试件

(1) 设备和仪器：透射式平面光弹性仪、加力架。

(2) 试件：对径受压环氧树脂圆盘模型。

11.12.3　实验原理

圆偏振光场透射式光弹性仪一般由光源、一对偏振片、一对 1/4 波片、成像透

镜和屏幕等组成，光学元件布置如图 11-22 所示。靠近光源的偏振片称为起偏镜，它将来自光源的自然光变为偏振光。靠近起偏镜的第一个 1/4 波片(其快轴和慢轴方向分别与起偏镜的偏振轴成 45°)将来自起偏镜的平面偏振光变成圆偏振光，模型后面的第二个 1/4 波片，其快轴和慢轴恰好与第一个 1/4 波片的快轴和慢轴正交，使来自受力模型后的圆偏振光还原为自起偏镜发出的平面偏振光。靠近观察屏幕的偏振片称为检偏镜(又称为分析镜)，它将受力模型各方向上的光波合成到偏振方向，以便观察分析。

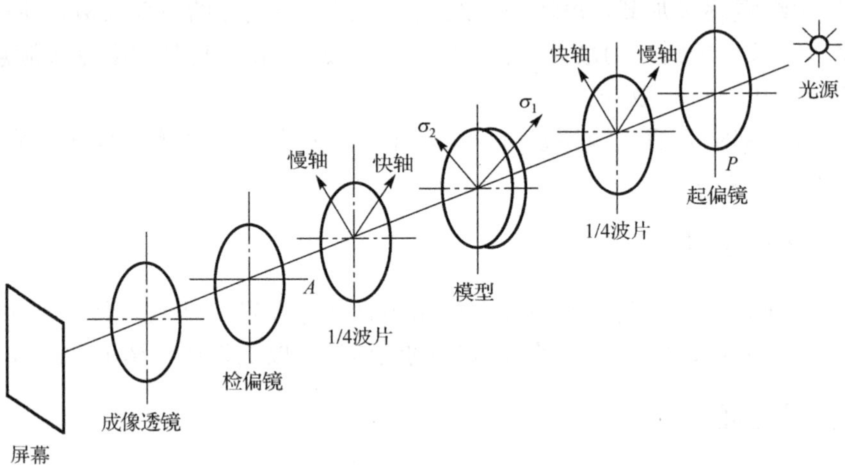

图 11-22　透射式光弹性仪(圆偏振光场)

在圆偏振光场的暗场中，单色平面偏振光通过 1/4 波片后形成圆偏振光，圆偏振光经受力模型产生双折射，在通过检偏镜后发生光干涉现象。根据光的波动理论，图 11-22 的光学元件布置可用式(11-63)描述干涉后的光强度：

$$I = K\left(a\sin\frac{\alpha}{2}\right)^2 = K\left(a\sin\frac{\pi R}{\lambda}\right)^2 = K\left(a\sin\frac{\pi Cd(\sigma_1-\sigma_2)}{\lambda}\right)^2 \tag{11-63}$$

式中，K 为光学常数；a 为光波通过起偏镜后光的振幅；α 为在模型中传播的两束平面偏振光通过模型后产生的相位差；λ 为光的波长；R 为光程差；d 为模型厚度；σ_1、σ_2 为模型上被测点的主应力；C 为模型材料的绝对应力光性系数。

由式(11-63)可以看出，光强度 I 与主应力的差值有关，与主应力方向无关。因此，在圆偏振光场中，消除了等倾线，得到只有等差线的条纹图。为使两束光波发生干涉，相互抵消，必须使光强度 $I=0$。所以 $\sin\frac{\pi Cd(\sigma_1-\sigma_2)}{\lambda}=0$，即

$$\sigma_1-\sigma_2=\frac{nf}{d} \tag{11-64}$$

式中，n=0，1，2，3，…，称为等差线条纹级数；$f=\lambda/C$ 为与光源和模型材料相关的常数，称为模型材料条纹值，单位为 N/(m·条)。

满足式(11-64)的众多点将形成暗条纹，该条纹上各点的主应力之差相同，故称这样的暗条纹为等差线。随着 n 取值的不同，可以分为 0 级等差线、1 级等差线等。因此，等差线可以确定模型上各点主应力的差值。

在圆偏振场的布置中使起偏镜和检偏镜的偏振轴平行，则得到圆偏振场明场。这时光强度的表达式仍然与主应力方向无关，只是等差线是半级数的，即 0.5 级、1.5 级、2.5 级等。

11.12.4　实验步骤

(1)将所有的光学元器件和光弹性圆盘模型放置于防振台的导轨上。

(2)打开白炽灯电源，调整所有光学元器件和光弹性圆盘模型的放置方向和高度，使其所有光轴在一条轴线上。

(3)调整检偏镜偏振轴使其水平，起偏镜的偏振轴与检偏镜偏振轴垂直。第一和第二个 1/4 波片的快轴分别与起偏镜和检偏镜的偏振轴成 45°。

(4)用加力架对圆盘模型缓慢施加对径压力，观察等差线的变化，准确判断零级条纹的位置。

(5)在观察屏上粘贴硫酸纸，将成像的圆盘用铅笔描在硫酸纸上，并将圆盘分成上下两半。施加适当的压力，用铅笔在圆盘上半部分描绘整级数等差线条纹。

(6)将检偏镜偏振轴旋转 90°，用铅笔在下半部分描绘半级数等差线条纹。

(7)关闭光源和电源，卸载为零，将光弹性圆盘模型取下，将光学元器件用防尘罩罩好。

11.12.5　注意事项

本实验模型较小，出现的等差线条纹级数不宜过多，3～4 级即可，即加载不宜太大。

11.12.6　思考题

(1)白光下和单色光下的等差线有何区别？如何确定等差线 0 级条纹？

(2)通过等差线如何直接确定自由边界点的应力值？

11.13　等倾线条纹图绘制

11.13.1　实验目的

(1)了解透射式光弹性仪各部分的名称和作用，初步掌握光弹性仪的使用方法，熟悉平面偏振光场的光路布置。

(2)观察白光下等倾线和等差线条纹图的特点，了解等倾线和等差线的区分方法。

(3)掌握手绘等倾线条纹图的方法。

11.13.2 实验设备、仪器和试件

(1)设备和仪器：透射式平面光弹性仪、加力架。

(2)试件：对径受压环氧树脂圆盘模型。

11.13.3 实验原理

平面偏振光场透射式光弹性仪一般由光源、一对偏振片、成像透镜和屏幕等组成，光学元件布置如图 11-23 所示。靠近光源的偏振片称为起偏镜，它将来自光源的自然光变为偏振光；靠近观察屏幕的偏振片称为检偏镜(又称为分析镜)，它将受力模型各方向上的光波合成到偏振方向，以便观察分析。

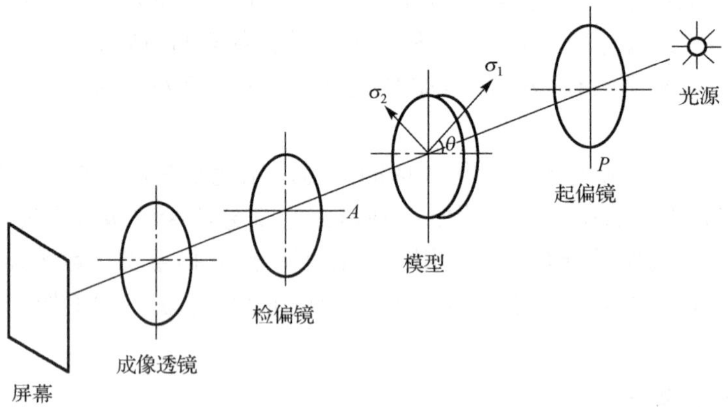

图 11-23 透射式光弹性仪(平面偏振光场)

在平面偏振光场的暗场中，单色平面偏振光通过受力模型产生双折射，在通过检偏镜后发生光干涉现象。根据光的波动理论，按图 11-23 的光学元件布置可用式(11-65)描述干涉后的光强度：

$$I = K\left(a\sin 2\theta \sin\frac{\alpha}{2}\right)^2 = K\left(a\sin 2\theta\sin\frac{\pi R}{\lambda}\right)^2 = K\left(a\sin 2\theta\sin\frac{\pi Cd(\sigma_1-\sigma_2)}{\lambda}\right)^2 \quad (11\text{-}65)$$

式中，K 为光学常数；a 为光波通过起偏镜后光的振幅；α 为在模型中传播的两束平面偏振光通过模型后产生的相位差；λ 为光的波长；R 为光程差；d 为模型厚度；σ_1、σ_2 为模型上被测点的主应力；θ 为模型上被测点主应力 σ_1 的方向与检偏镜偏振轴 A 之间的夹角；C 为模型材料的绝对应力光性系数。

由式(11-65)可以看出，光强度 I 与主应力的方向和主应力的差值有关。为使两

束光波发生干涉，相互抵消，必须使光强度 I=0。由式(11-65)可以看出，使光强度 I=0 有以下两种情况。

(1) $\sin2\theta=0$，即 $\theta=0°$或 $\theta=90°$。即模型中某一点的主应力方向与检偏镜的偏振轴平行或者垂直时，在屏幕上形成暗点。众多这样的暗点将形成暗条纹，这样的条纹称为等倾线。在保持 P 轴和 A 轴垂直的情况下，同步旋转起偏镜和检偏镜任一个角度，就可以得到 θ 角度的等倾线。

(2) $\sin\dfrac{\pi Cd\left(\sigma_1-\sigma_2\right)}{\lambda}=0$，即 $\sigma_1-\sigma_2=\dfrac{nf}{d}$。其中，$n$=0，1，2，3，…，称为等差线条纹级数；$f=\lambda/C$ 为与光源和模型材料相关的常数，称为模型材料条纹值，单位为 N/(m·条)。满足该式的众多点将形成暗条纹，该条纹上的各点的主应力之差相同，故称这样的暗条纹为等差线。随着 n 取值的不同，可以分为 0 级等差线、1 级等差线等。因此，等差线可以确定模型上各点主应力的差值。

11.13.4　实验步骤

(1) 将所有的光学元器件和光弹性圆盘模型放置于防振台的导轨上。

(2) 打开白炽灯电源，调整所有光学元器件和光弹性圆盘模型的放置方向和高度，使其所有光轴在一条轴线上。

(3) 调整检偏镜偏振轴使其水平，起偏镜的偏振轴与检偏镜偏振轴垂直。

(4) 用加力架对圆盘模型缓慢施加对径压力，观察等倾线和等差线，并准确区分出等倾线和等差线。

(5) 在观察屏上粘贴硫酸纸，将成像的圆盘用铅笔描在硫酸纸上。施加适当的压力，用铅笔描绘出 0°等倾线条纹。

(6) 面向光源逆时针方向同步旋转起偏镜和检偏镜，每转 15°描下对应的等倾线，并记下其倾角，依次得到 0°、15°、30°、…、75°的等倾线。

(7) 关闭光源和电源，卸载为零，将光弹性圆盘模型取下，将光学元器件用防尘罩罩好。

11.13.5　注意事项

本实验模型较小，出现的等差线条纹级数不宜过多，3～4 级即可，即加载不宜太大。

11.13.6　思考题

(1) 在实验中如何区分等差线和等倾线？它们各有什么特征？

(2) 在绘制等倾线的过程中，等差线是否变化？为什么？

11.14　光弹性材料条纹值的测定

11.14.1　实验目的

(1)学会绘制等差线图，确定条纹级数(整级数、半级数和分数级级数)。

(2)掌握测定材料条纹值的方法。

11.14.2　实验设备、仪器和试件

(1)设备和仪器：透射式平面光弹性仪、加力架。

(2)试件：对径受压环氧树脂圆盘模型。

11.14.3　实验原理

在圆偏振光场中，当光程差 R 和光的波长 λ 之间满足 $R=n\lambda$ (n=0，1，2，3，…)时，出现等差线干涉条纹。它是模型上光程差等于光源波长整数倍的点形成的暗条纹。等差线条纹图上各点的主应力差值为

$$\sigma_1-\sigma_2=\frac{nf}{d} \tag{11-66}$$

式中，f 为模型材料条纹值；d 为模型厚度，σ_1、σ_2 为模型上被测点的主应力；n 为被测点处等差线的条纹级数。

如图 11-24 所示光弹性对径受压圆盘模型试件，在对径压力 F 作用下，其圆心处的应力为

$$\sigma_1=\frac{2F}{\pi Dd},\quad \sigma_2=-\frac{6F}{\pi Dd} \tag{11-67}$$

式中，D 为圆盘直径。

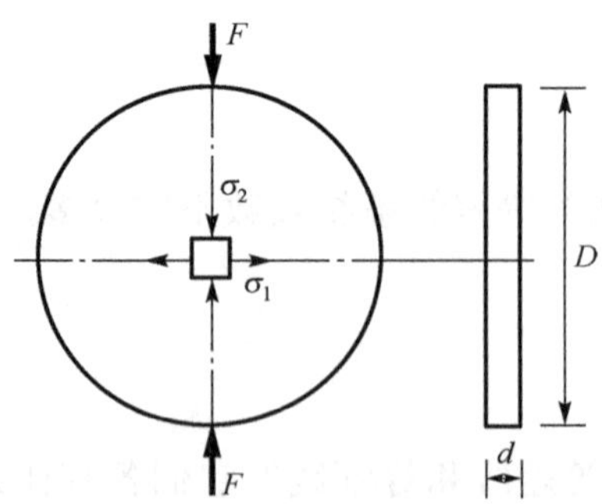

图 11-24　对径受压圆盘模型

若圆盘模型圆心处的条纹级数为 n，将式(11-67)代入式(11-66)，得

$$f = \frac{8F}{n\pi D} \tag{11-68}$$

这就是利用对径受压圆盘测定材料条纹值 f 的公式。

11.14.4　实验步骤

(1)将所有的光学元器件和光弹性圆盘模型放置于防振台的导轨上。

(2)打开白炽灯电源，调整所有光学元器件和光弹性圆盘模型的放置方向和高度，使其所有光轴在一条轴线上。

(3)调整检偏镜偏振轴使其水平，起偏镜的偏振轴与检偏镜偏振轴垂直，第一和第二块 1/4 波片的快轴和慢轴分别与起偏镜和检偏镜的偏振轴成 45°。

(4)用加力架对圆盘模型缓慢施加对径压力，观察等差线的变化，准确判断零级条纹的位置。

(5)利用旋转检偏镜法确定圆盘中心点的分数级条纹级数。

(6)关闭光源和电源，卸载为零，将光弹性圆盘模型取下，将光学元器件用防尘罩罩好。

11.14.5　注意事项

本实验模型较小，出现的等差线条纹级次不宜过多，3～4 级即可，即加载不宜太大。

11.14.6　思考题

(1)光弹性材料条纹值有何物理意义？

(2)在实验中如何确定被测点的非整级数条纹值？

参 考 文 献

戴福隆，沈观林，谢惠民. 2010. 实验力学. 北京：清华大学出版社.

范钦珊，王杏根，陈巨兵，等. 2006. 工程力学实验. 北京：高等教育出版社.

计欣华，邓宗白，鲁阳. 2012. 工程力学实验. 2 版. 北京：机械工业出版社.

贾杰，丁卫. 2012. 力学实验教程. 北京：清华大学出版社.

宋固全，闫小青，兰志文. 2012. 工程力学实验教程. 成都：西南交通大学出版社.

孙训方，方孝淑，关来泰. 2009. 材料力学. 5 版. 北京：高等教育出版社.

佟景伟，伍洪泽，杨乃霆，等. 1983. 实验应力分析. 长沙：湖南科学技术出版社.

王谦源，陈凡秀，韩明岚，等. 2008. 工程力学实验教程. 北京：科学出版社.

王彦生. 2009. 材料力学实验. 北京：中国建筑工业出版社.

张如一，陆耀桢. 1981. 实验应力分析. 北京：机械工业出版社.

张天军，朱向会. 2009. 工程力学实验. 徐州：中国矿业大学出版社.

张亦良，张伟，叶红玲. 2010. 工程力学实验. 北京：北京工业大学出版社.

赵志岗. 2008. 工程力学实验. 北京：机械工业出版社.

邹广平. 2010. 材料力学实验基础. 哈尔滨：哈尔滨工程大学出版社.